动物解剖及组织胚胎学彩色实验教程

董玉兰　主编

中国农业大学出版社
·北京·

内 容 简 介

《动物解剖及组织胚胎学彩色实验教程》是动物医学、动物科学、动植物检疫等专业的必修专业基础课配套教材。本书按照国内多数高校的培养目标和课程教学方案，将解剖学及组织胚胎学核心内容进行凝练、集中，力求涵盖所有重点教学内容，同时精心选用了清晰、真实的彩色图片262幅，标注翔实，增强了指导性和参考性。

图书在版编目(CIP)数据

动物解剖及组织胚胎学彩色实验教程／董玉兰主编．—北京：中国农业大学出版社，2017.12（2021.8重印）

ISBN 978-7-5655-1918-5

Ⅰ.①动… Ⅱ.①董… Ⅲ.①动物解剖学－高等学校－教材 ②动物胚胎学－组织（动物学）－高等学校－教材 Ⅳ.①Q954

中国版本图书馆CIP数据核字（2017）第271641号

书　　名　动物解剖及组织胚胎学彩色实验教程

作　　者　董玉兰　主编

策划编辑　张　玉　张　蕊　　**责任编辑**　张　玉

封面设计　郑　川

出版发行　中国农业大学出版社　　**责任校对**　王晓凤

社　　址　北京市海淀区圆明园西路2号　　**邮政编码**　100193

电　　话　发行部 010-62818525,8625　　读者服务部 010-62732336

编辑部 010-62732617,2618　　出　版　部 010-62733440

网　　址　http://www.caupress.cn　　**E-mail** cbsszs@cua.edu.cn

经　　销　新华书店

印　　刷　涿州市星河印刷有限公司

版　　次　2018年6月第1版　　2021年8月第2次印刷

规　　格　787×1 092　　16开本　　13.25印张　　320千字

定　　价　70.00元

编审人员

主　　编　董玉兰（中国农业大学）

副 主 编　余　燕（河南科技学院）

编写人员（按姓氏拼音字母排序）

杭　超（塔里木大学）
蔡玉梅（山东农业大学）
曹　静（中国农业大学）
陈付菊（青海大学）
董玉兰（中国农业大学）
方富贵（安徽农业大学）
何文波（华中农业大学）
侯衍猛（山东农业大学）
胡　格（北京农学院）
黄丽波（山东农业大学）
靳二辉（安徽科技学院）
荆海霞（青海大学）
李方正（青岛农业大学）
李　剑（浙江大学）
李　健（河南科技大学）
刘冠慧（河北工程大学）
宋　卉（华中农业大学）
王全溪（福建农林大学）
王子旭（中国农业大学）
位　兰（河南科技大学）
许丽惠（福建农林大学）
余　燕（河南科技学院）
张自强（河南科技大学）

主　　审　陈耀星（中国农业大学）

前言

《动物解剖及组织胚胎学彩色实验教程》作为动物医学、动物科学、动植物检疫等专业的必修专业基础课配套教材，在中国农业大学出版社和各方大力支持下付梓发行了。本书努力按照国内多数高校的培养目标和课程教学方案，将解剖学及组织胚胎学核心内容凝练、集中，力争涵盖所有重点内容，精简文字，精心挑选国内外清晰、真实的彩色图片262幅，标注翔实，图文并茂，增强了指导性和参考性。在各章节前附有教学目的，章节后附有实验作业，便于教师统一授课，学生学习。

本书由全国14所高校一线青年骨干教师合作完成，陈耀星教授主审。解剖学分工如下：绪论、生殖系统（董玉兰）；运动系统（杭超）；消化系统（李方正）；呼吸系统（李剑）；泌尿系统（蔡玉梅）；心血管系统、内分泌系统（位兰）；淋巴系统（何文波）；神经系统（曹静）；感觉器官、被皮系统（胡格）；鸡的解剖（张自强）。组织学分工如下：细胞、神经组织和神经系统（宋卉）；上皮组织、消化系统（余燕）；结缔组织（荆海霞，陈付菊）；肌组织（王子旭，靳二辉）；循环系统、免疫系统（王全溪，许丽惠）；被皮系统、畜禽胚胎学（方富贵）；感觉系统（曹静）；内分泌系统、呼吸系统（侯衍猛）；雌性生殖系统（黄丽波）和雄性生殖系统（李健）；附录（刘冠慧，余燕）。

本书内容较多，图片丰富，不仅有编者提供的大量照片，而且精选了国内外经典图片，部分插图根据书后所列参考文献进行仿绘或修改，在此对所有作者和出版者谨致衷心的谢意。

由于编者水平有限，不足之处在所难免，错误和不妥之处竭诚希望读者和同行老师批评指正。

董玉兰

2017年12月于北京

目录

绪 论

一、实验目的

（1）了解动物解剖及组织胚胎学实验的基本要求。

（2）了解动物解剖标本的制作方法。

（3）掌握常用实验器械的使用方法。

（4）掌握石蜡切片和 HE 染色实验技术。

二、实验内容

（一）实验课的目的与意义

动物解剖及组织胚胎学实验课是理论课程的重要组成部分，是理论课程的继续和深化。通过实验学习，学生不仅能掌握常用实验器械的使用方法，石蜡切片制作、苏木精 - 伊红等常见染色技术，而且可以掌握家畜各系统中主要器官的宏观结构和微观结构，更好地理解与记忆基本理论与基本知识，进一步提高空间想象能力以及分析问题、解决问题的能力。

（二）实验课的内容

1．常用解剖器械的使用方法

各种器械都有它的不同用处，用得恰当，不仅可使操作顺利进行，而且可以少破坏一些结构。常用的解剖器械有解剖刀、解剖镊和解剖剪，初次解剖者必须注意其使用方法。解剖刀是切割的工具，主要用于切割皮肤、分离神经、清理血管、解剖肌肉及剖割脏器等。解剖镊，一般常用的镊子有两种，即有齿镊和无齿镊，其中有齿镊在剥皮时使用，无齿镊在夹起或分离各种结构时均可应用。解剖剪除作剪物之用外，尚可用以钝性分离血管、神经和器官等。在使用时常是剪、镊并用（一手持镊，一手拿剪），例如寻找皮神经和分离神经血管时，最好使用剪，而不轻易用刀。解剖器械使用过后，要清洗擦干，用过的刀要磨快放好。

2．动物标本灌流固定

动物标本长期保存，首先要进行动物防腐处理。动脉（常用颈总动脉）放血致死，将 15%的福尔马林溶液通过动脉注入到尸体内。灌注前应将尸体姿势整复，摆好头、颈和四肢的位置，并将两前肢及后肢间用支架撑开，保持一定距离，以便于日后解剖操作，并防止器官位置的变移。防腐固定液的灌注量取决于尸体的大小和肥瘦程度，对于一般体况、中等大小的黄牛或马，灌注 25 000 ～ 30 000 mL 即可，对于中等大小的犬的灌注量约为 10 000 mL，当其唇、颊、耳、股内侧和四肢下部达到一定硬度时即可。在灌注防腐固定液的过程中，应多次翻转尸体，以保证固定液灌注完全。为了便于解剖操作过程中对于小动脉的观察，可用注射器经大动脉血管注入一些红色血管填充剂，如红色橡胶乳等，后者可使小动脉充填起来，以便于辨认和观察。为了区别静脉，可以从静脉注入蓝色的血管填充剂。

3．冻干标本的制作

冻干标本原理是通过低温保存，使得标本内部的水分完全蒸发出，在一定程度上起到长时间不腐烂的效果。

将灌流固定、防腐处理完毕的动物，根据需要剥离皮肤，依次分离出应保留的肌肉、血管、神经及部分器官组织，去除应废弃的部分。将剥离需要的器官移至寒冷通风的地方或者低温冰柜，整理好姿式且固定住，冷冻风干，反复冻融数次。后期根据活体器官的色泽涂以颜色，并以清漆喷敷表面，形成光洁的保护膜。

4．铸型标本的制作

铸型标本又称腐蚀标本，通过向动物尸体的管腔（血管、器官或排泄管道）灌注有塑型能力的填充剂，使其在管腔内塑模成型，然后用强酸、强碱等化学药品或自然腐蚀等方法将器官组织除掉，仅留下成型填充物。能清楚地反映器官内腔或其血管和分泌管的分支和分布，观察到一般解剖学方法难以观察清楚的结构。标本三维立体感强，结构清晰、直观、层次鲜明。制作步骤简述如下：取死亡不久的器官，首先用生理盐水冲洗管腔内容物，直至流出清澈的液体为止；然后用注射器抽取配制好的填充剂，排净空气，注入连接好的塑料插管，缓慢推动活塞使填充剂注入器官管腔内（根据需要添加有色填充剂），如此重复进行，直到将需要量灌完为止。制作全身整体血管铸型时，血管分布广泛，各部血管承受压力不同，因此选用多位点插管、灌注。在灌注过程中，要控制好压力，以免造成细小管道破裂而发生溢漏。填充剂凝固后采取自然腐蚀法、酸腐蚀法、碱腐蚀法等去除不必要的组织，使管道的铸型充分显示出来，清水冲洗，反复进行，直至组织完全脱落。铸型标本采用 5% 甲醛加入 1% 甘油保存液保存。

5．生物塑化标本的制作

生物塑化技术是通过真空过程，用液态高分子化合物或多聚物对生物标本进行渗透，代替生物标本中的水分，并通过硬化处理达成组织塑化，具有无味、无毒、可用手直接触摸、无需防腐液保存、持久耐用等特点。制作步骤简述如下：将固定防腐后的动物尸体，按照需求解剖、剥离，显示器官和组织；选择脱水脱脂剂（例如丙酮），逐级置换，直至完全替换动物标本中组织的水分和脂肪；将动物标本浸入 −15℃ 装有液态硅橡胶的特制密封容器中逐渐减压抽真空，直至液态硅橡胶完全浸入组织内部；根据需要将动物标本进行造型修复，并使标本处于自然状态；标本中的硅橡胶逐渐硬化变为固态。

6．光学显微镜的使用方法

见附录 6。

7．石蜡切片的制作和 HE 染色技术

见附录 7。

（三）实验课的要求

（1）动物解剖及组织胚胎学彩色实验教程是进行有效科学实验的纲领，实验前必须进行认真阅读，明确实验的目的、要求、实验内容和方法步骤，做到有准备地上好实验课。根据本实验教程的提示和对照图谱，按步骤有秩序地进行观察和实际解剖操作。

（2）在进行观察和解剖动物尸体或者标本材料时，轻拿轻放，避免磕碰，并注意观察是否霉变或干枯。解剖器械必须妥善保管，一律不准携出室外，另作他用。

（3）在进行器官组织学微观结构观察时，每个同学必须了解显微镜的构造并熟练掌握使用方法。显微镜应轻拿轻放，不可任意拆卸、暴力转动，如遇故障，应请求指导教师帮助排除。注意保护玻片标本，观察时应随取随放。弄碎组织学切片时，应立即报告指导教师，以便随时补充。

（4）实验观察过程中，同学们不得随便离开座位，严禁喧哗；勿随地吐痰和乱抛纸屑，以保持实验室的整洁和卫生。

（5）实验结束后，应整理实验用具，打扫实验室，关好实验室门、窗，以确保仪器、设备的整洁和安全。

（6）实验报告应按要求认真完成，总结文字材料和绘图，以便获得清晰而完整的概念，加深印象和积累资料。

（中国农业大学　董玉兰）

第一篇

解剖学部分

JIEPOUXUEBUFEN

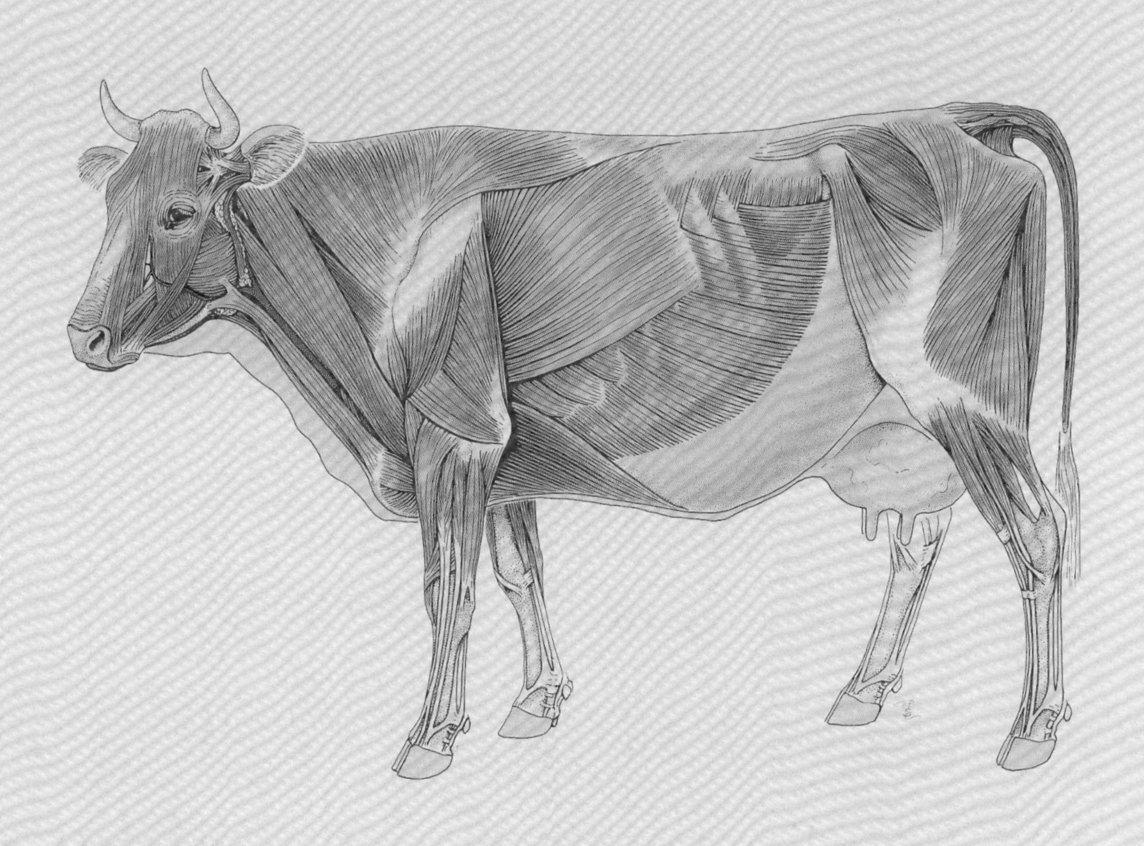

第一章　运动系统

第一节　骨

一、实验目的

（1）了解骨的形态和基本结构。

（2）掌握畜禽全身骨的名称。

（3）认识重要骨器官表面上的特征性构造。

（4）对比了解不同家畜之间及同名骨之间的差异。

二、实验内容

1. 骨的基本形态结构

在牛、羊的骨骼标本上，识别长骨（如股骨）、短骨（如腕骨）、扁骨（如肩胛骨）和不规则骨（如颈椎）。在新鲜长骨的纵切面上观察骨膜、骨质和骨髓。

2. 辨识并掌握家畜全身骨的名称

在牛骨骼标本上参考畜体部位，识别并掌握畜体全身骨的名称（图 1-1-1）。

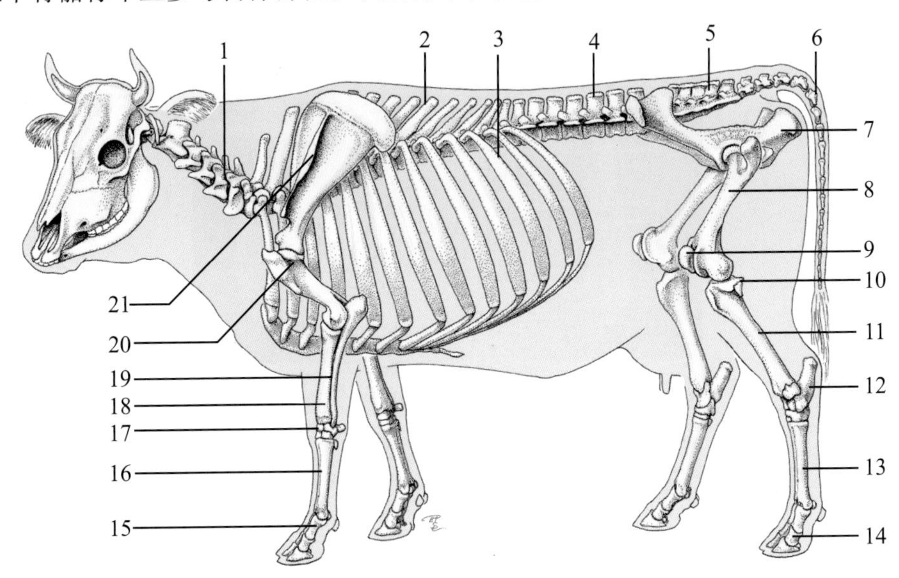

图 1-1-1　牛全身骨骼（引自陈耀星等，2009）

1. 颈椎　2. 胸椎　3. 肋　4. 腰椎　5. 荐骨　6. 尾椎　7. 髋骨　8. 股骨　9. 膝盖骨　10. 腓骨　11. 胫骨　12. 跗骨　13. 跖骨　14. 趾骨　15. 指骨　16. 掌骨　17. 腕骨　18. 桡骨　19. 尺骨　20. 肱骨　21. 肩胛骨

（1）头骨　辨识头部的对骨：顶骨、额骨、颞骨、上颌骨、切齿骨、鼻骨、泪骨、颧骨、腭骨、翼骨、鼻甲骨、下颌骨，头部的单骨：顶间骨、枕骨、蝶骨、筛骨、犁骨、舌骨（图 1-1-2 至图 1-1-4）。

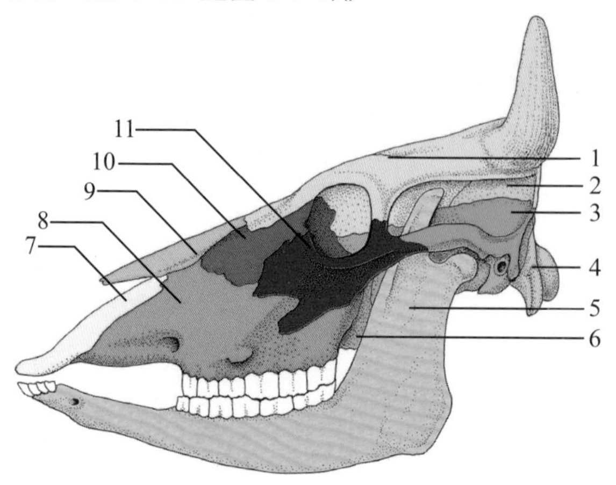

图 1-1-2　牛头骨侧面观（引自陈耀星等，2009）

1. 额骨　2. 顶骨　3. 颞骨　4. 枕骨　5. 下颌骨　6. 腭骨　7. 切齿骨　8. 上颌骨　9. 鼻骨　10. 泪骨　11. 颧骨

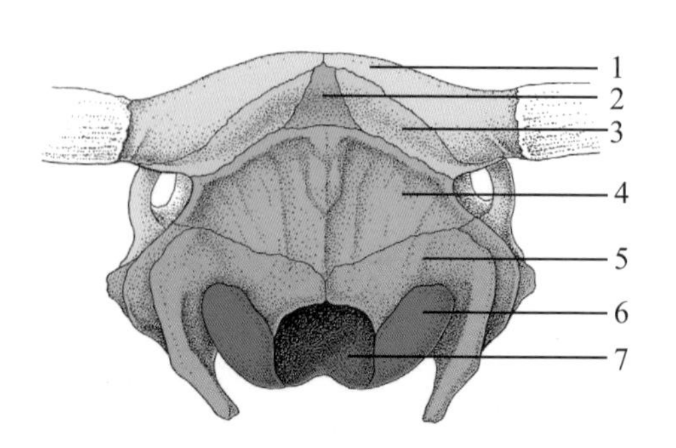

图 1-1-3　牛头骨项面观示意图（引自陈耀星等，2009）

1. 额骨　2. 顶间骨　3. 顶骨　4. 枕骨鳞部　5. 枕骨侧部　6. 枕骨髁　7. 枕骨大孔

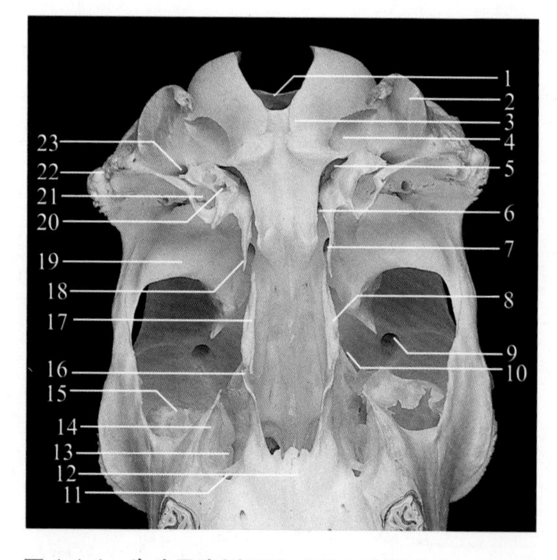

图 1-1-4　牛头骨腹侧面观（引自陈耀星等，2009）

1. 大孔　2. 髁旁突　3. 枕骨髁　4. 髁腹侧窝　5. 颈静脉孔　6. 卵圆孔　7. 眶圆孔　8. 腭骨垂直板　9. 眶上孔　10. 筛孔　11. 腭小孔　12. 腭骨鼻后棘　13. 腭窝　14. 上颌结节　15. 泪泡　16. 翼骨钩突　17. 底蝶骨的翼突　18. 肌突　19. 关节结节　20. 鼓泡　21. 茎突　22. 外耳道　23. 茎乳突孔

（2）躯干骨　辨识椎骨（颈椎,胸椎,腰椎,荐椎)、肋骨和胸骨（图 1-1-5 至图 1-1-13)。

（3）四肢骨　辨识前肢的肩胛骨、肱骨、桡骨、尺骨、腕骨、掌骨、指骨，辨识后肢的髋骨（髂骨、耻骨、坐骨)、股骨、髌骨、胫骨、腓骨、跗骨、跖骨、趾骨（图 1-1-1)。

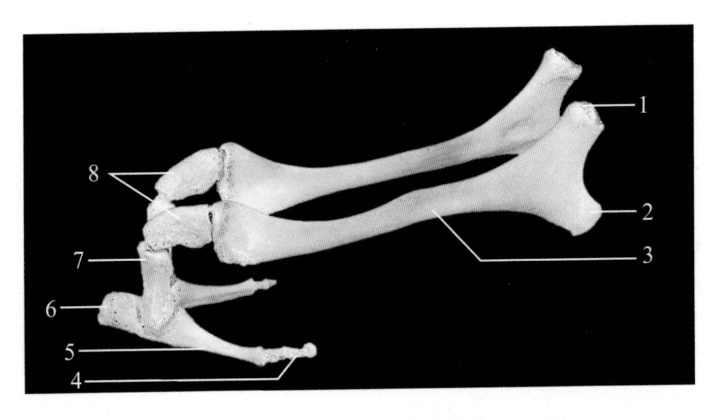

图 1-1-5　牛舌骨（引自陈耀星等，2009）

1. 鼓舌骨　2. 茎突角　3. 茎突舌骨　4. 甲状舌骨软骨　5. 甲状舌骨　6. 底舌骨舌突　7. 角舌骨　8. 上舌骨

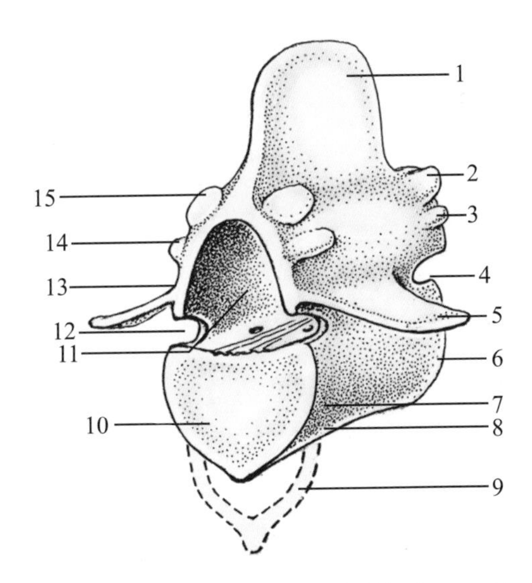

图 1-1-6　颈椎模式图（引自陈耀星等，2009）

1. 棘突　2. 后关节突　3. 副突　4. 椎后切迹　5. 横突　6. 椎窝　7. 椎体　8. 腹侧嵴　9. 血管弓　10. 椎头　11. 椎孔　12. 椎前切迹　13. 椎弓　14. 乳突　15. 前关节突

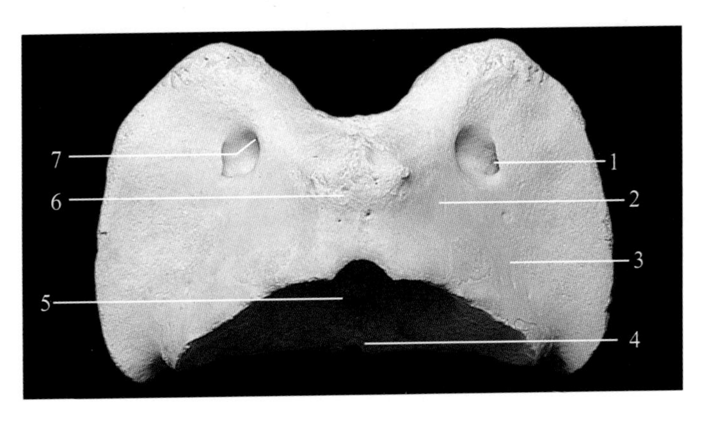

图 1-1-7　牛的寰椎（引自陈耀星等，2009）

1. 翼孔　2. 背侧弓　3. 寰椎翼　4. 腹侧弓　5. 后关节凹　6. 背侧结节　7. 椎外侧孔

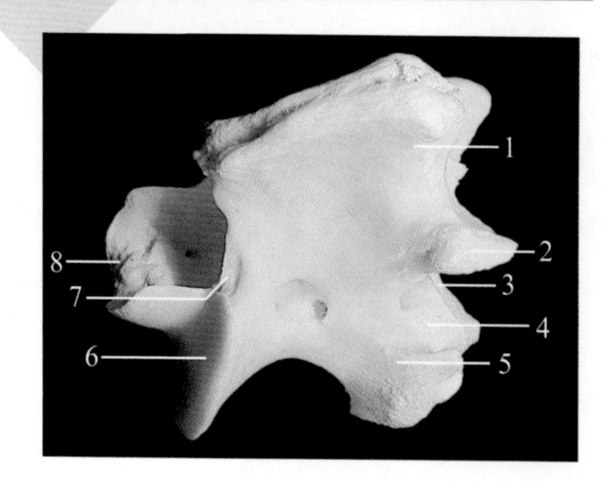

图 1-1-8　牛的枢椎（引自陈耀星等，2009）

1. 棘突　2. 后关节突　3. 椎后切迹　4. 横突
5. 后端（椎窝）　6. 前关节突
7. 椎外侧孔　8. 齿突

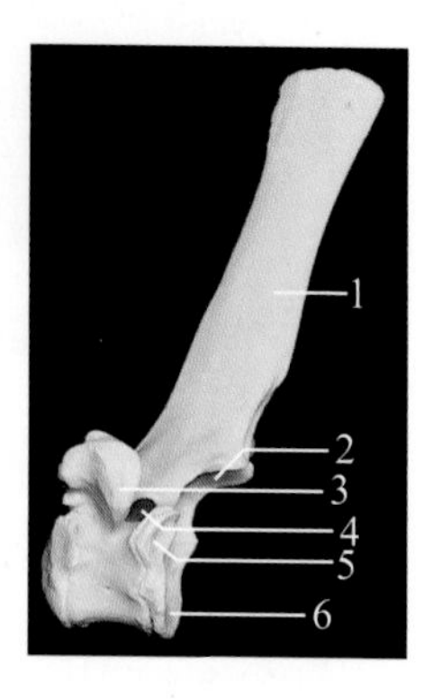

图 1-1-9　牛的胸椎侧面观（引自陈耀星等，2009）

1. 棘突　2. 后关节突　3. 横突及肋窝
4. 椎外侧孔　5. 后关节窝
6. 后髂

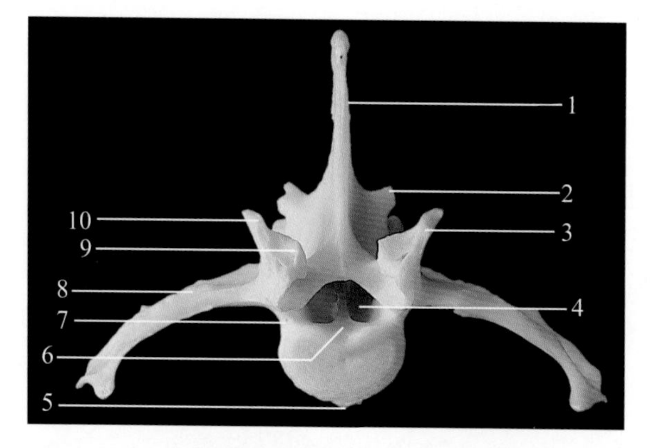

图 1-1-10　牛的腰椎前面观（引自陈耀星等，2009）

1. 棘突　2. 后关节突　3. 关节乳突　4. 椎孔　5. 腹侧嵴　6. 背侧纵韧带嵴　7. 椎前切迹
8. 肋突　9. 前关节突　10. 乳突

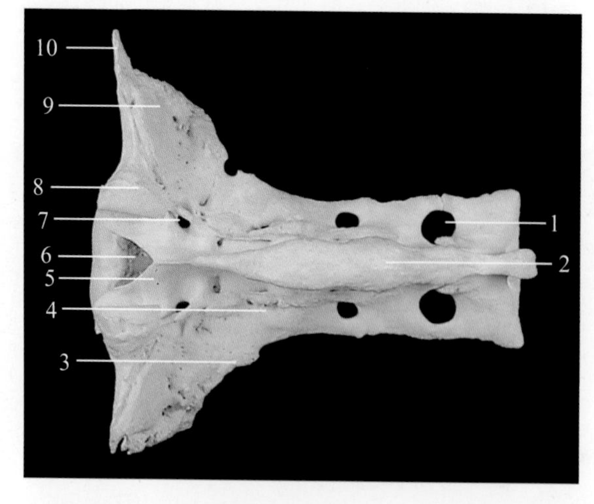

图 1-1-11　牛的荐骨背侧观（引自陈耀星等，2009）

1. 荐背侧孔　2. 荐正中嵴　3. 荐外侧嵴　4. 荐中间嵴　5. 椎弓　6. 椎孔　7. 荐背侧孔
8. 前关节突　9. 荐骨翼及耳状面　10. 关节面

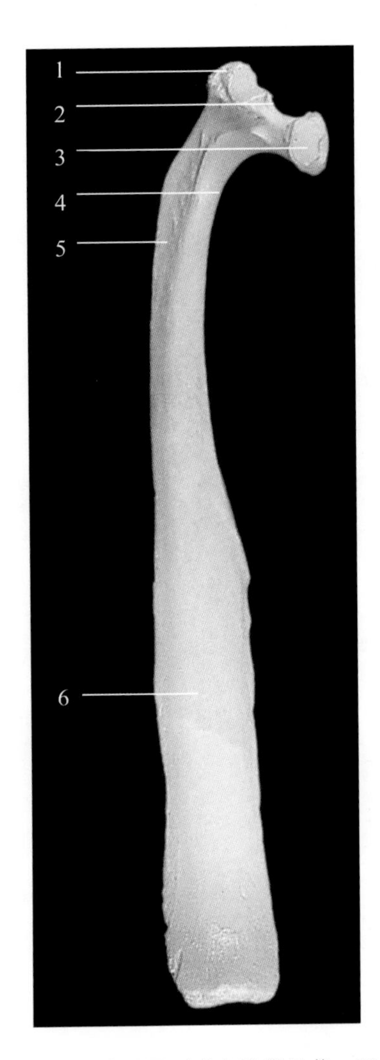

图 1-1-12　牛肋骨（引自陈耀星等，2009）

1. 肋结节　2. 肋颈　3. 肋头　4. 肋角　5. 肋沟　6. 肋骨干

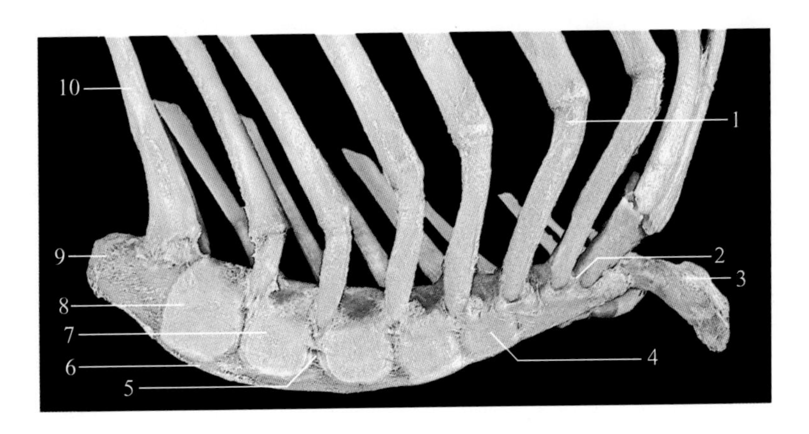

图 1-1-13　马胸骨（引自陈耀星等，2009）

1. 肋软骨　2. 胸骨软骨结合　3. 剑状突及软骨　4. 第 4 胸骨节　5. 胸骨软骨结合
6. 胸骨嵴　7. 第 1 胸骨节　8. 胸骨柄　9. 胸骨柄软骨　10. 第 1 肋骨

3．认识重要骨器官表面的特征性构造

（1）头骨上的特征性构造：颅腔、鼻腔、口腔、鼻旁窦、枕骨大孔、视神经管口、眶上孔、眶下孔、鼻后孔、颞窝、眼眶、垂体窝、枕髁、颈静脉突、角突、颧弓、颞弓。

（2）躯干骨表面的特征性构造：椎骨上的椎体、椎头、椎窝，椎孔，椎弓，横突、棘突、关节突，横突孔、椎间孔；肋上的肋骨、肋软骨、肋骨小头、肋结节；胸骨上的胸骨柄、剑状软骨。

（3）前肢骨表面的特征性构造：肩胛骨上的肩胛冈、肩臼、肩胛结节；肱骨上的肱骨头、大结节、小结节、臂肌沟、三角肌粗隆、肱骨髁、肘窝；前臂骨上的尺骨鹰嘴、前臂骨间隙（图 1-1-14 至图 1-1-19）。

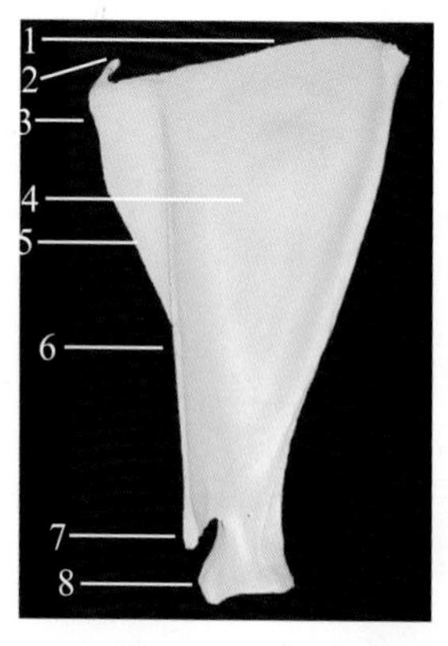

图 1-1-14　小型反刍动物肩胛骨（引自陈耀星等，2009）

1. 背侧缘　2. 部分钙化的肩胛软骨　3. 前角　4. 冈下窝　5. 冈上窝　6. 肩胛冈　7. 肩峰或钩突　8. 盂上结节

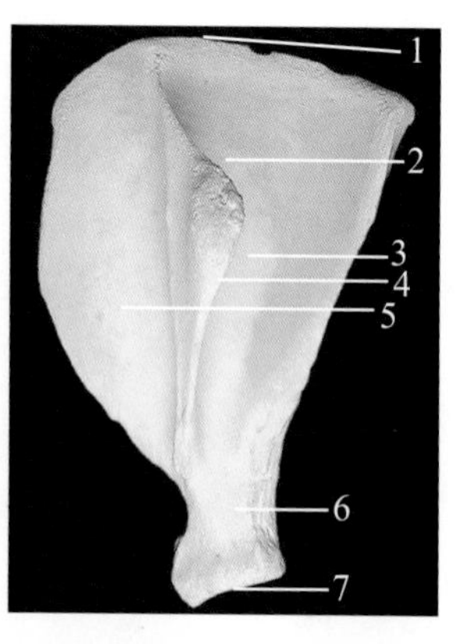

图 1-1-15　猪肩胛骨（引自陈耀星等，2009）

1. 背侧缘　2. 肩胛冈结节　3. 冈下窝　4. 肩胛冈　5. 冈上窝　6. 肩胛颈　7. 关节盂（肩臼）

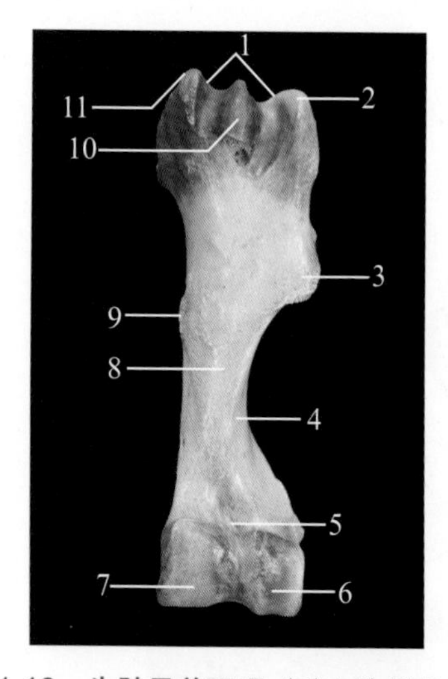

图 1-1-16　牛肱骨前面观（引自陈耀星等，2013）

1. 结节间沟（二头肌沟）　2. 大结节　3. 三角肌粗隆　4. 臂肌沟　5. 桡骨窝　6. 肱骨髁（外侧髁）　7. 肱骨髁（内侧髁）　8. 肱骨体　9. 大圆肌粗隆　10. 中间结节　11. 小结节

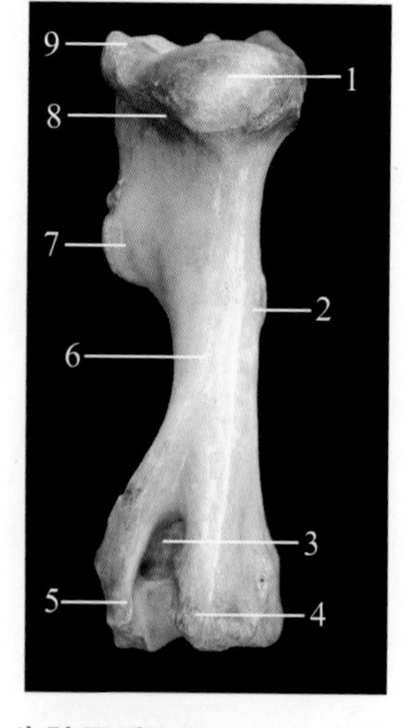

图 1-1-17　牛肱骨后面观（引自陈耀星等，2013）

1. 肱骨头　2. 大圆肌粗隆　3. 鹰嘴窝　4. 内侧上髁　5. 外侧上髁　6. 肱骨体　7. 三角肌粗隆　8. 肱骨颈　9. 大结节

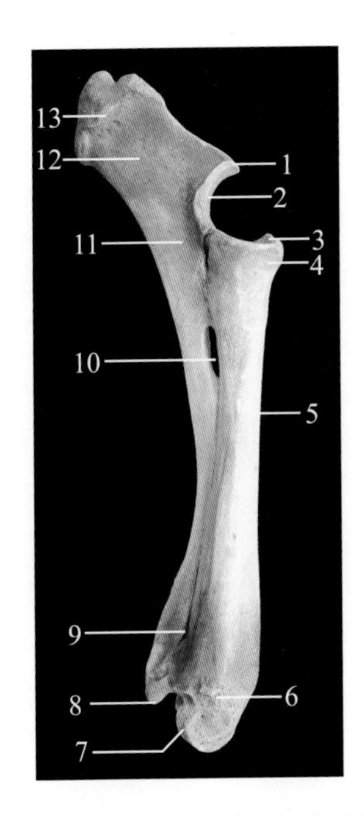

图 1-1-18 牛前臂骨内侧面（引自陈耀星等，2013）

1. 肘突 2. 内侧冠突 3. 桡骨凹 4. 桡骨内侧粗隆 5. 桡骨体 6. 桡骨远端 7. 桡骨滑车 8. 尺骨茎突 9. 远侧前臂间隙 10. 近侧前臂间隙 11. 尺骨体 12. 鹰嘴 13. 鹰嘴结节

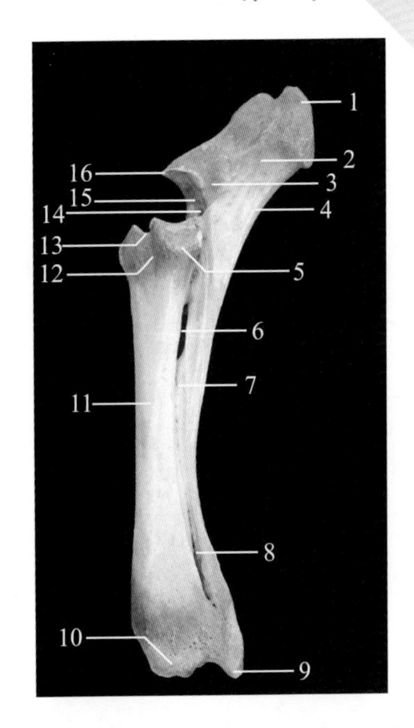

图 1-1-19 牛前臂骨外侧面（引自陈耀星等，2013）

1. 鹰嘴结节 2. 鹰嘴 3. 外侧冠突 4. 尺骨体 5. 桡骨外侧粗隆 6. 近侧前臂间隙 7. 血管沟 8. 远侧前臂间隙 9. 尺骨茎突 10. 桡骨远端 11. 桡骨体 12. 桡骨近端 13. 桡骨凹 14. 滑液窝 15. 滑车切迹 16. 肘突

(4) 后肢骨表面的特征性结构：髋骨上的髋臼、髋结节、荐结节、坐骨弓、坐骨结节、坐骨联合、耻骨联合、骨盆联合、骨盆、闭孔；股骨上的股骨头、大转子、小转子、第三转子、滑车关节面、髁；小腿骨上的腓骨头、踝骨、螺旋状关节面（图 1-1-20 至图 1-1-23）。

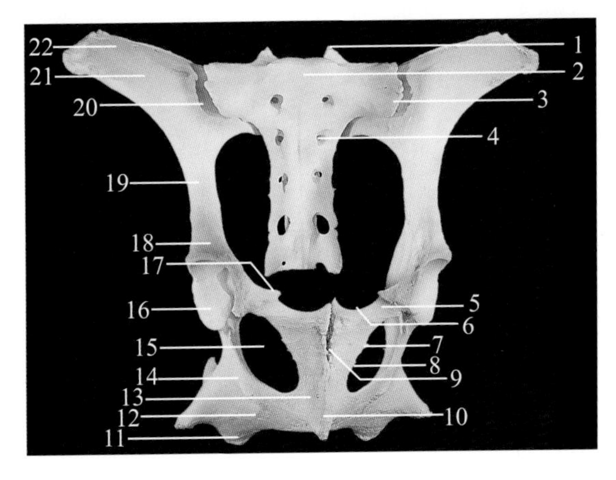

图 1-1-20 牛髋骨和荐骨（引自陈耀星等，2009）

1. 荐骨关节突 2. 前端（荐骨岬） 3. 荐骨翼 4. 荐腹侧孔 5. 耻骨体 6. 耻骨梳 7. 耻骨前支 8. 耻骨后支 9. 耻骨联合 10. 坐骨联合 11. 坐骨结节 12. 坐骨板 13. 坐骨支 14. 坐骨体 15. 闭孔 16. 髋臼 17. 髂耻隆起 18. 股直肌窝 19. 髂骨体 20. 荐髂关节 21. 髂骨翼 22. 髋结节

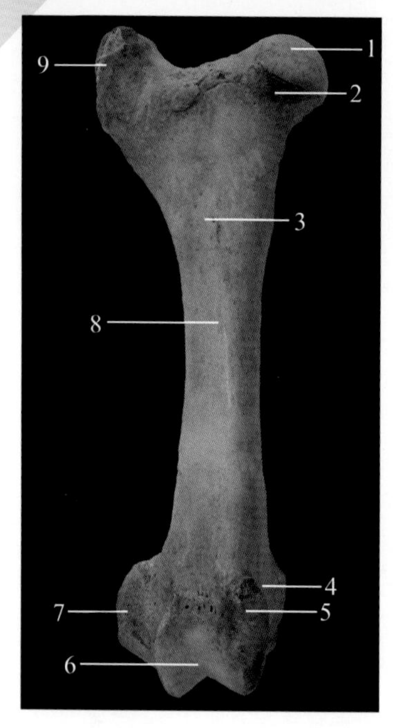

图 1-1-21　牛股骨前面观（引自陈耀星，2013）

1. 股骨头　2. 股骨颈　3. 滋养孔　4. 内侧上髁
5. 股骨滑车粗隆　6. 股骨滑车　7. 外侧上髁
8. 股骨干 / 股骨体　9. 大转子

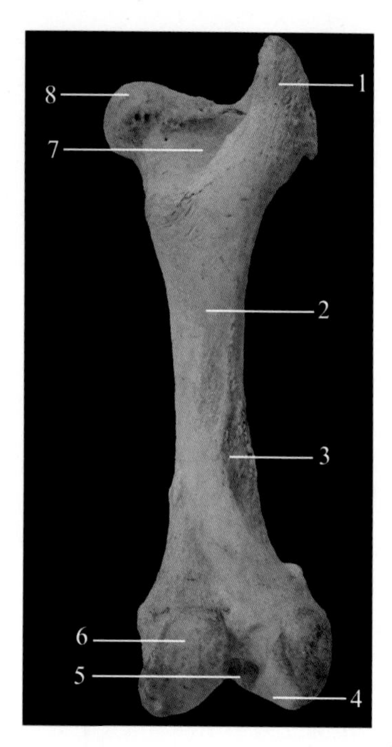

图 1-1-22　牛股骨后面观（引自陈耀星，2013）

1. 大转子　2. 股骨体 / 股骨干　3. 髁上窝
4. 外侧髁　5. 髁间窝　6. 内侧髁
7. 转子窝　8. 股骨头

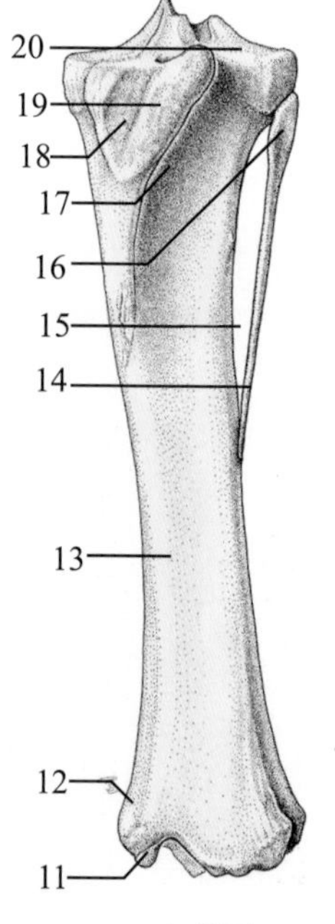

A. 前面

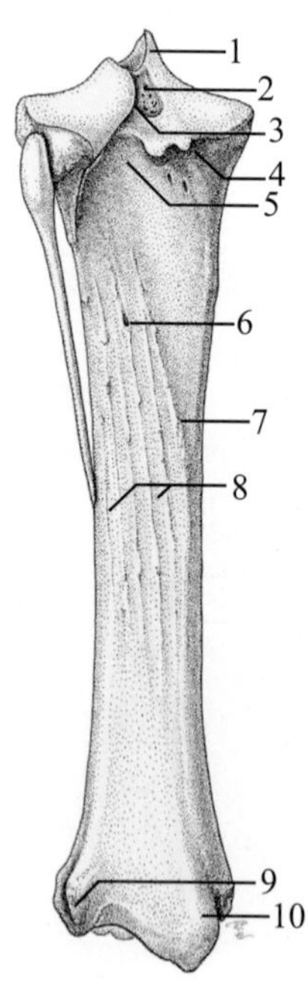

B. 后面

图 1-1-23　马左侧胫骨和腓骨（引自陈耀星等，2009）

1. 髁间隆起　2. 中央髁间区　3. 后髁间区　4. 内侧髁　5. 腘切迹　6. 滋养孔　7. 腘肌线　8. 肌线
9. 外侧髁　10. 内侧髁　11. 滑车　12. 内侧髁与踺沟（髁沟）　13. 胫骨后髁间区　14. 腓骨
15. 骨间隙　16. 腓骨头　17. 伸肌沟　18. 粗隆沟　19. 胫骨粗隆　20. 外侧髁

三、作业

1．绘图展示牛全身的骨骼。

2．描述椎骨的一般构造和各段椎骨的特征。

第二节 骨连接

一、实验目的

（1）理解骨连接的概念。

（2）了解关节的基本构造和辅助结构。

（3）掌握家畜全身关节的名称。

二、实验内容

1．头部的骨连接

头骨之间大部分骨之间是直接连接，只有颞骨和下颌骨之间是间接连接，称颞下颌关节。

2．躯干骨的连接

脊柱连接包括寰枕关节、寰枢关节、椎间盘、脊柱腹纵韧带、脊柱背纵韧带、脊上韧带（项韧带板状部、索状部）；胸廓连接包括肋椎连接、肋横突连接、肋胸连接（图 1-1-24）。

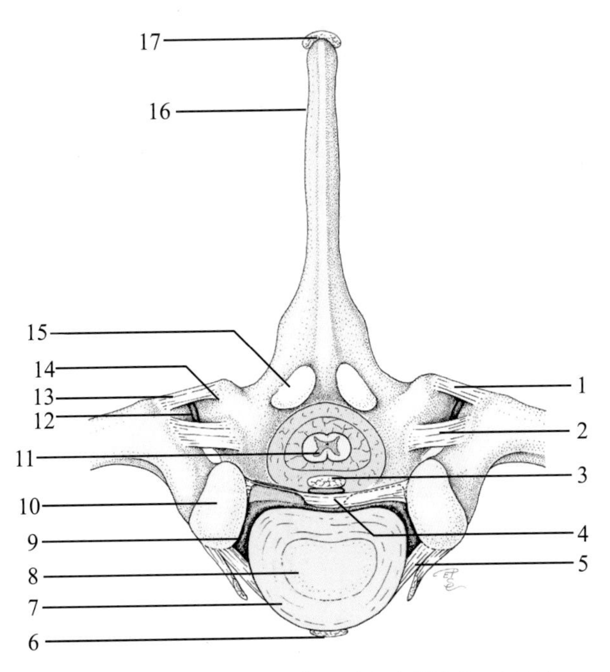

图 1-1-24 马肋椎关节（引自陈耀星等，2009）

1. 结节韧带 2. 肋横突韧带 3. 背侧纵韧带和滑液囊 4. 肋头间韧带 5. 头韧带 6. 腹侧纵韧带 7. 纤维环 8. 髓核 9. 肋头关节 10. 肋头 11. 脊髓 12. 肋横突关节 13. 肋结节 14. 横突 15. 前关节突 16. 棘突 17. 棘上韧带

3．前肢关节

观察马的前肢，自上而下辨识前肢的关节，这包括肩关节、肘关节、腕关节、指关节（系关节、冠关节、蹄关节）。重点掌握肘关节的结构（图 1-1-25，图 1-1-26）。

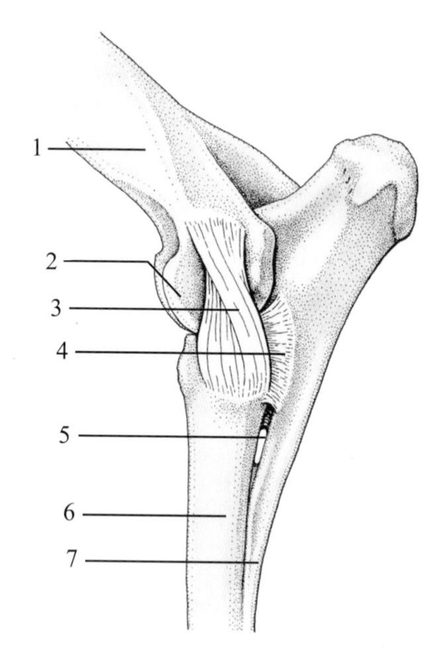

图 1-1-25　马左肘关节外侧面（引自陈耀星等，2009）

1. 肱骨　2. 肱骨滑车　3. 外侧侧副韧带　4. 前臂骨间膜　5. 前臂骨间隙　6. 桡骨　7. 尺骨

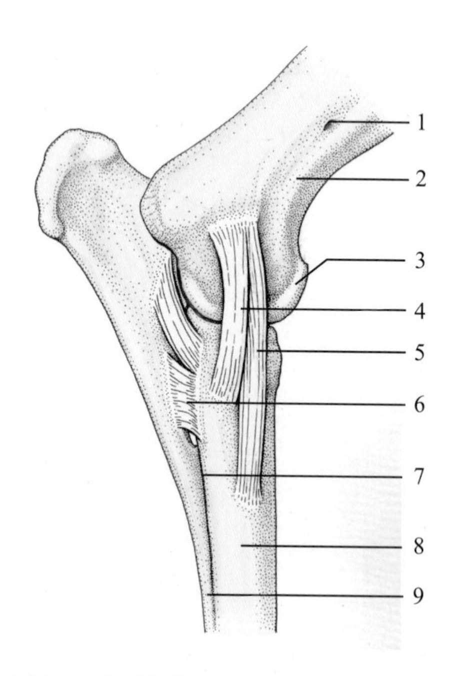

图 1-1-26　马左肘关节内侧面（引自陈耀星等，2009）

1. 滋养孔　2. 肱骨　3. 肱骨滑车　4. 短内侧侧副韧带　5. 长内侧侧副韧带（旋前圆肌）6. 前臂骨间膜　7. 前臂骨间隙　8. 桡骨　9. 尺骨

4. 后肢关节

观察马的后肢，自上而下识别后肢的关节，这包括荐髂关节、髋关节、膝关节、跗关节、趾关节（系关节、冠关节、蹄关节）。重点掌握膝关节的结构（图 1-1-27，图 1-1-28）。

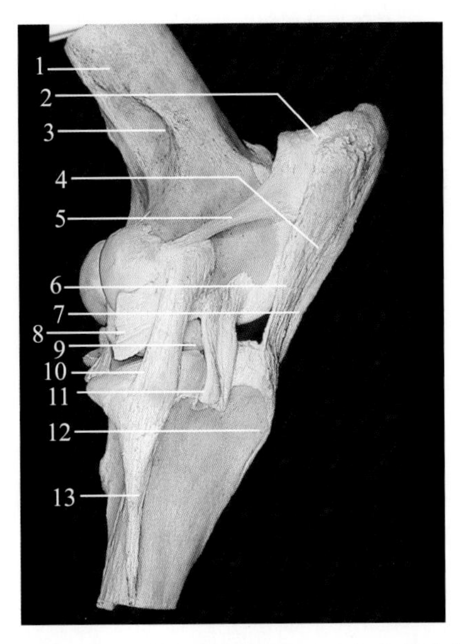

图 1-1-27　马右侧膝关节韧带外侧面（引自陈耀星等，2009）

1. 股骨　2. 膝盖骨　3. 髁上窝　4. 膝中间韧带　5. 股膝外侧韧带　6. 膝外侧韧带　7. 膝内侧韧带　8. 腘肌腱　9. 外侧半月板　10. 外侧副韧带　11. 趾长伸肌腱　12. 胫骨粗隆　13. 腓骨

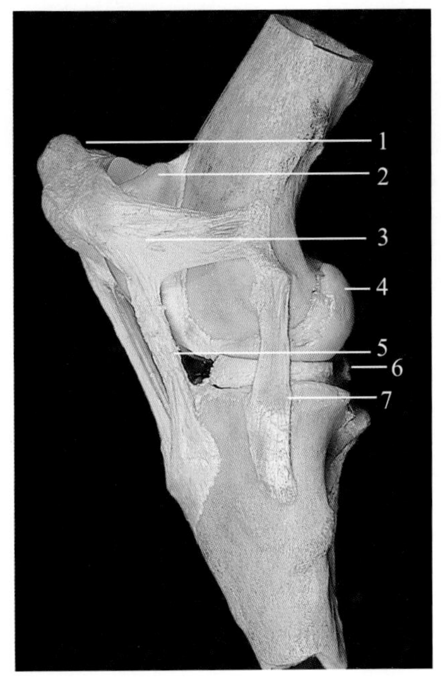

图 1-1-28　马右侧膝关节韧带内侧面（引自陈耀星等，2009）

1. 膝盖骨　2. 股骨滑车结节　3. 膝盖骨旁内侧纤维软骨　4. 内侧髁　5. 膝内侧韧带　6. 内侧半月板　7. 内侧副韧带

三、作业

关节的基本构造如何？有哪些辅助结构？

第三节　骨骼肌

一、实验目的

（1）熟悉畜体全身肌肉的名称及其解剖学特征。

（2）了解颈静脉沟、股管的概念。

（3）了解肌肉的分离解剖技术。

二、实验内容

1．躯干肌

（1）脊柱肌：剥除动物躯干的皮肤和筋膜，在胸外侧壁上部，可见一长条肌，为髂肋肌。该肌上部为背最长肌，二者之间的沟为髂肋肌沟。在颈侧部翻起斜方肌、菱形肌，观察内部三角形的夹肌，切除夹肌观察颈最长肌、头寰最长肌、头半棘肌等。

（2）颈腹侧肌：于颈腹侧部，近头端切断胸头肌、臂头肌并向后翻起，可见胸骨甲状舌骨肌。注意这三肌与气管、颈动脉、迷走神经、颈静脉的位置关系（图 1-1-29）。

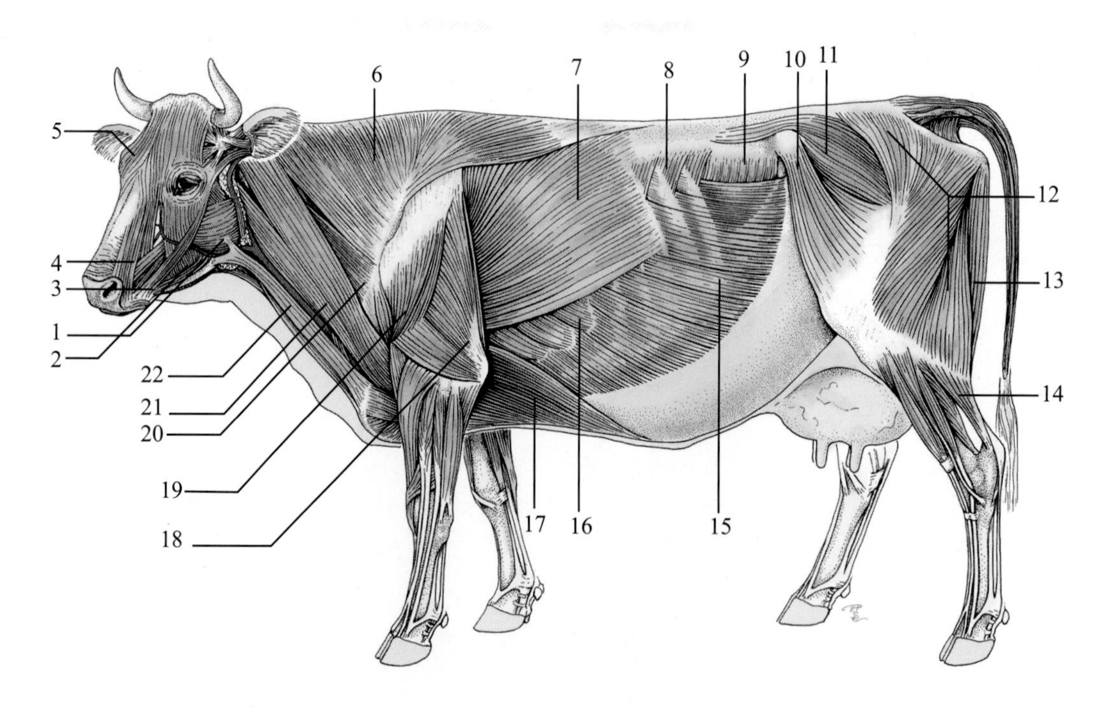

图 1-1-29　牛体浅层肌（引自陈耀星等，2009）

1. 咬肌　2. 颊肌　3. 颧肌　4. 鼻唇提肌　5. 额皮肌　6. 斜方肌　7. 背阔肌　8. 后背侧锯肌　9. 腹内斜肌　10. 阔筋膜张肌　11. 臀中肌　12. 臀股二头肌　13. 半腱肌　14. 腓肠肌　15. 腹外斜肌　16. 胸腹侧锯肌　17. 胸升肌　18. 臂三头肌　19. 三角肌　20. 肩胛横突肌　21. 臂头肌　22. 胸头肌

(3) 胸壁肌及腹壁肌：清除肩带肌之后，观察胸壁肌的分布及起止。可见前上锯肌、后上锯肌、肋间外肌、腹外斜肌。清除数个肋间外肌，观察肋间内肌的起止点和肌纤维方向。沿肋弓切断腹外斜肌，并向上翻起，可见由髋结节向前下方呈扇形展开的腹内斜肌。在耻骨前缘翻起腹外斜肌，可观察到腹股沟管。切断腹内斜肌在髋结节的起点和在肋弓上的止点并向下翻起，分离腹黄膜，可暴露腹直肌。腹直肌深面一上下行走的肌肉为腹横肌。在胸背侧壁沿髂肋肌沟剪断第 2 ～ 12 肋骨，腹侧前部沿肋骨和肋软骨的结合线，胸后部沿肋弓剪断肋骨，暴露膈肌，观察膈肌上的腱质部、肌质部、主动脉裂孔、食管裂孔和腔静脉裂孔（图 1-1-30）。

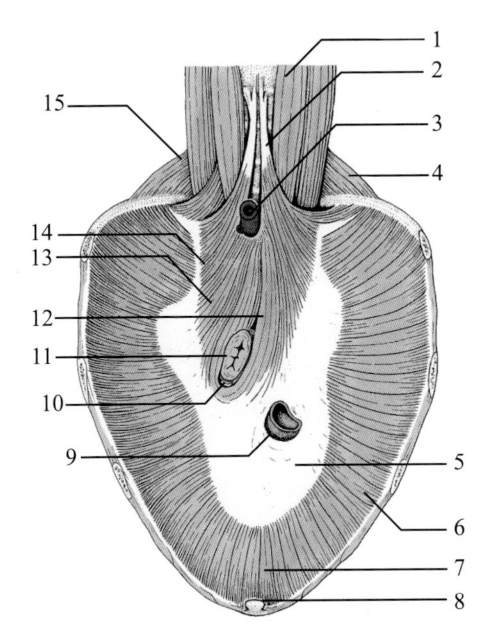

图 1-1-30 犬膈肌后面观示意图（引自陈耀星等，2009）

1. 腰肌 2. 膈脚起始腱 3. 主动脉裂孔内的主动脉 4. 肋退肌 5. 膈中心腱 6. 肋部腱 7. 胸骨部 8. 剑状软骨 9. 腔静脉裂孔内的后腔静脉 10. 迷走神经 11. 食管裂孔内的食管 12. 右膈脚 13. 左膈脚的中间支 14. 左膈脚的外侧支 15. 肋退肌

2．前肢肌

(1) 肩带肌和肩部肌：为连接躯干与前肢的肌肉。剥除皮肌后，鬐甲部浅层为斜方肌，于肩胛冈处切断其止腱并向上翻开，暴露出菱形肌。斜方肌前方为臂头肌，臂头肌和胸头肌之间是颈静脉沟。斜方肌后方为扇形的背阔肌。切断臂头肌和背阔肌，上翻肩胛骨，露出胸肌。切断胸肌，其深面为腹侧锯肌。切断腹侧锯肌，卸下前肢。肩胛骨内侧面，肩胛下窝处为肩胛下肌，其后方为扁长的梭形大圆肌（图 1-1-29）。

(2) 臂部和前臂部肌：肱骨的背侧面为肱二头肌，其外后方肱骨的臂肌沟内为臂肌。在肩胛骨和肱骨之间为肱三头肌，其长头内侧为狭长的带状肌前臂筋膜张肌。前臂部桡骨背侧向外到掌侧依次是腕桡侧伸肌、指内侧伸肌、指总伸肌、指外侧伸肌、腕外侧屈肌。在尺骨的内面靠前的是腕桡侧屈肌，靠后的是腕尺侧屈肌。在腕尺侧屈肌和腕外侧屈肌之间是指浅屈肌和指深屈肌（图 1-1-31）。

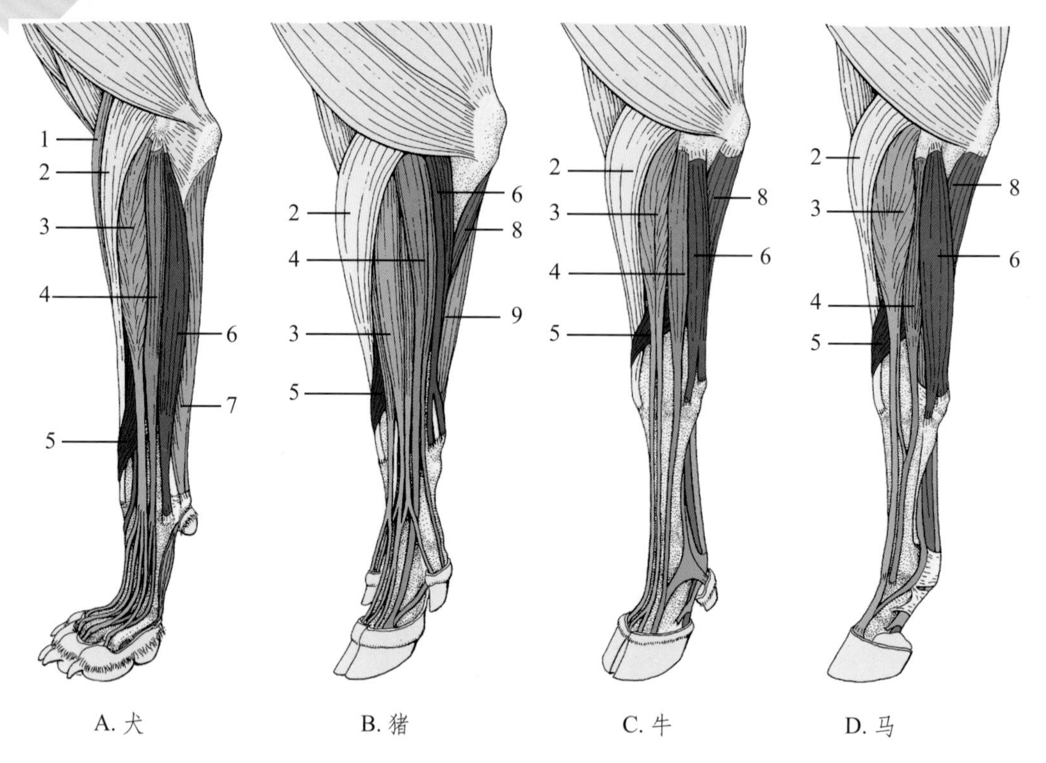

图 1-1-31 前臂部肌示意图（引自陈耀星等，2009）

1. 臂桡肌 2. 腕桡侧伸肌 3. 指总伸肌 4. 指外侧伸肌 5. 拇长伸肌（腕斜伸肌）
6. 尺外侧肌 7. 腕尺侧屈肌 8. 指深屈肌 9. 指浅屈肌

3．后肢肌

（1）臀部肌和股部肌：剥除后肢皮肤和筋膜，在臀部表面，肌纤维呈“V”字形，后端止于第三转子的是臀浅肌（牛无此肌）。近第三转子处切断臀浅肌，向上翻起可暴露臀中肌，该肌发达，构成臀部的轮廓。自臀部经大转子和坐骨结节之间延伸至股骨外侧的是股二头肌。位于股二头肌之后的为半腱肌和半膜肌。在膝褶处，可见到股阔筋膜张肌，切断并翻起股阔筋膜张肌，可暴露股四头肌。翻转后肢，可见股内侧有一四边形薄肌，为股薄肌。一带状肌在股薄肌前缘自腹腔穿出，为缝匠肌。将股薄肌下缘切断翻起，可见其覆盖下的内收肌；缝匠肌和内收肌之间为耻骨肌（图 1-1-29）。

（2）小腿和后腿部肌：紧贴胫骨前缘的是胫骨前肌，小腿背侧表面是第三腓骨肌，第三腓骨肌和胫骨前肌之间是趾长伸肌。第三腓骨肌向外后方有两块肌肉，依次是腓骨长肌和趾外侧伸肌。胫骨后方跟骨背侧有一发达的肌腱，称总跟腱。总跟腱背侧表面为腓肠肌的内外侧肌腹，中间包的是趾浅屈肌的肌腹。趾浅屈肌前方，胫骨后方为趾深屈肌和腘肌（图 1-1-32）。

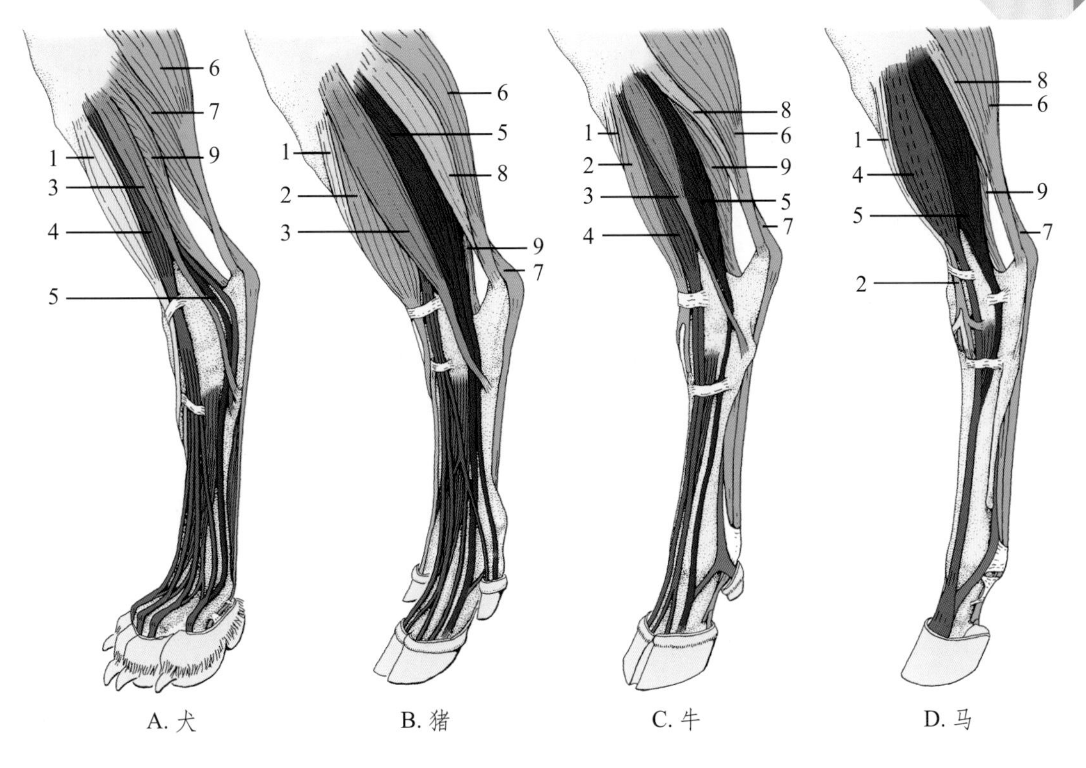

图 1-1-32　小腿外侧浅层肌肉示意图（引自陈耀星等，2009）

1. 胫骨前肌　2. 第 3 腓骨肌　3. 腓骨长肌　4. 趾长伸肌　5. 趾外侧伸肌　6. 腓肠肌　7. 趾浅屈肌　8. 比目鱼肌　9. 趾深屈肌

三、作业

1．卸下前肢时，要切断哪些肌肉？

2．描述膈肌的解剖学特征。

3．牛后肢各部的主要肌肉有哪些？它们的位置、形态和作用如何？

（塔里木大学　杭超）

第二章　消化系统

一、实验目的

了解消化器官的一般形态、构造；并比较牛、马、猪等动物消化器官的区别。

二、实验内容

（一）口咽部

1．口腔

由唇、颊、硬腭、口腔底、舌、齿、齿龈和唾液腺构成。牛头纵剖面见图 1-2-1。

（1）唇：分为上唇和下唇，上下唇之间称口裂。以口轮匝肌为基础，外覆皮肤，内衬黏膜。牛唇短厚，不灵活，上唇中部与两鼻孔形成鼻唇镜；马、绵羊和山羊的唇肌肉发达，运动灵活，有采食作用；羊的两鼻孔之间形成鼻镜，上唇正中的沟称人中；猪上唇与两鼻孔形成吻突。

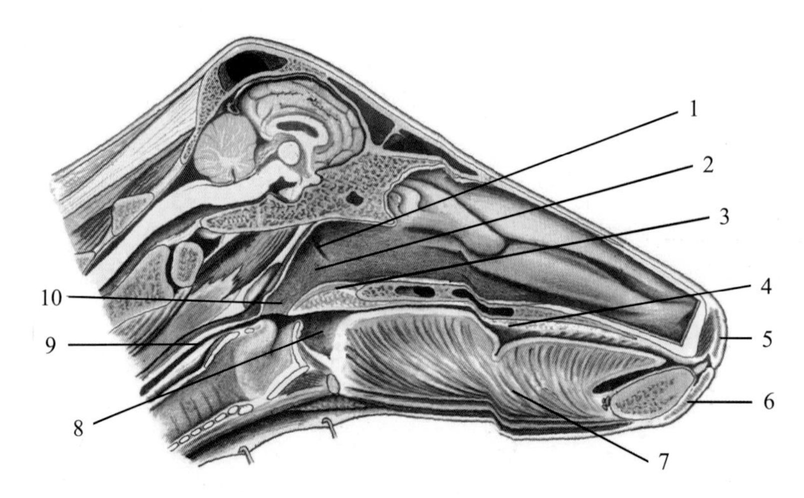

图 1-2-1　牛头纵剖面（引自 Budras 等，2003）

1. 咽鼓管咽口　2. 鼻咽部　3. 软腭　4. 硬腭　5. 上唇　6. 下唇　7. 舌　8. 口咽部　9. 食管　10. 喉咽部

（2）颊：构成口腔侧壁，主要由颊肌构成，外覆皮肤，内衬黏膜。牛、羊颊黏膜有许多尖端向后的角质乳头。在第 5 上臼齿（牛）或第 3 上臼齿（马）相对的颊黏膜上有腮腺管的开口。

（3）硬腭：构成口腔的顶壁，上皮角质化，无腺体。硬腭正中有腭缝，腭缝两侧有许多横行的腭褶。牛、羊在硬腭的前部形成角质化的齿垫（图 1-2-2）。

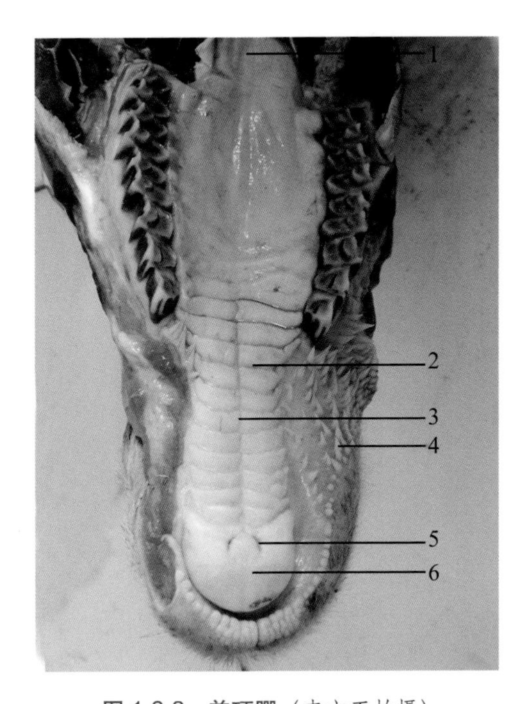

图 1-2-2 羊硬腭（李方正拍摄）

1. 软腭 2. 腭褶 3. 腭缝 4. 颊乳头 5. 切齿管 6. 齿垫

（4）口腔底和舌：口腔底大部分被舌所占据。前部由下颌骨体组成，表面覆以黏膜，此部有一对乳头称舌下肉阜。舌主要由舌肌构成，背面有黏膜覆盖。舌分为舌尖、舌体、舌根 3 部分，前部游离为舌尖，在舌尖与舌体交界处有两条与口腔底相连的舌系带。牛、羊舌体背侧有隆起的舌圆枕。舌根背侧黏膜内有舌扁桃体，舌黏膜内有舌腺。

观察牛（羊）、马舌黏膜表面的舌乳头：

① 锥状乳头：分布于舌尖和舌体的表面，钝圆锥形尖端向后，马无。

② 菌状乳头：散布于舌尖和舌侧缘，呈大头针帽状，有味蕾。

③ 豆状乳头：分布于舌圆枕上，圆而扁平，角质化。

④ 轮廓乳头：牛位于舌圆枕后部的背面，中央隆起，周围有环状沟，每侧有 8 ~ 17 个（绵羊 18 ~ 24 个）；马一般有两个位于舌背后部中线两侧。上皮内有味蕾。

⑤ 丝状乳头：位于舌背表面，呈丝状，高度角化，尖端向后。

⑥ 叶状乳头：一般有两个，位于舌背后部两侧，由多个小叶状黏膜褶形成。上皮中有味蕾。

牛（羊）的舌有锥状乳头、菌状乳头、豆状乳头和轮廓乳头。

马的舌有丝状乳头、菌状乳头、叶状乳头和轮廓乳头。

猪的舌有丝状乳头、锥状乳头、菌状乳头、叶状乳头和轮廓乳头。

（5）齿和齿龈：齿镶嵌于上下颌骨及切齿骨的齿槽内，分别称上齿弓和下齿弓，分切齿、犬齿、颊齿 3 种。牛、羊无犬齿和上切齿，公马有犬齿。齿一般分为齿冠、齿颈和齿根 3 部分。齿冠为齿龈外面突出于口腔的部分，具有前庭面、舌面、接触面和嚼面。齿颈略细，被齿龈所覆盖。齿根埋于齿槽部分。图 1-2-3 为牛齿，图 1-2-4 为马齿。

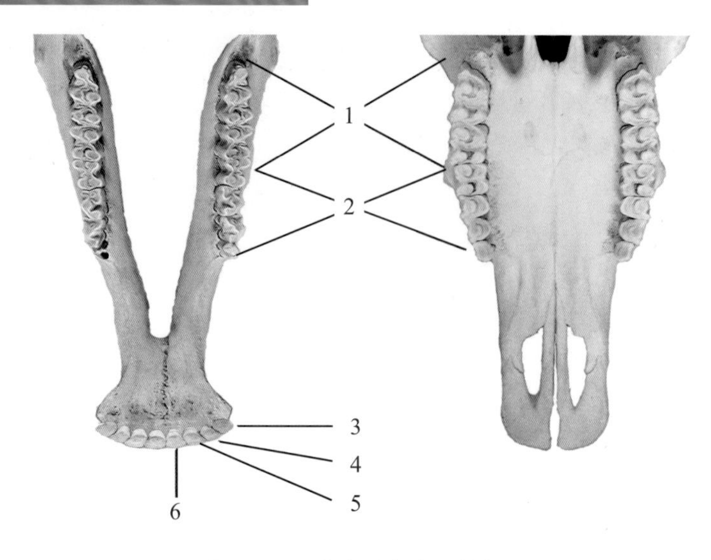

图 1-2-3 牛齿（李方正拍摄）

1. 臼齿 2. 前臼齿 3. 隅齿 4. 外中间齿 5. 内中间齿 6. 门齿

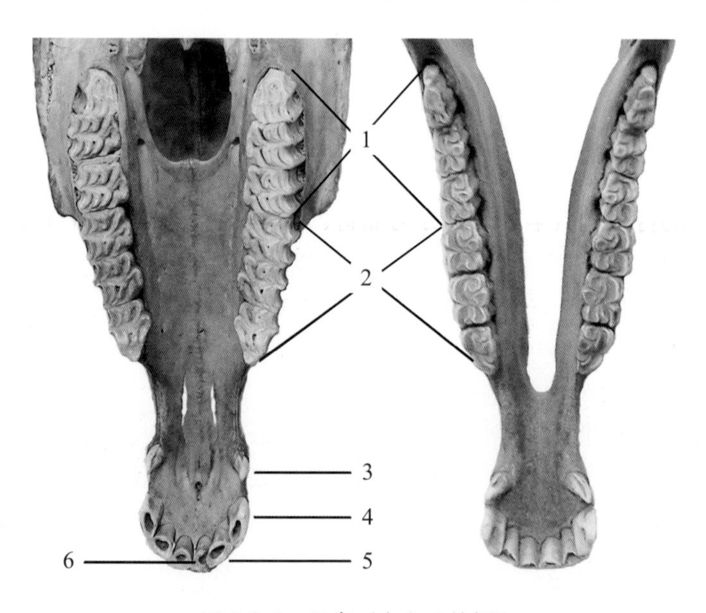

图 1-2-4 马齿（李方正拍摄）

1. 臼齿 2. 前臼齿 3. 犬齿 4. 隅齿 5. 中间齿 6. 门齿

齿由齿质、釉质和齿骨质（黏合质）构成，齿的中央为齿髓腔。齿质，硬而黄白色，是齿的主体；釉质是最硬的组织，呈乳白色。齿分长冠齿和短冠齿两种。短冠齿的齿冠的齿质外是釉质，在齿根外覆盖着齿骨质；长冠齿的齿冠和齿根的齿质外覆盖釉质，釉质外包着齿骨质。牛、羊的臼齿是长冠齿，下切齿是短冠齿。猪的齿全是短冠齿；马门齿是长冠齿。

（6）唾液腺：口腔黏膜之下有许多小的壁内腺，如唇腺、颊腺、舌腺，还有腮腺、颌下腺、舌下腺。

腮腺：位于耳根下方，呈狭长的倒三角形。猪的最大，马的次之，牛的最小。腮腺管经下颌间隙，咬肌前缘，于颊部注入口腔。牛的开口于第 2 上臼齿相对处的颊黏膜上。

颌下腺：位于腮腺深面。颌下腺管经下颌间隙前行，开口于舌下肉阜。

舌下腺：较小，位于舌体和下颌骨之间的黏膜下，舌下腺管短而多，开口于舌下肉阜或口腔底黏膜上。

2．咽和软腭

（1）咽位于口腔和鼻腔的后方，喉和气管的前上方，由黏膜、肌层和外膜构成，是消化系统和呼吸系统的共同通道。前上方为鼻后孔通鼻腔，前下方以咽峡通口腔；后上方以食管口通食管，后下方以喉孔通喉；两侧以咽鼓管口通中耳。

（2）软腭：位于鼻咽部和口咽部之间，前缘附着于硬腭，两侧接舌根及咽，后缘游离。牛（羊）、猪的软腭较短厚；马的软腭长，达会厌软骨基部，故很难张口呼吸。

（二）食管和胃

1．食管

位于咽和胃之间，可分为颈、胸、腹 3 段。马、牛、羊等草食动物，食管起始部位于气管背侧，到颈中部转到气管左侧，进入胸腔口又转到气管背侧。猪颈短，伸缩范围不大，没有偏左的弯曲。

2．胃

（1）牛、羊的胃。牛（羊）的胃分为瘤胃、网胃、瓣胃和皱胃 4 个室，前 3 个室称为前胃，黏膜内无腺体，皱胃又称真胃，黏膜内有腺体（图 1-2-5，图 1-2-6）。

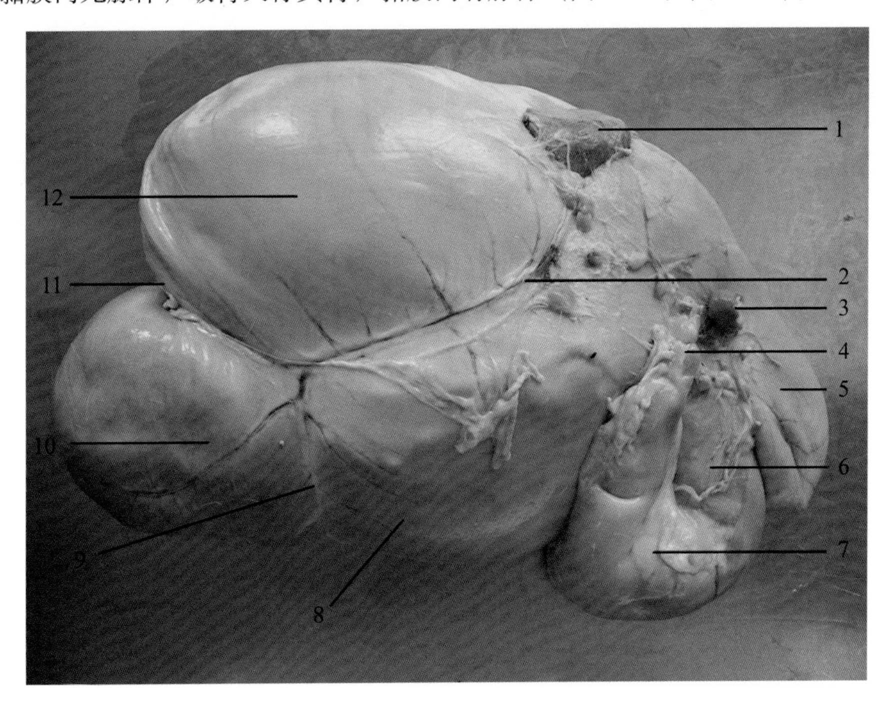

图 1-2-5　羊的胃（李方正拍摄）

1. 脾　2. 右纵沟　3. 食管　4. 十二指肠　5. 网胃　6. 瓣胃　7. 皱胃　8. 瘤胃腹囊　9. 腹侧冠状沟　10. 后腹盲囊　11. 后沟　12. 瘤胃背囊

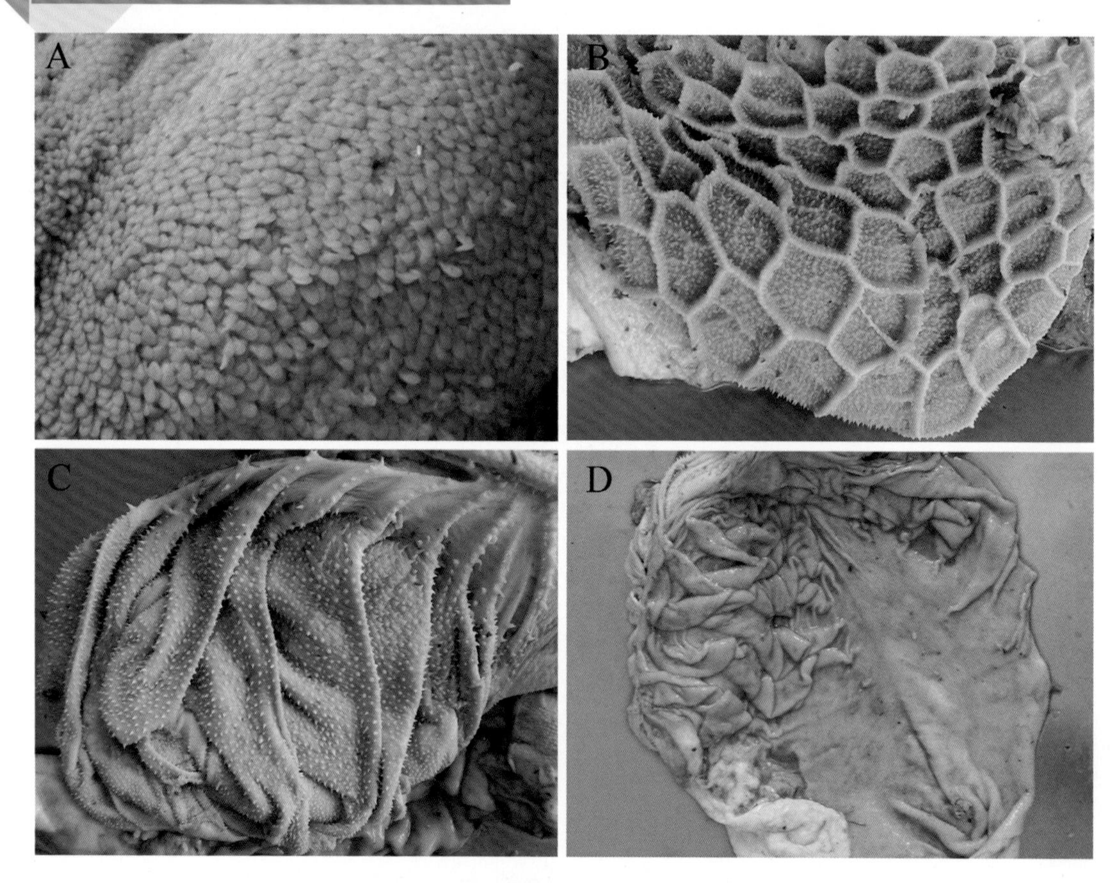

图 1-2-6 羊胃黏膜（李方正拍摄）

A. 瘤胃黏膜 B. 网胃黏膜 C. 瓣胃黏膜 D. 皱胃黏膜

①瘤胃：呈前后稍长，左右略扁的椭圆形，几乎占据整个腹腔的左侧，其腹侧部伸到腹腔右侧。前端有前沟，后端有后沟，左侧面有左纵沟，右侧面有右纵沟。瘤胃壁的内面，沟所对处为肉柱。沟和肉柱围成环形，将瘤胃分成背囊和腹囊两部分。背囊和腹囊的前后两端是瘤胃房、后背盲囊、瘤胃隐窝、后腹盲囊。瘤胃黏膜表面有无数密集的乳头。

瘤胃的入口为贲门，出口为瘤网胃口；入口的附近形成一个穹窿，称为瘤胃前庭。

②网胃：牛四个胃中最小。呈梨形，前后稍扁。在瘤胃背囊的前下方，稍偏左侧。网胃黏膜表面呈网格状。

食管沟：起自贲门，沿瘤胃前庭和网胃右侧壁向下伸延至网瓣胃口，沟两侧隆起称食管沟唇，两唇之间为沟底。

③瓣胃：羊四个胃中最小。呈两侧稍扁的球形，很坚实，位于右季肋部，在瘤网胃交界处的右侧。瓣胃黏膜形成百余片大小不同的瓣叶。

④皱胃：呈梨形长囊，位于右季肋部和剑状软骨部，大部分与腹腔底壁紧贴。黏膜柔软光滑，形成 12~14 片大皱褶。黏膜含有腺体，分为贲门腺区、幽门腺区和胃底腺区。

（2）马的胃。马胃为单室胃。呈弯曲的勾状囊（图 1-2-7）。大部分位于左季肋部，在膈和肝之后。胃大弯凸，胃小弯凹，胃左端向后上方膨大形成胃盲囊。入口是贲门，接食管，出口是幽门，接十二指肠。

黏膜分有腺部和无腺部。贲门腺区黏膜灰黄色，胃底腺区黏膜棕红色，幽门腺区黏膜灰红色。

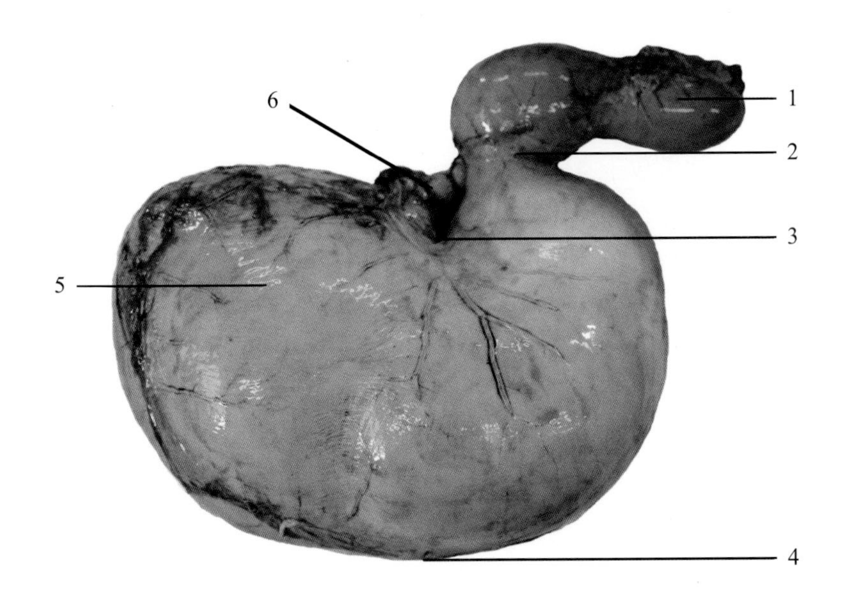

图 1-2-7 马胃（李方正拍摄）

1. 十二指肠 2. 幽门 3. 胃小弯 4. 胃大弯 5. 胃盲囊 6. 贲门

(3) 猪的胃。猪胃容积很大，形状与马相似，大部分位于左季肋部和剑状软骨部。胃的左端大而圆，近贲门处有一盲突，称胃憩室。胃的黏膜分有腺部和无腺部；有腺部又分 3 个腺区，即贲门腺区，位于贲门附近，呈淡黄色；胃底腺区小，位于贲门腺区的右侧，呈棕红色；幽门腺区位于幽门部，黏膜呈灰色。在幽门的小弯有一纵长的鞍状隆起，称为幽门圆枕。

（三）肠

1. 肠的一般形态结构

肠起于幽门止于肛门，可分小肠和大肠两部分。

(1) 小肠：小肠很长，管径较小，又分为十二指肠、空肠和回肠 3 段。

十二指肠：位于右季肋部和腰部，起于幽门，起始部在肝的脏面形成乙状曲，然后向后上方延伸至右肾后方折转向左向前，形成后曲，再向前延伸至胰腺腹侧折转向下，移行为空肠。十二指肠结肠韧带与降结肠相连的游离缘可作为十二指肠与空肠的分界标志。

空肠：最长，大部分位于右季肋部、右髂部和右腹股沟部。由短的系膜悬挂于结肠圆盘周围，形似花环状。

回肠：为小肠末端，短而直，空回肠没有明显的界限。开口于盲结肠交界的内侧壁，开口处隆起称回肠乳头。以回盲韧带与盲肠相连。

(2) 大肠分为盲肠、结肠和直肠 3 段。

盲肠：呈盲囊状，其大小因家畜种类差别很大。一般两个开口，入口为回盲口，出口为盲结口，与结肠相连。

结肠：可分为升结肠、横结肠和降结肠 3 段。各种家畜结肠的大小、位置和形态差别很大。

直肠：大肠最后一段，位于骨盆腔内，后端与肛门相连。

2. 牛、羊的肠

牛、羊的肠几乎全部位于身体的右侧。

(1) 小肠：十二指肠自幽门向前上方延伸，至肝的脏面形成乙状弯曲，由此向上向后伸延至髋结节前方，然后向左折转并向前延伸，至右肾腹侧与空肠相连。空肠形成无数肠圈，围绕在结肠圆盘周围，形成花环状。

(2) 大肠：升结肠旋袢呈扁盘状，被夹于总肠系膜中央。盲肠向后上延伸，盲肠尖位于骨盆前口左侧，盲肠直接延伸为结肠。

①盲肠：盲肠呈圆筒状的盲管，位于右髂部。盲端游离，后端可达骨盆入口，前端自盲结口转为结肠。

②结肠：可分为升结肠、横结肠和降结肠。

升结肠最长，可分为初袢、旋袢和终袢。初袢：从盲结口起向前至第 12 肋下端附近，再向上折转沿盲肠的背侧至盆腔前口，再折转向前至第 2、3 腰椎腹侧延续为旋袢。大部位于右髂部。旋袢：在瘤胃右侧形成圆盘状，分向心回和离心回。向心回以顺时针方向向内旋，至中心曲转为离心回，离心回以逆时针方向旋转至第一腰椎腹侧外延续为终袢。终袢：离开旋袢后向后延伸至骨盆前口附近，然后向前折转至最后胸椎处，延续为横结肠。牛各有 2 圈，羊约 3 圈。

横结肠：很短，由右侧至左侧的一小段肠管，由短的系膜悬吊于最后胸椎处。

降结肠：横结肠的直接延续，向后延伸至骨盆前口。

③直肠：位于骨盆腔内，短而直，由直肠系膜系于盆腔顶壁，其后端接肛门。

④肛门：为消化管的末端开口，位于尾根下方，不向外突出。图 1-2-8 为羊肠。

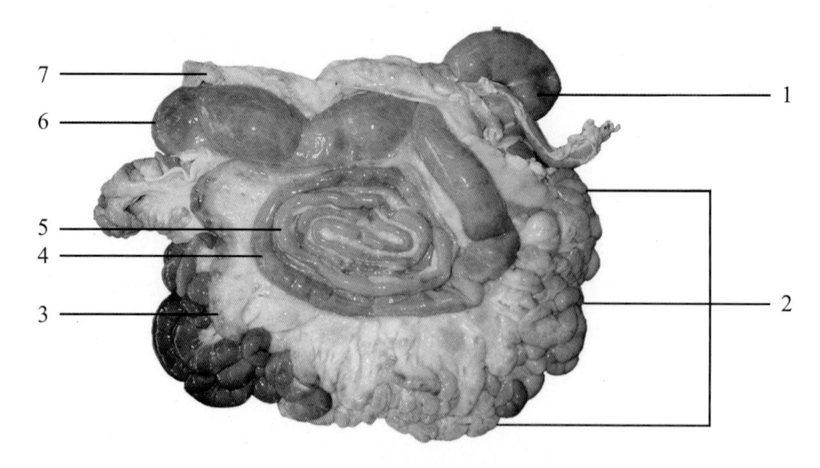

图 1-2-8 羊肠（李方正拍摄）

1. 升结肠初袢 2. 空肠 3. 升结肠终袢 4. 旋袢向心回 5. 旋袢离心回 6. 盲肠 7. 降结肠

3. 马的肠（图 1-2-9）

（1）小肠：十二指肠位于腹腔右季肋部和腰部，长约 1 m，前接胃的幽门，有胆管和胰管的开口。空肠是小肠最长的部分，管壁较薄，弯曲多，空肠系膜呈大扇形，活动范围大。回肠短而直，管壁较厚，末端以回盲口与盲肠底小弯上部相连，回盲口的黏膜缘突出于盲肠腔内，构成回盲瓣。

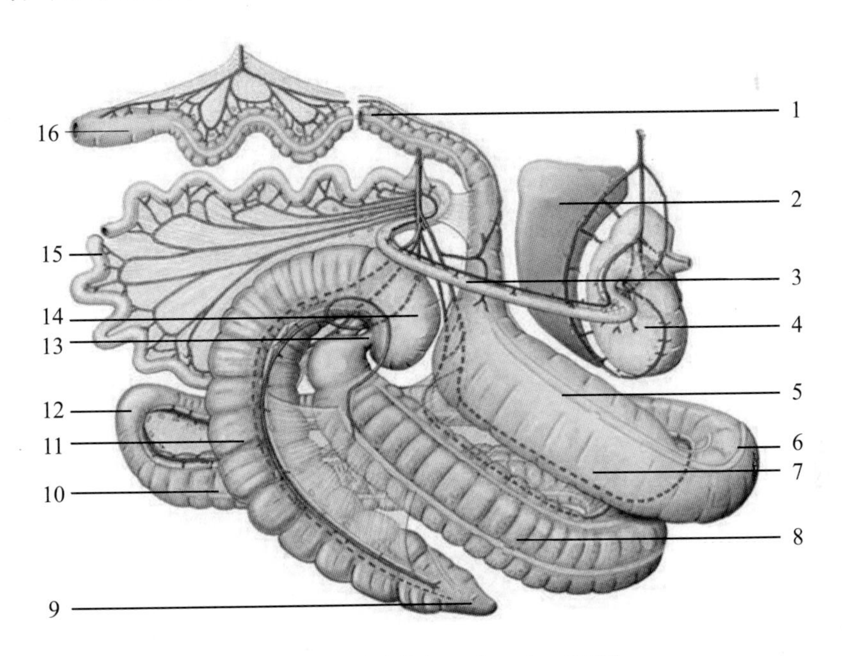

图 1-2-9　马肠（引自 Budras 等，2009）

1. 降结肠　2. 脾　3. 十二指肠　4. 胃　5. 大结肠肠带　6. 膈曲　7. 右背侧大结肠　8. 右腹侧大结肠　9. 盲肠尖　10. 左腹侧大结肠　11. 盲肠体　12. 骨盆曲　13. 盲结口　14. 盲肠底　15. 空肠　16. 直肠

（2）大肠：马的盲肠很大，呈逗号状，主要位于腹腔右侧，由右髂部起沿腹壁斜向前下方伸延至剑状软骨部，表面有四条纵带，纵带间有四列膨大的肠袋。其开始部钝圆为盲肠底，其前上缘凹叫小弯，中间为盲肠体，盲端为盲肠尖。

升结肠在回盲口外侧与盲肠相连，有盲结瓣。横结肠特别发达，称大结肠，占腹腔的大部分，形成双层马蹄铁形，可分为四段三曲。顺次为右下大结肠→胸骨曲→左下大结肠→骨盆曲→左上大结肠→膈曲→右上大结肠，右上大结肠变粗称胃状膨大部。大结肠末端为横结肠，管径较细。降结肠也称小结肠，小结肠以较长的系膜固定于腰椎腹侧。位于左髂部和腰部，与小肠混在一起，末端口径变细，移行为直肠。结肠各部有数目不同的肌带并形成肠袋。

直肠位于骨盆腔内，前端狭窄叫直肠狭窄部，与小结肠相连，中部膨大，叫直肠壶腹。肛门是肠的末端。

4．猪的肠（图 1-2-10）

（1）小肠：十二指肠：形态位置和行程与牛相似，位于右季肋部和腰部。

空肠：形成许多肠圈，以较长的空肠系膜与总肠系膜相连。大部分位于腹腔右半部，在结肠圆锥右侧，少部分位于左腹股沟部。

回肠：较短，开口于盲肠和结肠交界处右侧，突入盲肠壁内，形成回盲瓣。

（2）大肠：盲肠呈圆锥形，短而粗。位于左髂部，其盲端可达盆腔前口与脐部之间的腹底壁。回盲口呈圆柱状突入结肠之间，盲肠直接延伸为结肠。升结肠旋袢位于腹中部的左侧，呈倒置的圆锥形，可分向心回和离心回，向心回位于圆锥的外周，肠管较粗，且具有两条纵肌带和两列肠袋。离心回位于圆锥的中央，肠管较细，无纵肌带和肠袋。总肠系膜主要吊着空肠及结肠旋袢。

横结肠：在胃的后方，向左绕过在肠系膜前动脉根，再向后延伸转为降结肠。

降结肠：由横结肠起始部向后延伸至骨盆前口，与直肠相连。

（3）直肠：在肛门前方形成直肠壶腹，周围有大量脂肪，肛管短，肛门不向外突出。

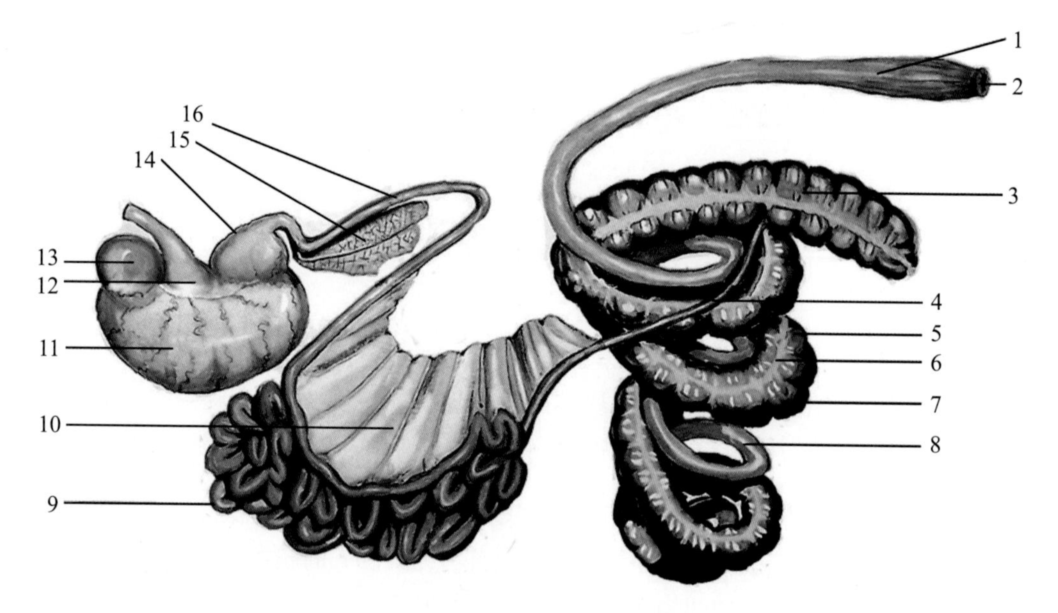

图 1-2-10 猪肠（引自陕西省农林学校，1980）

1. 直肠 2. 肛门 3. 盲肠 4. 回肠 5. 结肠圆锥向心回 6. 肠带 7. 肠袋 8. 结肠圆锥离心回 9. 空肠 10. 肠系膜 11. 胃 12. 贲门 13. 胃憩室 14. 幽门 15. 胰 16. 十二指肠

（四）肝和胰

1．肝

肝是实质性器官，位于腹前部，膈的后方，偏右侧。肝的壁面凸，脏面凹，肝门位于脏面中部。马、牛、羊的肝呈红褐色，猪的肝呈暗红色。

（1）牛、羊的肝。

肝门有一个粗大的薄壁血管，是门静脉。肝动脉与门静脉伴行。肝门下方有肝管。

牛肝扁而厚，略呈长方形，分叶不明显，但也可由胆囊和圆韧带切迹将肝分为左、中、右 3 叶，中叶又以肝门分为右侧的方叶和左侧的尾叶。尾叶的尾状突上有右肾压迹。

肝的右叶有右三角韧带与右腹壁相连，左侧有左三角韧带将肝连于膈的食管裂孔处；壁面有左、右冠状韧带将肝与膈相连；镰状韧带是很薄的浆膜褶，随年龄的增长而萎缩；圆韧带为脐静脉的遗迹，成年后消失。

脏面有与网、瓣、皱胃、十二指肠等相触所形成的压迹。壁面最前方达第 6 肋间隙，长轴斜向后方，达最后肋骨的背侧端。

牛（羊）的肝有梨状胆囊，位于肝的脏面。牛肝管出肝后与胆囊管合成胆管，羊的胆管与胰管合成一胆总管，都开口于十二指肠内的第二曲。图 1-2-11 为羊的肝。

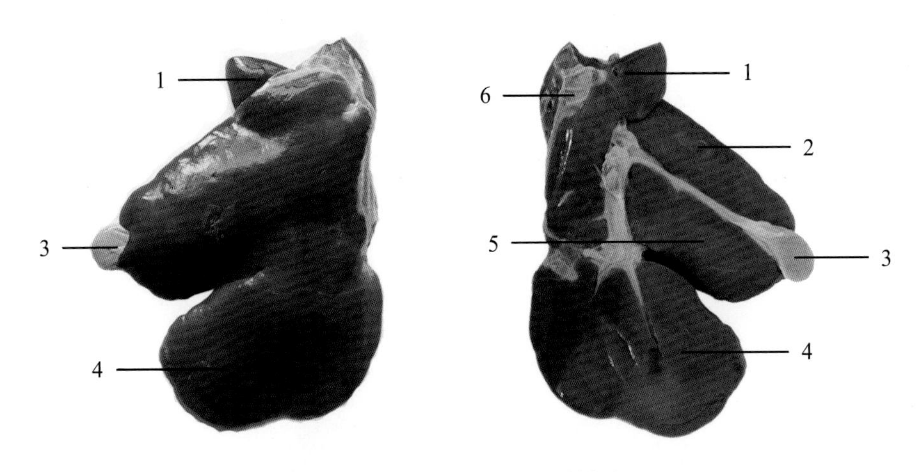

图 1-2-11　羊肝（李方正拍摄）

1. 尾叶　2. 右叶　3. 胆囊　4. 左叶　5. 方叶　6. 后腔静脉

（2）马的肝（图 1-2-12）。

大部分位于右季肋部，背侧缘钝，有食管切迹；腹侧缘锐，叶间切迹较深，可明显地分为左叶、中叶和右叶，中叶又分为尾叶和方叶。尾叶末端尾状突与右肾接触。膈面凸，有后腔静脉通过；脏面凹，有肝门，是神经、血管、淋巴管、胆管进出区域。马无胆囊，胆汁从肝管直接注入十二指肠。

（3）猪的肝（图 1-2-13）。

猪肝的叶间切迹非常深，所以分叶明显。在尾状叶上没有肾压迹。有胆囊。

猪肝比牛的发达。位于季肋部和剑状软骨部，略偏右侧。中央厚，边缘薄，壁面凸，与膈及腹腔侧壁接触，有后腔静脉通过。脏面凹，与胃、十二指肠等接触。分叶明显，分左外叶、左内叶、右内叶、右外叶四叶。右内叶内侧有较小的中叶，又被肝门分为尾叶和方叶。胆囊呈长梨形，胆囊管与肝管汇合成胆管，开口于距幽门约 5 cm 处的十二指肠憩室。猪肝小叶明显。

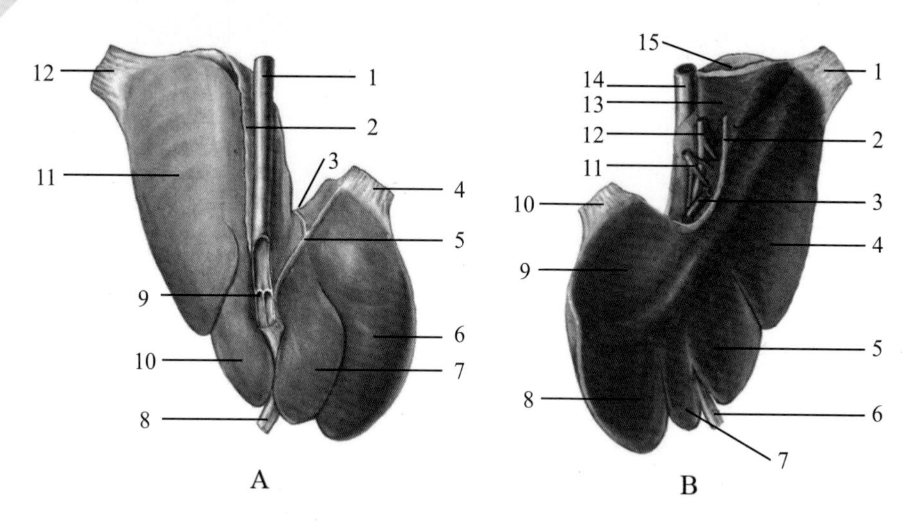

图 1-2-12　马肝（引自中国人民解放军兽医大学，1979）

A: 1. 后腔静脉　2. 右冠状韧带　3. 食管切迹　4. 左三角韧带　5. 左冠状韧带　6. 左外叶　7. 左内叶　8. 镰状韧带和圆韧带　9. 肝静脉　10. 方叶　11. 肝右叶　12. 右三角韧带

B: 1. 右三角韧带　2. 肝十二指肠韧带　3. 肝管　4. 右叶　5. 方叶　6. 镰状韧带和圆韧带　7. 左内叶　8. 左外叶　9. 胃压迹　10. 左三角韧带　11. 肝动脉　12. 门静脉　13. 尾叶　14. 后腔静脉　15. 肾压迹

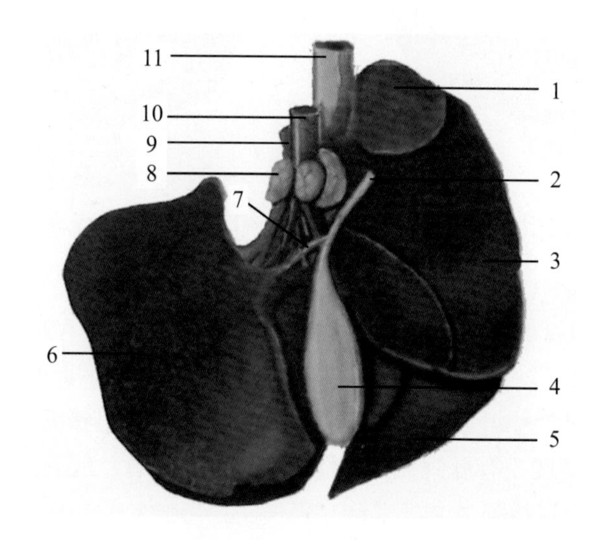

图 1-2-13　猪肝（引自陕西省农林学校，1980）

1. 尾叶　2. 胆管　3. 右叶　4. 胆囊　5. 右内叶　6. 左叶　7. 肝管　8. 肝门淋巴结　9. 肝动脉　10. 门静脉　11. 后腔静脉

2．胰

胰位于十二指肠袢内。

（1）牛、羊的胰。

胰呈不正四边形，灰黄色。位于右季肋部和腰部，肝门的正后方。分胰体、左叶和右叶 3 部分。胰体的背侧面形成胰环，门静脉由此通过。牛的胰管自胰右叶末端走出，单独开口于十二指肠降部。

（2）马的胰。

马的胰呈不正的三角形，淡红黄色，位于右季肋部。也分胰体、左叶和右叶。胰管由胰头走出与肝管共同开口于十二指肠憩室。

（3）猪的胰。

略呈三角形，灰黄色。位于最后两个胸椎和前两个腰椎腹侧。也分为胰体、左叶和右叶。胰管由右叶末端走出，开口于距幽门 10 ～ 12 cm 处的十二指肠内。

三、作业

1. 绘出牛、马胃的结构。

2. 绘出马的大结肠的结构特点。

3. 填图

（1）

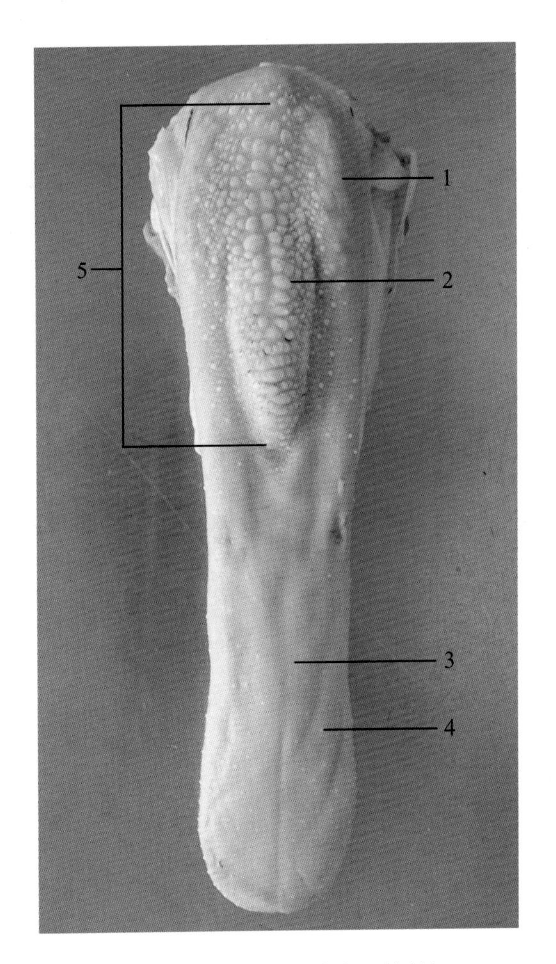

图 1-2-14　羊舌（李方正拍摄）

1. ____________　2. ____________　3. ____________

4. ____________　5. ____________

（2）

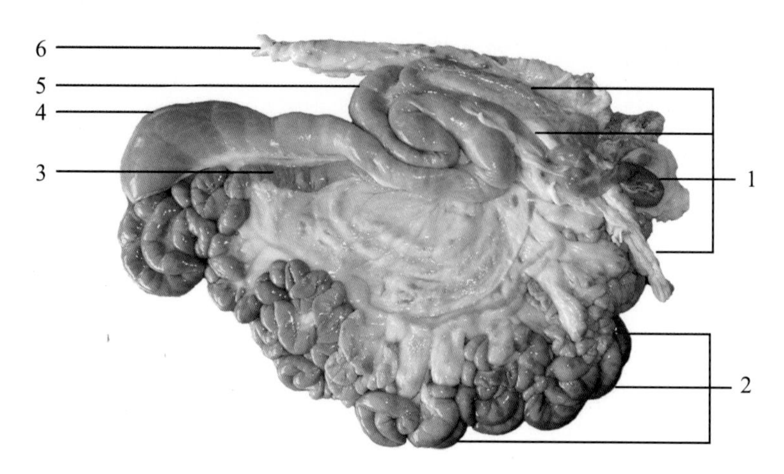

图 1-2-15　羊肠（右侧观）

1. ____________ 2. ____________ 3. ____________

4. ____________ 5. ____________ 6. ____________

（青岛农业大学　李方正）

第三章　呼吸系统

一、实验目的

掌握呼吸系统的组成及各组成器官的位置、形态与结构。

二、实验内容

（一）鼻的形态、结构

1. 鼻腔

(1) 鼻孔：由内外侧鼻翼围成的鼻腔入口。主要家畜动物鼻孔的不同之处如下：

牛的上唇与鼻孔间为鼻唇镜，无毛，内含大量浆液腺以保持鼻唇镜湿润；

羊和犬的两鼻孔间为鼻镜，无毛，其正中沟为人中（图 1-3-1）；

猪的鼻口处呈圆盘状，称吻突，内有吻骨，表面皮肤特化为吻镜，有触毛。

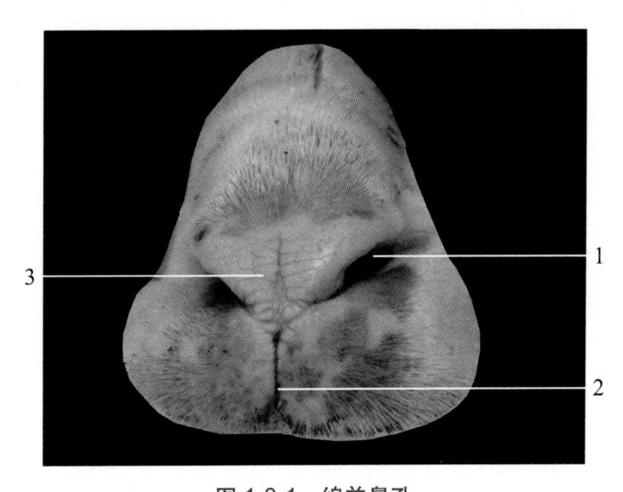

图 1-3-1　绵羊鼻孔

1. 鼻孔　2. 人中　3. 鼻镜

(2) 鼻前庭：内外侧鼻翼所围成的空腔，用手按压鼻翼，无骨性结构的部分即为鼻前庭。切开鼻翼，在鼻前庭背侧壁上有鼻泪管开口。马的鼻前庭背侧皮下有一盲囊，称鼻憩室。

(3) 固有鼻腔：沿正中矢状面将鼻腔锯成左右两半，可见每侧鼻腔侧壁有上下两个纵行的鼻甲，将鼻腔分为上、中、下三个鼻道，上、下鼻甲以及鼻中隔所围成的间隙称为总鼻道（图 1-3-2）。

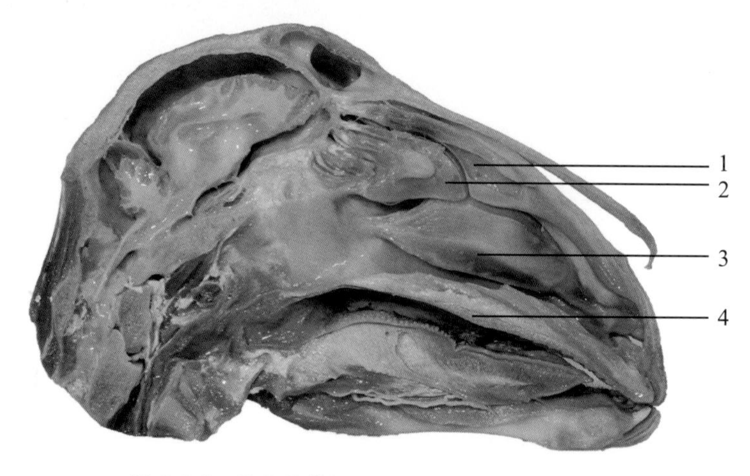

图 1-3-2　羊鼻腔纵切面观（引自陈耀星，2013）

1. 上鼻甲　2. 筛鼻甲　3. 下鼻甲　4. 上颌和硬腭

2. 鼻旁窦

成对存在，主要有上颌窦、额窦、蝶腭窦和筛窦。幼畜的鼻旁窦不发达。

（二）咽的结构

沿两侧口角切开口腔，在口腔和鼻腔后方有二者的共同开口，即咽，被软腭分为鼻咽部、口咽部和喉咽部。软腭侧缘附着于咽侧壁黏膜，后缘游离呈月牙形弓向前方，为腭咽弓。软腭腹侧面与舌根两侧有黏膜褶，为腭舌弓。腭咽弓与腭舌弓之间的咽侧壁上有一凹陷，为腭扁桃体。

（三）喉的位置、结构

1. 喉的位置

在下颌间隙后部与头颈交界处的腹侧切开皮肤，暴露出喉，可见其前接咽，后接气管，背侧紧贴食管（图 1-3-3）。

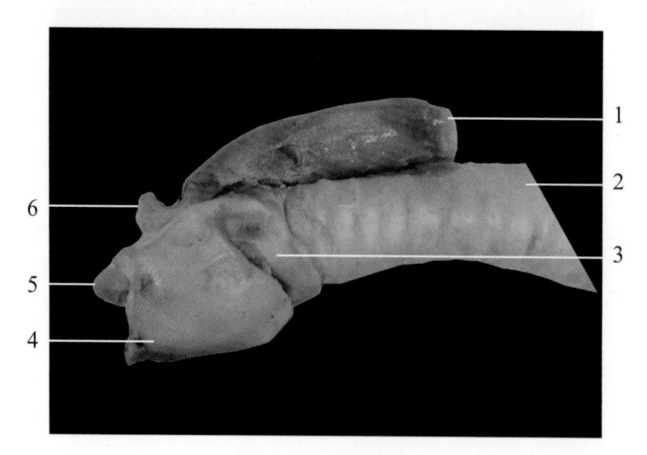

图 1-3-3　绵羊喉

1. 食管　2. 气管　3. 环状软骨　4. 甲状软骨　5. 会厌软骨　6. 杓状软骨

2．喉软骨

(1) 会厌软骨。单骨，位于喉前部的弹性软骨，借弹性纤维与甲状软骨连接，尖端弯向舌根，吞咽时向后翻转关闭喉口，引导食物进入背侧的食管（图 1-3-3 和图 1-3-4）。

(2) 甲状软骨。单骨，位于会厌软骨后方腹侧，横断面为 U 字形，底部为甲状软骨体，其腹侧面形成喉结，两侧为甲状软骨侧板（图 1-3-3 和图 1-3-4）。

(3) 杓状软骨。对骨，左右各一，位于甲状软骨背内侧以及环状软骨前缘两侧，尖端弯向后上方，上部较厚，下部变薄，形成声带突，供声韧带和声带肌附着（图 1-3-3 和图 1-3-4）。

(4) 环状软骨。单骨，位于甲状软骨之后，呈指环状，由背侧的环状软骨板和腹侧的环状软骨弓构成（图 1-3-3 和图 1-3-4）。

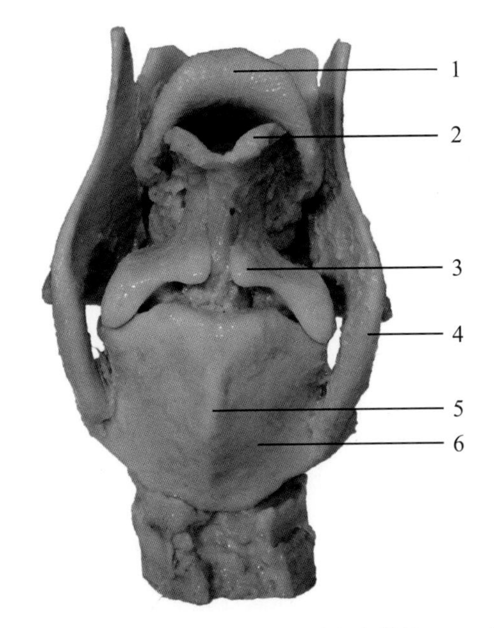

图 1-3-4　牛喉软骨背侧观（引自陈耀星，2013）

1. 会厌软骨　2. 小角突　3. 杓状软骨　4. 甲状软骨　5. 环状软骨正中嵴　6. 环状软骨板

3．喉腔

以喉软骨为支架、内衬黏膜所围成的腔隙为喉腔。前方以喉口与咽相通，后方与气管相通。取喉腔正中矢状面，两侧的杓状软骨声带突与甲状软骨体之间各有一黏膜褶，为声带，由声韧带和声带肌覆以黏膜构成。两声带间形成的裂隙为声门裂，声带与声门裂共同构成声门。声带将喉腔分为前部的喉前庭和后部的声门下腔。

（四）气管、支气管与支气管树的形态

1．气管

由气管软骨环借结缔组织连接而成的长圆筒状结构，沿颈椎腹侧正中进入胸腔，在心基背侧第 5 ~ 6 肋间隙分出左、右支气管入肺。猪、牛和羊的气管在分出左右支气管之前还发出气管支气管（又名右尖叶支气管），进入右肺尖叶。

主要家畜气管软骨环背侧缺口的不同之处如下：

猪的气管软骨环背侧缺口游离的两端重叠或接触；

犬和马的气管软骨环背侧缺口游离的两端互不接触，由平滑肌相连；

牛和羊的气管软骨环背侧缺口游离的两端向背侧突出，形成气管嵴。

2．支气管与支气管树

取健康动物肺，自来水中浸泡 2 ~ 3 d，纱布包裹，轻轻揉碎，流水冲洗，所剩树枝样管状结构即为支气管树。支气管入肺后依次分出小支气管、细支气管和终末细支气管，构成气体在肺内的流动通道，因其形似树枝，故称支气管树。

（五）胸膜与胸膜腔的结构

1．胸膜腔

沿肋间切开最内层胸壁肌后会触及一层薄膜，切破该薄膜会出现大量气体进入的现象，该现象是胸膜腔负压的表现。被切破的这层薄膜为肋胸膜，即胸膜壁层，气体进入的空腔即为胸膜腔，腔内见到的少量液体为胸膜液，起减少胸膜壁层与脏层之间摩擦的作用。

2．胸膜

去除两侧肋骨，可见胸膜与胸膜腔。胸膜分壁层和脏层，胸膜壁层贴于胸腔侧壁的部分称肋胸膜，贴于膈的胸腔面的部分称膈胸膜，参与形成纵隔的部分称纵隔胸膜；胸膜脏层为覆盖在肺表面的被膜，称肺胸膜。壁层与脏层在肺根处互相移行，共同围成密闭的胸膜腔。

（六）肺的位置、形态和结构

1．左右肺的形态

与胸腔侧壁接触的是肋面，固定标本上有肋骨压迹；与膈接触的是膈面；与纵隔接触的是纵隔面，其上有心压迹、食管压迹和血管压迹；在肋椎沟内，肋面与纵隔面的交界处是背侧缘；在胸外侧壁与纵隔之间，肋面与纵隔面的交界处是腹侧缘；在胸外侧壁与膈之间，肋面与膈面的交界处是底缘。

2．左右肺的分叶

左右肺可分别分为前叶（尖叶）、中叶（心叶）和后叶（膈叶），另外，右肺内侧还有副叶（图 1-3-5，图 1-3-6）。

主要家畜动物肺分叶的不同之处如下：

犬和猪的分叶明显，左右肺均可分前叶、中叶和后叶，其中右肺内侧有副叶；

牛和羊的分叶明显，左右肺均可分前叶、中叶和后叶，其中右肺内侧有副叶，右前叶可分右前叶前部和右前叶后部；

马的分叶不明显，以心切迹为界左右肺均可分为前叶（尖叶）和后叶（心膈叶），同样的，右肺内侧有副叶。

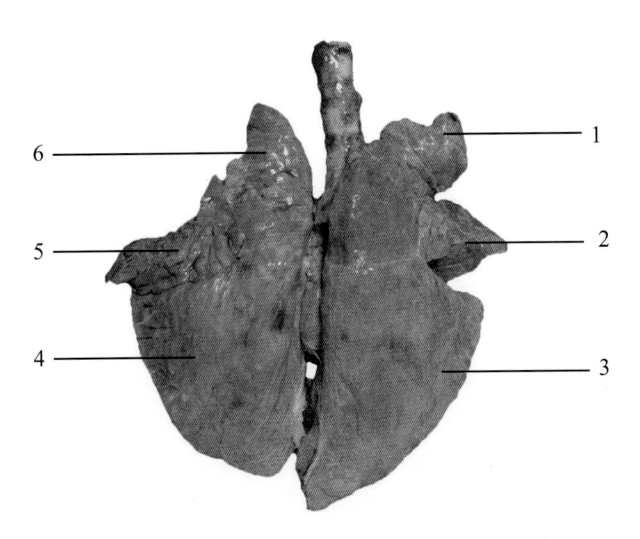

图 1-3-5　猪肺背侧面（引自陈耀星，2013）

1. 右前叶 / 右尖叶　2. 右中叶 / 右心叶　3. 右后叶 / 右膈叶　4. 左后叶 / 左膈叶　5. 左中叶 / 左心叶　6. 左前叶 / 左尖叶

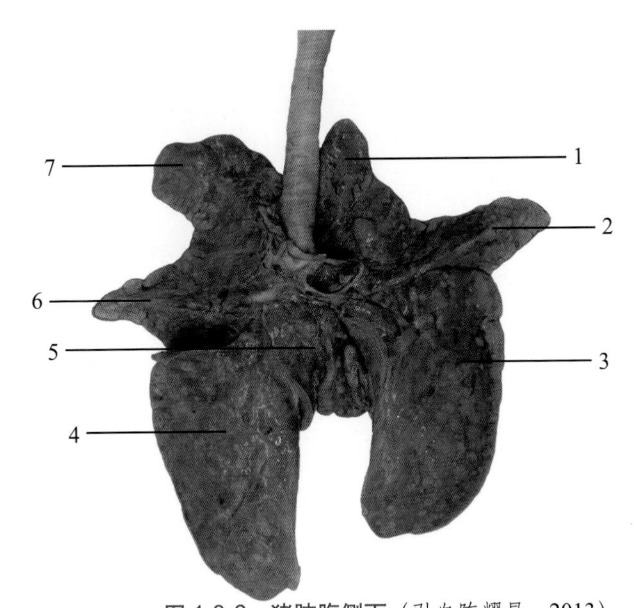

图 1-3-6　猪肺腹侧面（引自陈耀星，2013）

1. 左前叶 / 左尖叶　2. 左中叶 / 左心叶　3. 左后叶 / 左膈叶　4. 右后叶 / 右膈叶　5. 副叶　6. 右中叶 / 右心叶　7. 右前叶 / 右尖叶

3. 肺门与肺根

切断支气管，整体取出两肺，在纵隔面观察左右肺，在心切迹后上方有支气管、血管、淋巴管和神经出入肺的部位，为肺门；出入肺门的上述结构被结缔组织包裹成束，为肺根。

（七）纵隔的结构

移除左右两肺，位于胸腔正中矢状面略偏左，为左右胸膜腔的中隔。由两侧的纵隔胸膜及分布其中的心、心包、大血管、食管、气管、支气管、淋巴结、胸导管以及神经和结缔组织构成。纵隔按其所处的位置又可分为心纵隔（心脏所在部分的纵隔）、心前纵隔（心脏之前的部分）、心后纵隔（心脏之后的部分）。其中在心前纵隔内有胸腺，胸腺随动物成长而逐渐退化。

三、作业

1．请标识图中数字所示的结构。

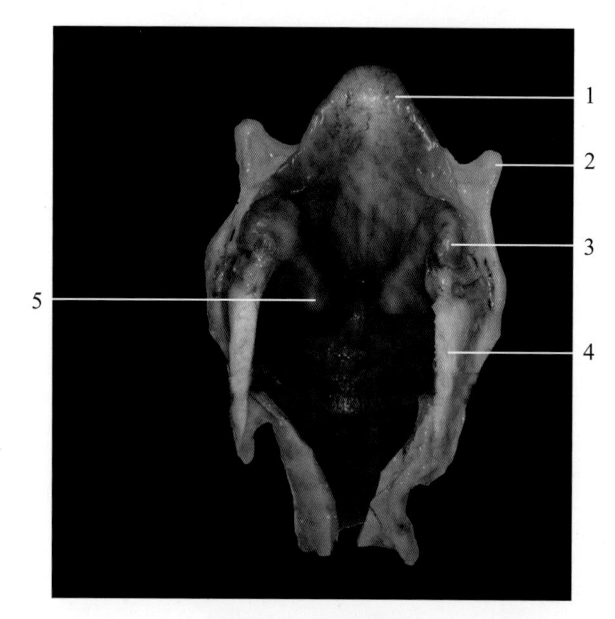

图 1-3-7　牛喉软骨

1. ____________　2. ____________　3. ____________　4. ____________　5. ____________

1. 会厌软骨　2. 甲状软骨　3. 杓状软骨　4. 环状软骨　5. 声韧带

2．牛、马、猪、犬的肺在形态结构上有何不同？

（浙江大学　李剑）

第四章　泌尿系统

一、实验目的

（1）了解家畜泌尿系统的器官组成。

（2）掌握不同家畜肾的位置、形态、结构和类型。

（3）明确膀胱和邻近器官的位置关系。

二、实验内容

家畜泌尿系统的器官包括肾、输尿管、膀胱和尿道。

（一）肾的位置、形态、结构和类型

1. 不同家畜肾的位置

肾通常位于最后几个胸椎和前 3 个腰椎腹侧，左、右各一，因此，俗称“腰子”。猪的两肾位置对称，其他家畜及犬的肾均为右肾靠前、左肾靠后。猪肾位于最后胸椎和前 3 个腰椎横突腹侧；马的右肾位于最后 2 或 3 肋骨的椎骨端和第 1 腰椎横突腹侧，左肾位于最后肋骨的椎骨端和前 2 或前 3 腰椎横突腹侧；牛、羊的右肾位于第 12 肋间隙至第 2 或第 3 腰椎横突腹侧，左肾一般位于 2 ～ 5 腰椎横突腹侧，当瘤胃充满时，被挤到正中矢状面右侧。但是，犊牛两肾位置接近于对称。犬的右肾位置较固定，位于前 3 个腰椎椎体下方，左肾位于 2 ～ 4 腰椎椎体下方或更向后。

2. 不同家畜肾的形态

健康家畜的肾为均质红褐色，营养良好时，肾周围有白色的脂肪囊包裹。肾内侧缘中部为肾门，观察自肾门出入的肾动脉、肾静脉、输尿管、神经和淋巴管。猪的两肾形态相似，均呈豆形，但略长而扁（图 1-4-1）；马的右肾呈较扁的三角形，左肾呈扁的蚕豆状；牛的右肾呈上下略扁的椭圆形，左肾厚、而且前端小，后端大而钝圆（图 1-4-2）；羊、兔、犬的两肾均呈豆形（图 1-4-3）。

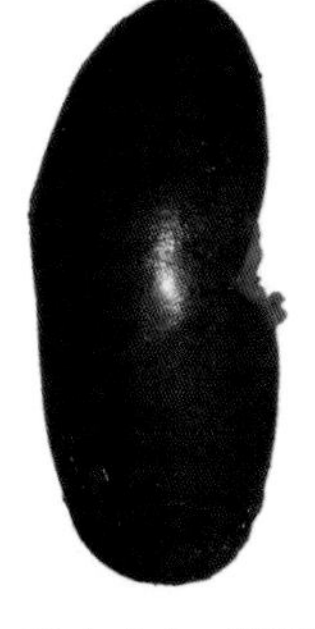

图 1-4-1　猪肾

A. 右肾

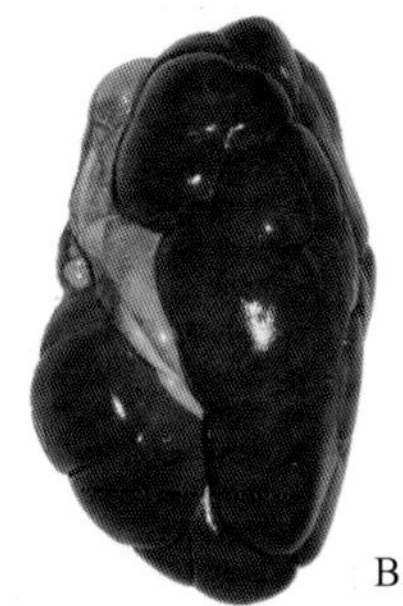

B. 左肾

图 1-4-2　牛肾

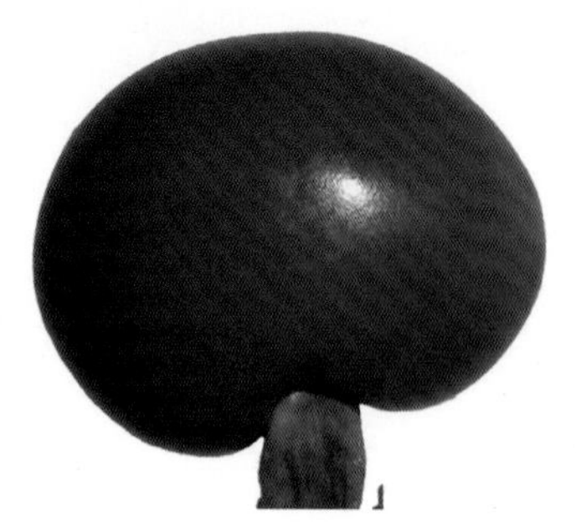

图 1-4-3　羊肾

3．肾的结构和类型

肾的表面包有一层薄而坚韧的被膜，健康动物肾的被膜只需在表面划一小口，便很容易完整剥离。从切面看，肾的实质由多个肾叶组成，每个肾叶分为浅层略呈红褐色的皮质和深层颜色较淡的髓质，髓质部向心端形成肾乳头，哺乳动物的肾可分为四种类型：平滑单乳头肾、平滑多乳头肾、有沟多乳头肾和复肾。

平滑单乳头肾（图 1-4-4），如羊肾、马肾、犬肾、兔肾。断面观察，肾叶界限不清，肾乳头融合成肾总乳头。平滑多乳头肾（图 1-4-5），如猪肾：表面光滑，髓质部每个肾乳头与肾小盏对应，因而内部呈现多乳头的结构。有沟多乳头肾，如牛的肾，肾表面有深浅不同的沟，将肾分为 16 ～ 22 个肾叶，在髓质部，每个肾乳头与肾小盏相对应，因而内部叶也呈多乳头的结构。复肾，由多个完全分开的肾叶聚集起来呈葡萄串状，如鲸和熊的肾。

图 1-4-4　平滑单乳头肾（羊）

1. 皮质　2. 肾总乳头

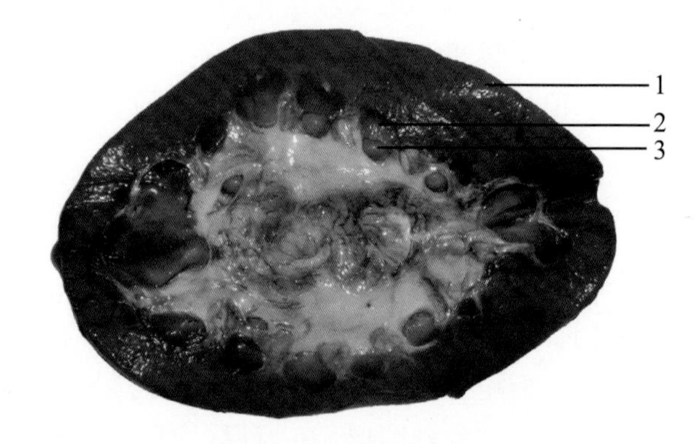

图 1-4-5　平滑多乳头肾（猪）

1. 皮质　2. 肾乳头　3. 肾小盏

（二）输尿管的位置、形态

输尿管左右各一，自肾门延伸出，沿腹腔顶壁向后伸延至膀胱颈的背侧，斜向穿入膀胱壁。猪的输尿管起始部较粗，向后逐渐变细。

输尿管内壁的黏膜层形成许多纵形的皱褶。

（三）膀胱的位置、形态

由于尿液贮存量的不同，膀胱的位置、形态、体积变化较大。空虚时，膀胱约拳头大小(马、牛)、壁较厚，位于骨盆腔内；充满尿液时，膀胱体积变大、壁薄，其顶端可突入腹腔。母畜的膀胱位于子宫与阴道的腹侧。

充盈时，膀胱为梨形，可分为膀胱顶(膀胱尖)、膀胱体和膀胱颈3部分，膀胱顶向前，膀胱颈延接尿道。

（四）尿道的位置

起于膀胱颈，以尿道外口开口于外界。雌性的尿道短，尿道外口开口于尿生殖前庭腹侧壁，母牛尿道外口后下方有尿道下憩室；雄性尿道因兼有排精作用，故称为尿生殖道。以坐骨弓为界，尿生殖道分为骨盆部和阴茎部两个部分，尿生殖道阴茎部在阴茎内，尿道外口开口于阴茎头。

三、作业

1. 牛、羊、猪肾的形态及类型有何不同?
2. 肾摘除手术时，在肾门处需结扎哪些管道?
3. 从形态角度解释，为什么公畜容易发生尿道结石，而母畜容易发生尿路感染?

（山东农业大学　蔡玉梅）

第五章　生殖系统

第一节　公畜生殖系统

一、实验目的

（1）掌握公畜主要生殖器官的位置、形态和结构。

（2）比较牛（羊）、猪、马、犬等动物雄性生殖器官的解剖学特征。

二、实验内容

（一）睾丸和附睾的位置、形态和结构

公畜的生殖器官包括睾丸、附睾，睾丸一般呈椭圆形，表面光滑。一侧有附睾附着，称为附睾缘，另一侧为游离缘。血管和神经进入的一端为睾丸头，与附睾头相接，另一端为睾丸尾，以睾丸固有韧带与附睾尾相连。附睾是贮存精子和使精子进一步成熟的地方。附睾附着于睾丸的附睾缘，分为附睾头、附睾体和附睾尾三部分。见图 1-5-1，图 1-5-2。

公牛(羊)的睾丸：位于两股部之间的阴囊内，呈长椭圆形，长轴与地面垂直，上端为睾丸头，下端为睾丸尾，附睾位于睾丸的后缘。公牛睾丸实质呈黄色，羊的为白色。

公马的睾丸：位置与牛的近似，外形呈椭圆形，长轴与地面平行，睾丸头向前，附睾位于睾丸的背侧。睾丸实质呈淡棕色。

公猪的睾丸：很大，呈斜向位于肛门腹侧(会阴部)。长轴斜向后上方，睾丸头朝向前下方，附睾位于睾丸的背上缘。睾丸实质呈淡灰色，但因品种差异有深浅之分。

公犬的睾丸：比较小，呈卵圆形，白色，长轴亦斜向后上方，位置与猪的相似。

（二）输精管和精索位置、形态

输精管起始于附睾管(由附睾尾进入精索后缘内侧的输精管褶中)，经腹股沟管上行进入腹腔，随即向后进入骨盆腔，末端与精囊腺导管合并成短的射精管(马)或与精囊腺导管一同(牛、羊、猪)开口于尿生殖道起始部背侧壁的精阜上。马、牛、羊的输精管末段在膀胱的背侧呈纺锤形膨大，形成输精管壶腹，其黏膜内有壶腹腺分布。猪、犬的输精管壶腹不明显。精索为一扁平的圆锥形索状结构，由进入睾丸的睾丸动脉、睾丸静脉、淋巴管、植物性神经、提睾肌和输精管组成，外面包以固有鞘膜。精索基部较宽，附着于睾丸和附睾上，向上逐渐变细，顶端达腹股沟管内口(腹环)。

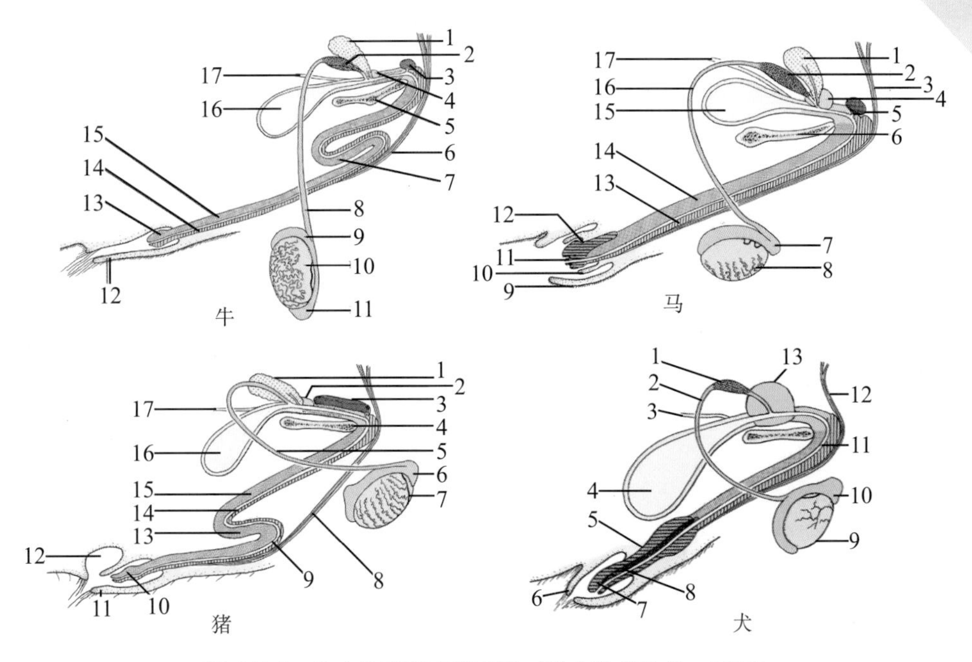

图 1-5-1　公畜生殖器官模式图（引自陈耀星等，2009）

牛：1. 精囊腺　2. 输精管壶腹　3. 尿道球腺　4. 前列腺　5. 耻骨　6. 阴茎缩肌　7. 乙状弯曲　8. 输精管　9 附睾　10. 睾丸　11. 附睾尾　12. 包皮　13. 阴茎头　14. 尿道海绵体　15.（阴茎）海绵体　16. 膀胱　17. 输尿管

马：1. 精囊腺　2. 输精管壶腹　3. 阴茎缩肌　4. 前列腺　5. 尿道球腺　6. 坐骨　7. 附睾　8. 睾丸　9. 外板　10. 包皮褶　11. 尿道突　12. 阴茎头　13. 尿道海绵体　4.（阴茎）海绵体　15. 膀胱 16. 输精管　17. 输尿管

猪：1. 精囊腺　2. 前列腺　3. 尿道球腺　4. 坐骨　5. 输精管　6. 附睾尾　7. 睾丸　8. 阴茎缩肌　9. 尿道　10. 阴茎头　11. 包皮　12. 包皮憩室　13. 乙状弯曲　14. 尿道海绵体　15.（阴茎）海绵体　16. 膀胱　17. 输尿管

犬：1. 输精管壶腹部　2. 输精管　3. 输尿管　4. 膀胱　5. 龟头球　6. 包皮　7. 阴茎头远侧长部　8. 阴茎骨　9. 睾丸　10. 附睾　11. 尿道　12. 阴茎缩肌　13. 前列腺

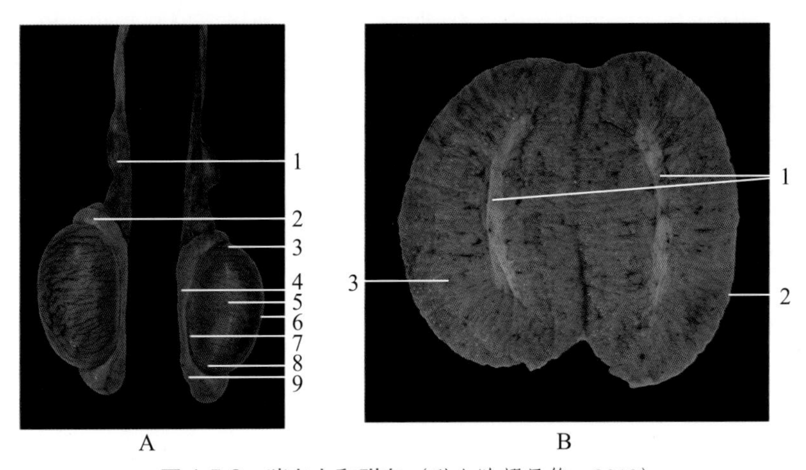

图 1-5-2　猪睾丸和附睾（引自陈耀星等，2013）

A：1. 精索　2. 附睾头　3. 睾丸头　4. 附睾体　5. 睾丸　6. 游离缘　7. 附睾缘　8. 睾丸尾　9. 附睾尾
B：1. 睾丸纵隔和睾丸网　2. 白膜　3. 睾丸

（三）副性腺位置、形态和结构

副性腺包括精囊腺、前列腺和尿道球腺 3 种。去势家畜副性腺发育不良。

1．精囊腺

一对，位于膀胱颈背侧的尿生殖褶中，在输精管壶腹的外侧。每侧精囊腺导管与同侧输精管共同开口于精阜。牛(羊)的精囊腺为致密的腺体组织，呈分叶状，表面凹凸不平。左、右侧腺体大小、形状常不对称。马的精囊腺呈梨形、囊状，壁薄而腔大，表面光滑，囊壁由腺体组织构成，精囊腺导管与同侧输精管合并成射精管，开口于精阜。猪的精囊腺特别发达，15 cm 以上，呈三面体形、淡红色，由许多腺小叶组成。精囊腺导管单独或与输精管一同开口于精阜。

2．前列腺

位于尿生殖道起始部背侧，以多数小孔开口于精阜周围。前列腺因年龄而有变化，幼龄时较小，到性成熟期增长较大，老龄时又逐渐退化。牛(羊)的前列腺呈淡黄色，分为腺体部和扩散部。腺体部较小，横向位于尿生殖道起始部的背侧。扩散部发达，几乎分布在整个尿生殖道骨盆部海绵层和尿道肌之间，其背侧部厚，腹侧部薄。前列腺管多，成行开口于尿生殖道骨盆部黏膜，有两列位于精阜后方的两黏膜褶之间，另外两列在褶的外侧。羊的前列腺无腺体部，仅有扩散部。马的前列腺发达，呈蝴蝶形，由左、右两侧叶和中间的峡部构成。每侧前列腺导管有 15 ～ 20 条，穿过尿道壁，开口于精阜外侧。猪的前列腺亦分腺体部和扩散部。腺体部较小，位于尿生殖道起始部背侧，被精囊腺所遮盖。扩散部很发达，占据尿生殖道骨盆部黏膜与尿道肌之间的海绵层，切面上呈黄色。两部分均有许多导管，腺体部开口于精阜外侧，扩散部直接开口于尿生殖道骨盆部背侧黏膜。犬和猫的前列腺大而坚实，呈球状，淡黄色，被一正中沟分为左、右两叶。前列腺导管有多条，开口于尿生殖道骨盆部。

3．尿道球腺

一对，位于尿生殖道骨盆部末端，坐骨弓附近。牛的尿道球腺较小，略呈半球形(羊的稍大)，位于尿生殖道骨盆部后端的背外侧。外面包有厚的被膜，部分被球海绵体肌覆盖，每侧腺体发出一条导管，开口于尿生殖道骨盆部后端背侧的半月状黏膜褶内。此半月状黏膜褶在对公牛导尿时常会造成一定困难。马的尿道球腺呈卵圆形，表面被覆尿道肌，每侧腺体有 6 ～ 8 条导管，开口于尿生殖道骨盆部后端背侧的两列小乳头上。猪的尿道球腺很发达，呈圆柱形，大猪长达 12 cm，位于尿生殖道盆部后 2/3 部的两侧，每侧腺体各有一条导管，在坐骨弓处开口于尿生殖道骨盆部背侧半月形黏膜褶所围成的盲囊内。

图 1-5-3 为公畜副性腺模式图。

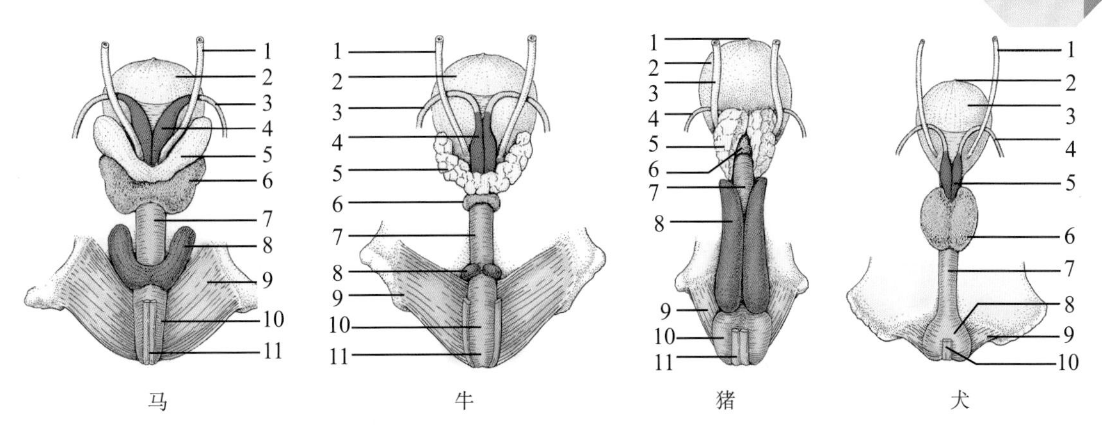

图 1-5-3　公畜副性腺模式图（引自陈耀星等，2009）

马： 1. 输尿管　2. 膀胱　3. 输精管　4. 输精管壶腹　5. 精囊腺　6. 前列腺体　7. 尿道及尿道肌　8. 尿道球腺　9. 坐骨海绵体肌　10. 球尿道海绵体肌　11. 阴茎缩肌

牛： 1. 输尿管　2. 膀胱　3. 输精管　4. 输精管壶腹　5. 精囊腺　6. 前列腺体　7. 尿道及尿道肌　8. 尿道球腺　9. 坐骨海绵体肌　10. 球尿道海绵体肌　11. 阴茎缩肌

猪： 1. 脐尿管斑痕　2. 膀胱　3. 输尿管　4. 输精管　5. 精囊腺　6. 前列腺体　7. 尿道及尿道肌　8. 尿道球腺　9. 坐骨海绵体肌　10. 球尿道海绵体肌　11. 阴茎缩肌

犬： 1. 输尿管　2. 脐尿管斑痕　3. 膀胱　4. 输精管　5. 输精管壶腹　6. 前列腺体　7. 尿道及尿道肌　8. 球尿道海绵体肌　9. 坐骨海绵体肌　10. 阴茎缩肌

（四）阴茎位置、形态和结构

为公畜的排尿、排精和交配器官，位于腹底壁皮下，起自坐骨弓，经两股之间，沿中线向前伸达脐区。阴茎分为阴茎根、阴茎体和阴茎头 3 部分。牛的阴茎呈圆柱状，长而细，阴茎体在阴囊的后方形成乙状弯曲，勃起时伸直。阴茎头长而尖，自左向右扭转，游离端形成阴茎头帽。尿道外口位于阴茎头前端的尿道突。羊的阴茎头最前端的阴茎头冠很发达，尿道突细而长，绵羊呈“S”状弯曲，山羊的直而稍短（图 1-5-4）。猪的阴茎乙状弯曲在阴囊的前方。阴茎头尖细，呈螺旋状扭转。尿道外口呈裂隙状，位于阴茎头前端的腹外侧。马的阴茎呈左、右略扁的圆柱状，粗大、平直。阴茎头膨大，后缘或基部形成阴茎头冠，其上有阴茎头窝，窝内有一短的尿道突，尿道突上有尿道外口。犬在阴茎前部有阴茎骨，阴茎头很长，覆盖在全部阴茎骨的表面阴茎骨前部呈圆柱状，游离端为一尖端。阴茎头的起始部膨大，称龟头球，内有勃起组织。阴茎主要由阴茎海绵体、尿生殖道阴茎部和阴茎肌构成。另外，在阴茎的外面有皮肤。

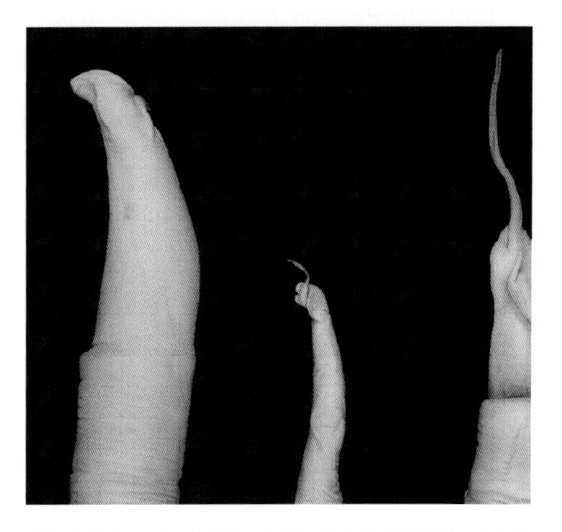

图 1-5-4　牛（左）、山羊（中）和绵羊（右）的阴茎前端（引自陈耀星等，2009）

（五）尿生殖道位置和结构

尿生殖道分骨盆部和阴茎部两部分，两部间以坐骨弓为界。在交界处，尿生殖道内腔变细，称为尿道峡。尿道峡是临床上尿道结石或尿道阻塞的常发部位。尿生殖道骨盆部是指自膀胱颈到骨盆腔后口的一段，位于骨盆腔底壁与直肠之间。在骨盆部起始处背侧壁的黏膜上，有精阜。精阜上有一对小孔，为输精管及精囊腺导管的共同开口。此外，在骨盆部黏膜的表面还有前列腺和尿道球腺的开口。家畜中以公猪的尿生殖道骨盆部为最长，牛、羊次之，马的较短。尿生殖道阴茎部是尿道经坐骨弓在阴茎腹侧的一段，末端开口在阴茎头，开口处称尿道外口。在尿道峡后方尿生殖道壁上的海绵体层稍变厚，形成尿道球，又称阴茎球。尿生殖道管壁从内向外由黏膜层、海绵体层、肌层和外膜构成。黏膜常集拢成许多皱褶，马和猪有一些小腺体；海绵体层主要是由毛细血管膨大而形成的海绵体腔；肌层由深层的平滑肌和浅层的横纹肌组成。横纹肌在骨盆部的称为尿道肌，在阴茎部的称为球海绵体肌。马的球海绵体肌最发达，包围于尿道海绵体的腹外侧，向前伸达阴茎头。牛的球海绵体肌仅覆盖于尿道球以及尿道球腺的表面。猪的球海绵体肌虽发达，但也只伸延很短一段距离。

（六）阴囊的结构

阴囊为袋状的腹壁囊，借助腹股沟管与腹腔相通，相当于腹腔的突出部，内有睾丸、附睾和部分精索。阴囊壁的结构与腹壁相似，由外向内为皮肤、肉膜、阴囊筋膜及提睾肌和总鞘膜。马、牛、羊的阴囊位于两股之间。马的阴囊呈前、后水平位；牛、羊的阴囊长轴垂直于地面，阴囊颈明显；猪、犬的阴囊斜位于肛门腹侧（会阴部），与周围界限不明显。

（七）包皮的结构

包皮为下垂于腹底壁的皮肤折转而形成的管状鞘，有容纳和保护阴茎的作用。包皮的游离缘围成包皮口。牛的包皮长而狭窄，包皮口在脐部稍后方，周围有一簇粗而硬的长毛。具有两对较发达的包皮肌。马的包皮有两层，分别称为内包皮和外包皮，勃起时展平。外包皮较长，其游离缘围成包皮口或包皮外口；内包皮直接包于阴茎头之外，比外包皮短小，游离缘围成包皮环或包皮内口。猪的包皮口狭窄，周围也有粗硬的长毛。包皮腔很长，前宽后窄，前部背侧壁上有一圆孔，通向椭圆形的包皮憩室。犬的包皮为完整的皮肤套，包围着龟头球。包皮外层是皮肤，内层薄，呈粉红色，与龟头球紧密结合。包皮中分布着淋巴结，尤其在包皮腔底部多而明显。

三、作业

1．绘制牛、马、猪和犬的副性腺。

2．比较牛、马、猪和犬雄性生殖器官的形态、位置与结构特征。

第二节　母畜生殖系统

一、实验目的

（1）掌握母畜主要生殖器官的位置、形态和结构。

（2）比较牛（羊）、猪、马、犬等动物雌性生殖器官的解剖学特征。

二、实验内容

母畜生殖器官包括卵巢、输卵管、子宫、阴道、尿生殖前庭和阴门（图 1-5-5，图 1-5-6）。

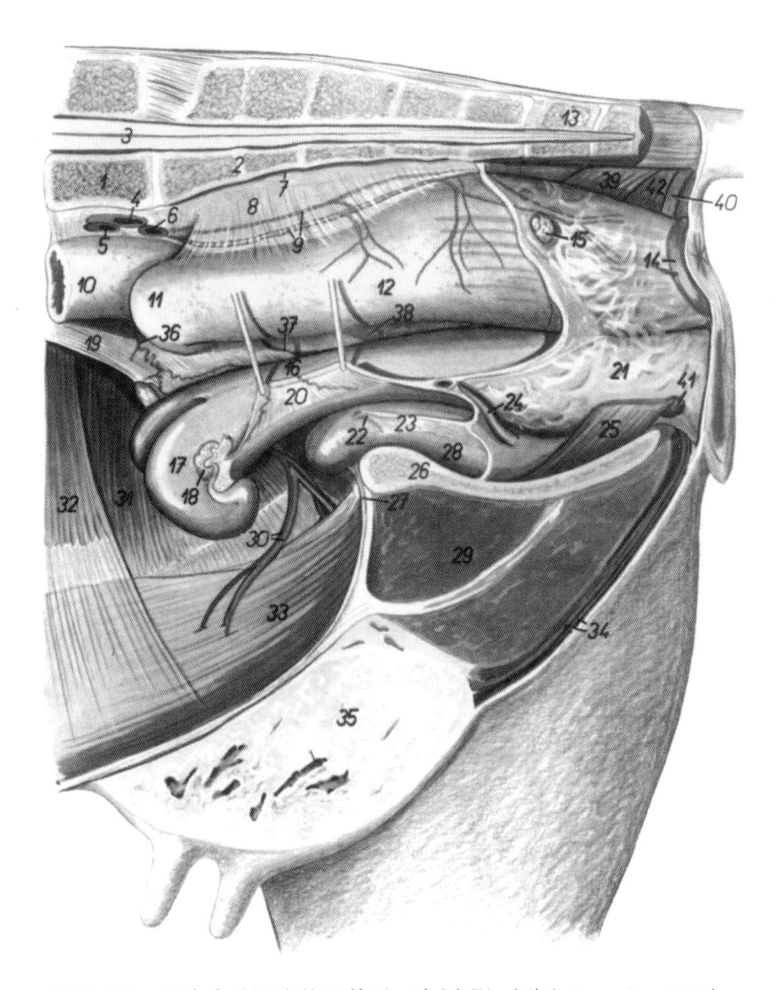

图 1-5-5　母牛生殖器官位置关系（左侧观）（引自 Popesko, 1985）

1. 第 6 腰椎　2. 荐骨　3. 脊髓　4. 左髂总静脉　5. 左髂外动脉　6. 左髂内动脉　7. 荐正中动脉　8. 直肠系膜　9. 直肠前动、静脉　10. 降结肠　11. 乙状结肠　12. 直肠　13. 第 1 尾椎　14. 肛门外括约肌　15. 肛门直肠淋巴结　16. 子宫体　17. 左子宫角　18. 左卵巢　19. 右子宫阔韧带　20. 左子宫阔韧带　21. 阴道　22. 脐动脉　23. 膀胱侧韧带　24. 左输尿管　25. 前庭缩肌　26. 骨盆联合　27. 膀胱正中韧带　28. 膀胱　29. 股薄肌、内收肌　30. 腹壁后动、静脉　31. 腹内斜肌　32. 腹横肌　33. 腹直肌　34. 会阴腹侧动、静脉　35. 乳房　36. 卵巢动脉　37. 子宫动脉　38. 右输尿管　39. 右尾骨肌　40. 阴蒂缩肌　41. 前庭大腺　42. 肛提肌

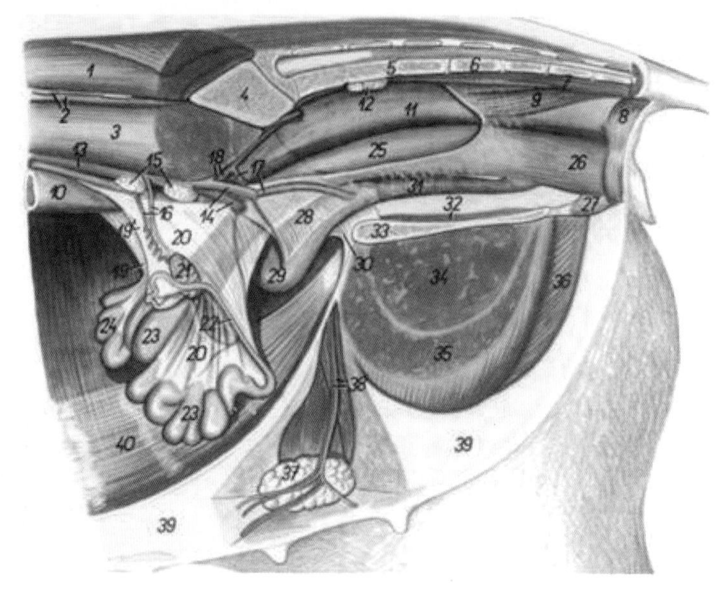

图 1-5-6　母猪生殖器官位置关系（左侧观）（引自 Popesko, 1985）

1. 腰最长肌　2. 第 6 腰椎横突、腰方肌　3. 腰大肌　4. 髂骨　5. 荐骨　6. 第 1 尾椎　7. 荐尾腹侧肌　8. 肛门外括约肌　9. 直肠尾骨肌　10. 降结肠　11. 直肠壶腹　12. 荐内淋巴结　13. 腹主动脉　14. 左髂外动、静脉　15. 髂内淋巴结　16. 卵巢动、静脉　17. 左输尿管、左脐动脉　18. 左髂内动、静脉　19. 右卵巢系膜　19'. 左卵巢系膜　20. 子宫阔韧带　21. 左卵巢　22. 左输卵管　23. 左子宫角　24. 右子宫角　25. 阴道　26. 尿生殖前庭　27. 阴蒂脚　28. 膀胱侧韧带　29. 膀胱　30. 膀胱正中韧带　31. 尿道　32. 闭孔外肌盆腔部　33. 骨盆联合　34. 内收肌　35. 股薄肌　36. 半膜肌　37. 乳房淋巴结　38. 阴部外动、静脉　39. 脂肪体　40. 腹直肌

（一）卵巢和输卵管的位置、形态和结构

卵巢的形态和结构在不同动物、不同生理周期之间均不相同。卵巢系膜将卵巢系于腰下部或骨盆腔前口处。卵巢的前端为输卵管端，与输卵管伞相邻，卵巢的后端为子宫端，借卵巢固有韧带与子宫角相连。卵巢固有韧带位于卵巢后端与子宫角之间、输卵管的内侧。卵巢固有韧带与输卵管系膜之间形成卵巢囊。卵巢的背侧缘有卵巢系膜附着，称为卵巢系膜缘或附着缘，此缘缺腹膜，有血管、淋巴管和神经进出，称为卵巢门。腹侧缘为游离缘。

母牛的卵巢呈侧扁的卵圆形，右侧常较大，水牛的略小。母羊的较圆而小。性成熟后，成熟的卵泡和黄体可突出于卵巢的表面。卵巢一般位于骨盆腔前口两侧附近。未经产母牛的卵巢稍向后移，多位于骨盆腔内；经产母牛的卵巢位于腹腔内，耻骨前缘的下方。母牛的卵巢囊宽大。母马的卵巢呈蚕豆形，表面光滑，大部分被覆浆膜。卵巢借卵巢系膜悬于腰下部肾的后方，约在第 4 或第 5 腰椎横突腹侧。马属动物卵巢的游离缘有一凹陷部，称为排卵窝，成熟的卵泡由此排出卵细胞。母猪的卵巢一般比较大，呈卵圆形，其位置、形态、大小因年龄和个体不同而有较大变化。性成熟前的小母猪，卵巢较小，表面光滑，位于荐骨岬两侧稍后方，腰小肌腱附近，位置比较固定。接近性成熟时，卵巢体积增大，表面有突出的卵泡，呈桑葚状。卵巢位置稍下垂前移，位于髋结节前缘横断面的腰下部。性成熟后及经产母猪卵巢变得更大，表面因有卵泡、黄体突出而呈结节状。卵巢位于髋结节前缘前方约 4 cm 的横断面上，包于发达的卵巢囊内。母犬的卵巢呈长椭圆形，稍扁平。

性成熟后卵巢内含有不同发育阶段的卵泡，表面呈现凹凸不平。左、右侧卵巢与同侧肾脏后端相距 1 ~ 2 cm 或相邻接。卵巢完全被卵巢囊包裹，卵巢囊的腹侧有裂口。牛卵巢见图 1-5-7。

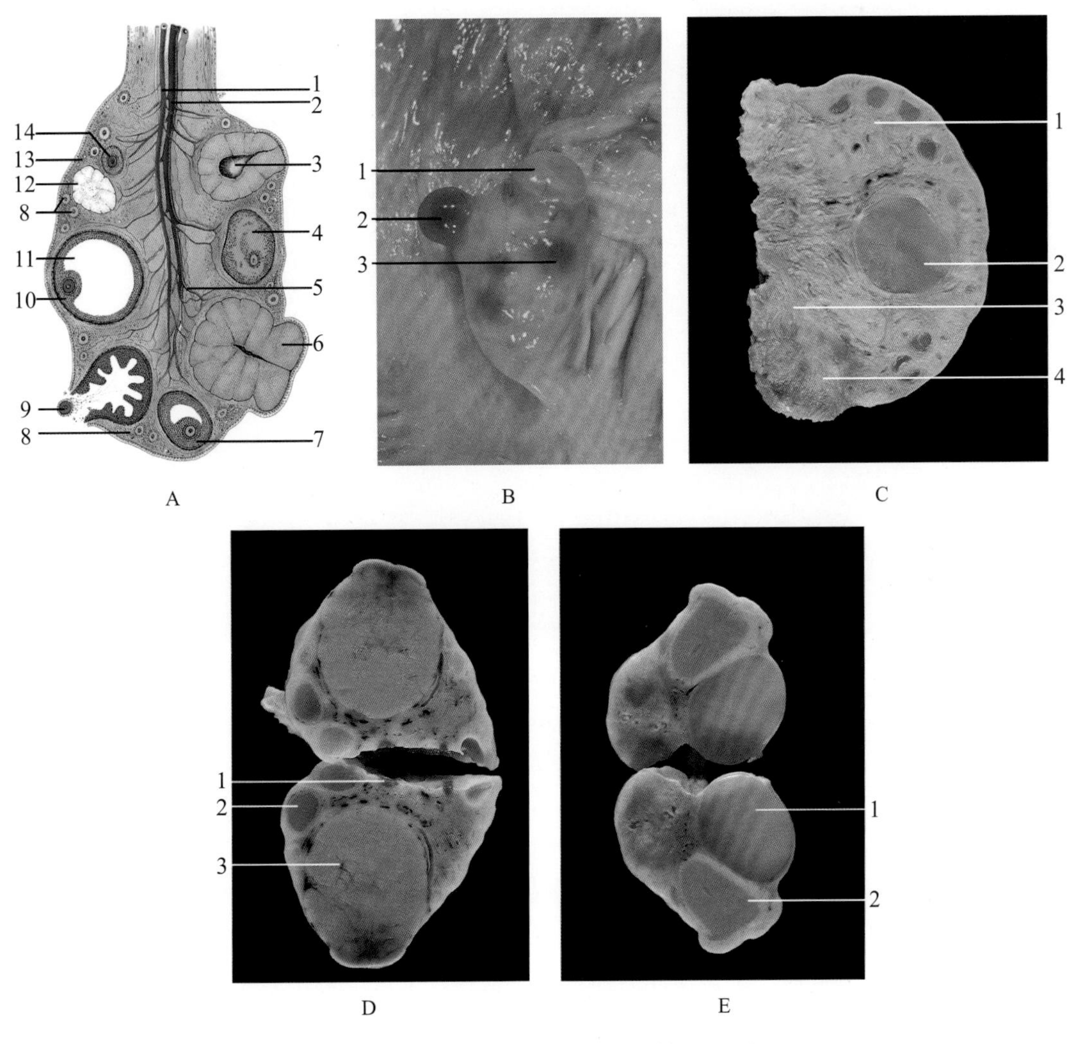

图 1-5-7　牛卵巢（引自陈耀星等，2009）

A：1. 卵巢动脉　2. 卵巢静脉　3. 退化中黄体、中央腔　4. 闭锁卵泡　5. 髓质（血管区）　6. 完全发育黄体　7. 三级卵泡　8. 初级卵泡　9. 排卵卵泡　10. 含卵母细胞的 Graafian 卵泡　11. 卵泡腔　12. 白体　13. 皮质（实质区）　14. 次级卵泡

B：1. 退化中的黄体　2. 出血灶　3. 三级卵泡

C：1. 皮质（实质区）　2. 三级卵泡　3. 髓质（血管区）　4. 退化黄体遗迹

D：1. 后期黄体的瘢痕组织　2. 三级卵泡　3. 黄体

E：1.Graafian 卵泡　2. 退化期黄体

输卵管是连接卵巢和子宫角之间的一对弯曲的管道，被输卵管系膜包围固定，输卵管系膜位于卵巢外侧，是连接卵巢系膜和子宫阔韧带的浆膜褶。前端为输卵管漏斗，漏斗的边缘不规则，呈伞状，称为输卵管伞。漏斗中央深处有一口为输卵管腹腔口，与腹膜腔相

通，卵细胞由此进入输卵管。输卵管的前段管径最粗，称为输卵管壶腹，卵细胞常在此受精，之后进入子宫着床。后段较短，细而直，管壁较厚，称为输卵管峡，末端以输卵管子宫口与子宫角相连通。牛输卵管见图 1-5-8。

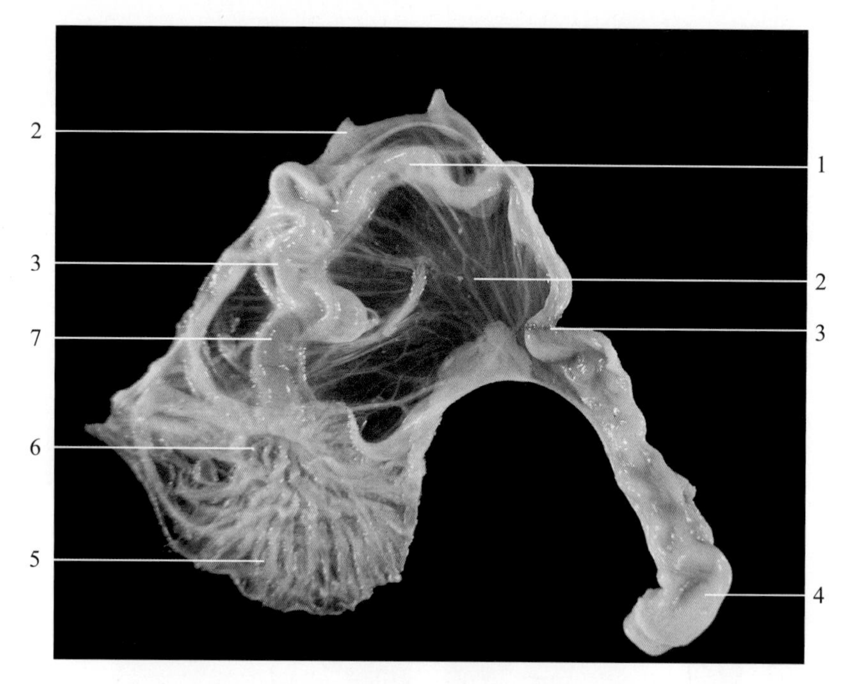

图 1-5-8　牛输卵管（引自陈耀星等，2009）

1. 输卵管峡　2. 输卵管系膜　3. 输卵管　4. 子宫角顶　5. 输卵管伞漏斗　6. 输卵管腹腔口
7. 输卵管壶腹

（二）子宫

子宫分为双子宫、双角子宫和单子宫。多数家畜属双角子宫，如牛（羊）、马、猪、犬等。

双角子宫分为子宫角、子宫体和子宫颈三部分。子宫角前端以输卵管子宫口与输卵管相通，向后延续为子宫体。子宫体向后延续为子宫颈。子宫颈黏膜形成许多纵褶，内腔狭窄，称为子宫颈管。前端以子宫颈内口与子宫体相通，子宫颈外口向后通阴道。子宫颈向后突入阴道的部分，为子宫颈阴道部。子宫被子宫阔韧带所固定，子宫阔韧带的外侧前部有一发达的子宫圆韧带。图 1-5-9 为猪雌性生殖器官图。

牛、羊的子宫角长，前部呈绵羊角状，后部由结缔组织和肌组织构成伪体，其表面被覆浆膜。子宫体很短。子宫颈黏膜突起互相嵌合成螺旋状，子宫颈阴道部呈菊花瓣状，其中央有子宫颈外口。子宫角和子宫体内膜上有特殊的隆起为子宫阜。牛的子宫阜为圆形隆起，100 多个，排成四列。羊的子宫阜呈纽扣状，中央凹陷，有 60 多个。马的子宫呈“Y”字形，子宫角少弯曲呈弓形，子宫角约与子宫体等长；子宫颈阴道部明显，呈现花冠状黏膜褶。猪的子宫有很长的子宫角和不发达的子宫体，子宫角形成袢状弯曲类似小肠，子宫颈长，子宫颈管也呈螺旋状，无子宫颈阴道部。犬的子宫角长，直而细，子宫体短但明显，子宫颈很短但肌层发达。图 1-5-10 为牛的子宫。

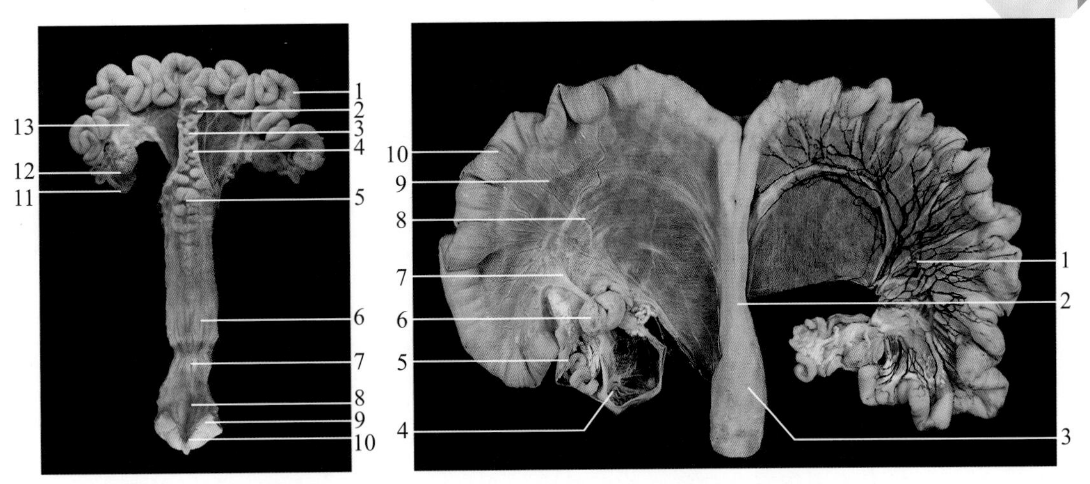

图 1-5-9 猪雌性生殖器官图（引自陈耀星等，2009）

A：1. 子宫角 2. 子宫体（切开） 3. 子宫颈内口 4. 子宫颈及其切开的颈管和颈枕 5. 子宫颈外口 6. 阴道 7. 阴道外口 8. 阴道前庭 9. 阴唇 10. 阴蒂 11. 输卵管 12. 卵巢 13. 子宫系膜

B：1. 子宫系膜内的淋巴管 2. 子宫体 3. 子宫颈 4. 卵巢囊及其系膜 5. 输卵管 6. 卵巢及其系膜 7. 卵巢固有韧带 8. 子宫动脉 9. 子宫系膜 10. 子宫角

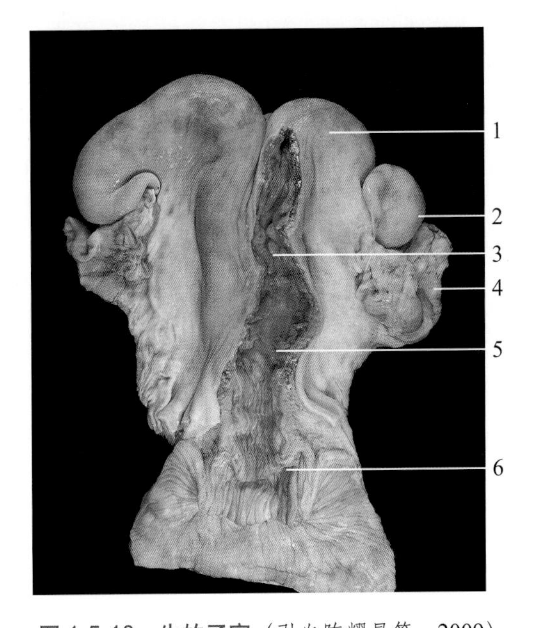

图 1-5-10 牛的子宫（引自陈耀星等，2009）

1. 子宫角 2. 卵巢 3. 子宫阜 4. 输卵管 5. 子宫体 6. 子宫颈阴道部

（三）阴道和尿生殖前庭

阴道位于骨盆腔内，在子宫后方，向后延接尿生殖前庭，其背侧与直肠相邻，腹侧与膀胱及尿道相邻。有些家畜的阴道前部由于子宫颈阴道部突入，形成陷窝状的阴道穹窿。牛和马的阴道宽阔，周壁较厚。牛的阴道穹窿呈半环状，马的呈环状。猪的阴道腔直径很大，无阴道穹窿。犬的阴道比较长，前端尖细，肌层很厚，主要为环行肌组成。

尿生殖前庭位于骨盆腔内，直肠的腹侧，其前接阴道，在前端腹侧壁上有一条横行黏膜褶称为阴瓣，可作为前庭与阴道的分界；后端以阴门与外界相通。阴道前庭比阴道短，大部分位于坐骨弓后方，并向后下方倾斜开口于阴门，在使用阴道窥镜或其他器械时要充分考虑到生殖道的这种曲轴特点。在尿生殖前庭的腹侧壁上，靠近阴瓣的后下方有尿道外口，两侧有前庭小腺的开口。前庭两侧壁内有前庭大腺，开口于前庭侧壁。

母牛的阴瓣不明显，在尿道外口腹侧有尿道下憩室。给母牛导尿时，应注意勿使导管误入尿道下憩室。幼龄母马阴瓣发达，经产老龄母马阴瓣常不明显。母猪的阴瓣为一环形褶。犬的尿道开口于一小隆起，两侧各有一个凹沟，在进行膀胱导管插入术时不要将其误认为是阴蒂窝。

阴门位于肛门腹侧，由左、右两阴唇构成，两阴唇间的裂缝称为阴门裂。阴唇上、下两端的联合，分别称为阴唇背侧联合和阴唇腹侧联合。在腹侧联合前方有一阴蒂窝，内有阴蒂，相当于公畜的阴茎。

牛的阴唇背侧联合圆而腹侧联合尖，其下方有一束长毛，阴蒂头呈锥形，阴蒂窝不明显。马的阴唇前方的尿道前庭壁上，有发达的前庭球，相当于公马的阴茎海绵体，马的阴蒂较发达。猪的阴蒂细长，突出于阴蒂窝的表面。犬的阴蒂常有阴蒂骨，阴蒂窝发达。

三、作业

1．公猪、公牛、公马、公犬睾丸的位置和形态结构有何不同？

2．母猪、母牛、母马、母犬卵巢的位置和形态有何不同？

（中国农业大学　董玉兰）

第六章　心血管系统

一、实验目的

（1）掌握心脏的位置、形态、构造，心包和心脏传导系统。

（2）了解心脏的功能与血液循环路径。

（3）了解动物体内动脉主干及主要静脉的位置、名称及主要分支。

（4）比较观察牛、猪、马等大动物心脏的解剖学特征及主要血管的分支及分布特征。

二、实验内容

（一）心脏

1．心脏的外形及位置

心脏呈左、右稍扁的圆锥体，为中空的肌质性器官，外有心包包围，位于胸腔纵隔内，夹在两肺之间，略偏左侧。上部宽大，为心基。有进出心脏的大血管。下部远端为心尖，心脏前缘凸，后缘短而直。

心脏表面，近心基处有冠状沟，在左、右侧面，分别有左纵沟和右纵沟。牛心后缘还有一条中间沟。冠状沟和左、右纵沟内有心脏本身的血管和脂肪填充。冠状沟可作为心房和心室的外表分界，左、右纵沟可作为心脏左、右心室的外表分界。（图 1-6-1 ～图 1-6-3）

2．心腔的构造

（1）右心房：构成心基的右前部，分为右心耳和静脉窦两部分。右心耳呈盲囊状。突向前方，内有梳状肌。腔静脉窦有静脉的入口，如前腔静脉口、后腔静脉口等。前后腔静脉口间有静脉间嵴，突向前下方，可以引导和缓冲血流。在后腔静脉口下方有冠状窦，为心脏静脉的入口处。在后腔静脉口附近的房中隔上，有卵圆窝，是胚胎期卵圆孔的遗迹。右心房经右房室口与右心室相通。

（2）右心室：位于心室的右前部，底部达不到心尖，上方有两个口；前口较小，为肺动脉口；后口较大，为右房室口。右房室口有三尖瓣，瓣的游离缘由腱索连接到心室壁的乳头肌上。肺动脉口有三个半月形的瓣膜，称为半月瓣。在室中隔上，有横过心室走向侧壁的心横肌。（图 1-6-4）

（3）左心房：构成心基的左后部，有向前突出的左心耳。在左心房背侧壁的后部，有数个静脉口。左心房经左房室口与左心室相通。

（4）左心室：位于心室的左后部，底部深达心尖，上方有两个口；前口较小，为主动脉口；后口较大，为左房室口。左房室口有二尖瓣，也由腱索连接到乳头肌上。心横肌

较右心室多。主动脉口也有三个半月瓣。(图 1-6-5)

3．心包和心壁的构造

(1) 心包：包在心与心基部的大血管外面，囊壁由纤维膜和浆膜组成，浆膜分壁层和脏层，其间的空隙称为心包腔，内有心包膜。纤维膜与壁层密接，外面被覆有纵隔胸膜，在心尖部折转附着于胸骨背侧，构成胸骨心包韧带。心包外的胸膜称为心包胸膜。

(2) 心壁的构造：心壁分三层，外层为心包膜（即心包脏层），中层为心肌，内层为心内膜（紧贴于心肌的内表面）。

4．心脏的血管

包括冠状动脉和心静脉，它们与毛细血管共同组成一个循环系统，称冠状循环，属于体循环的一部分。左、右冠状动脉起自主动脉根部，分别经肺动脉干后方和前方至冠状沟，于冠状沟和左右纵沟内延伸，沿途分支分布于心房肌和心室肌。马左冠状动脉较细，牛左冠状动脉较粗大。心静脉分为心大静脉、心中静脉和心小静脉。心大静脉最粗，起自心尖附近，与左冠状动脉的锥旁室间支伴行，沿左纵沟和冠状沟延伸，最后开口于右心房冠状窦。心中静脉起自心尖附近，与右冠状动脉的窦下室间支伴行，沿右纵沟延伸，最后开口于冠状窦。心右静脉有数支，沿右心室上行，注入右心房。心小静脉细小，有数支，注入右心房。(图 1-6-6)

5．心脏的传导系统

心传导系统由特殊的心肌纤维构成，能自动而有节律地产生兴奋和传导兴奋，包括窦房结、房室结、房室束和浦肯野纤维（图 1-6-7)。

窦房结：位于前腔静脉和右心耳之间的界沟内。

房室结：位于房中隔右心房侧的心内膜下。

房室束：位于室中隔内，分为右束支和左束支，除分出小支至室中隔外，还有分支通过心横肌到心室侧壁。

浦肯野纤维：是房室束的微细分支、交织成网，与普通心肌纤维相连。

6．心脏的神经

心的神经有交感神经和副交感神经，主要包括颈中（椎）心神经、颈胸心神经、胸心神经、迷走神经支等，内含运动纤维和感觉纤维。

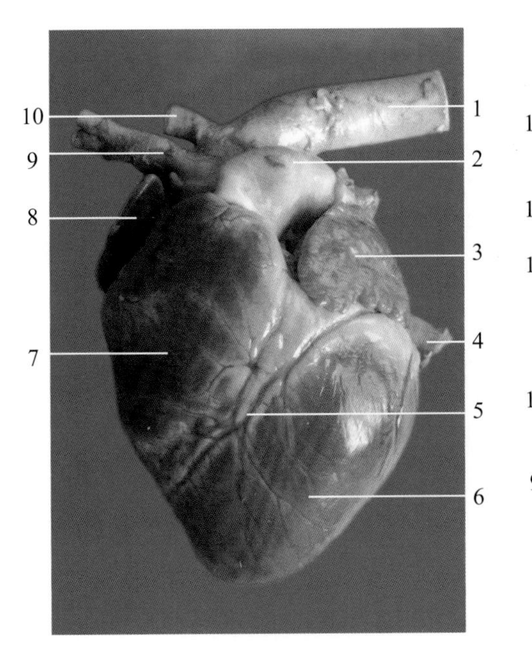

图 1-6-1 猪心脏左侧观

1. 主动脉 2. 肺动脉 3. 左心耳 4. 后腔静脉 5. 左纵沟 6. 左心室 7. 右心室 8. 右心耳 9. 臂头动脉 10. 左锁骨下动脉

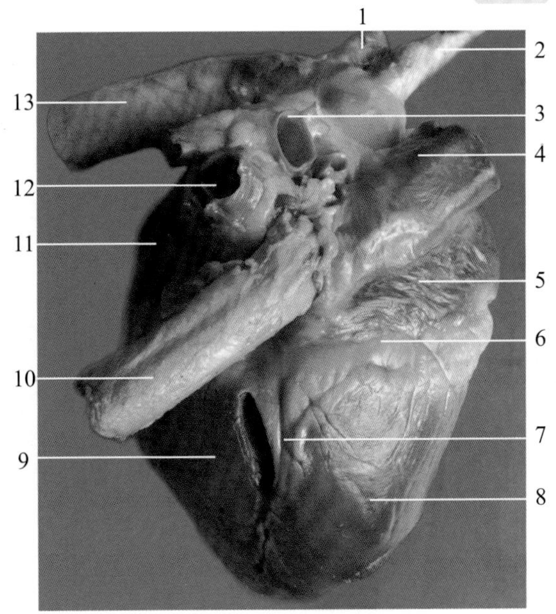

图 1-6-2 猪心脏右侧观

1. 左锁骨下动脉 2. 臂头动脉 3. 肺动脉 4. 前腔静脉 5. 右心房 6. 冠状沟 7. 右纵沟 8. 右心室 9. 左心室 10. 后腔静脉 11. 左心房 12. 肺静脉 13. 主动脉

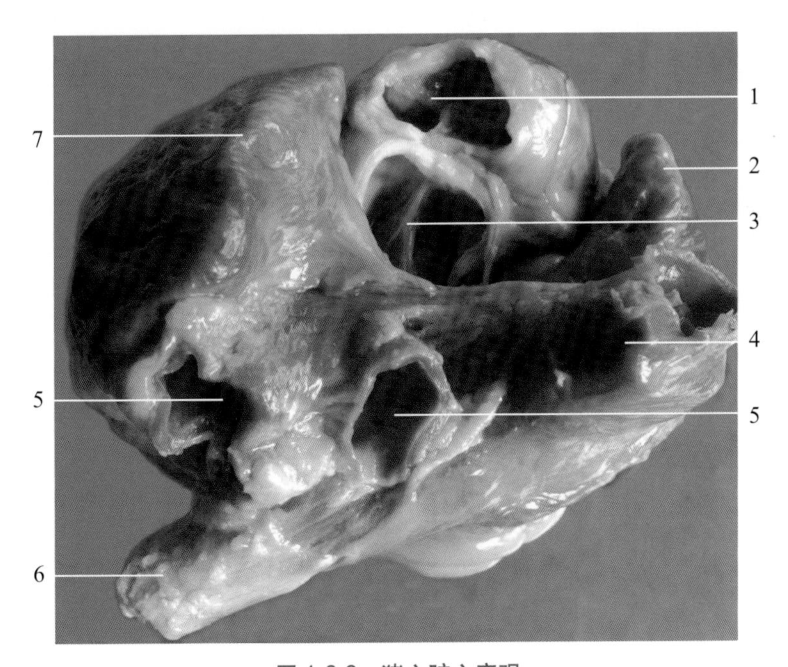

图 1-6-3 猪心脏心底观

1. 肺动脉瓣 2. 右心耳 3. 主动脉瓣 4. 前腔静脉 5. 肺静脉 6. 后腔静脉 7. 左心耳

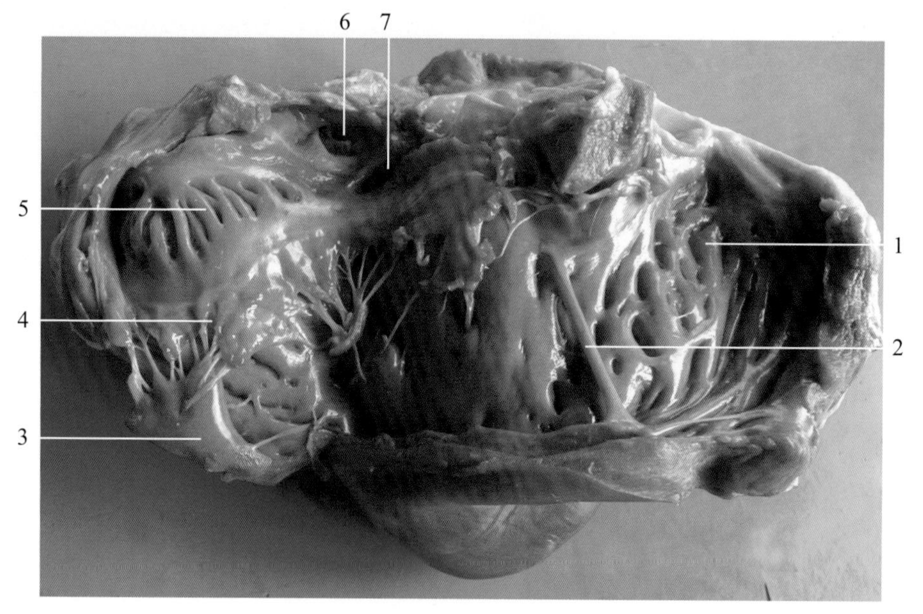

图 1-6-4　猪心脏右心室底切开

1. 右心室肉柱　2. 心横肌　3. 乳头肌　4. 三尖瓣　5. 右心耳梳状肌　6. 后腔静脉口　7. 冠状窦口

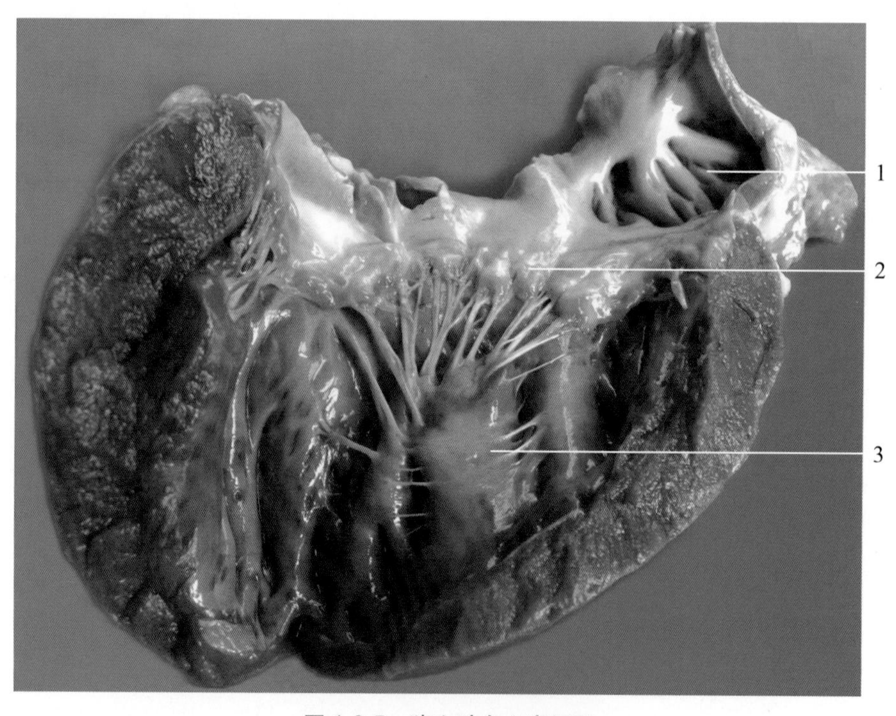

图 1-6-5　猪心脏左心室切开

1. 左心耳梳状肌　2. 三尖瓣　3. 乳头肌

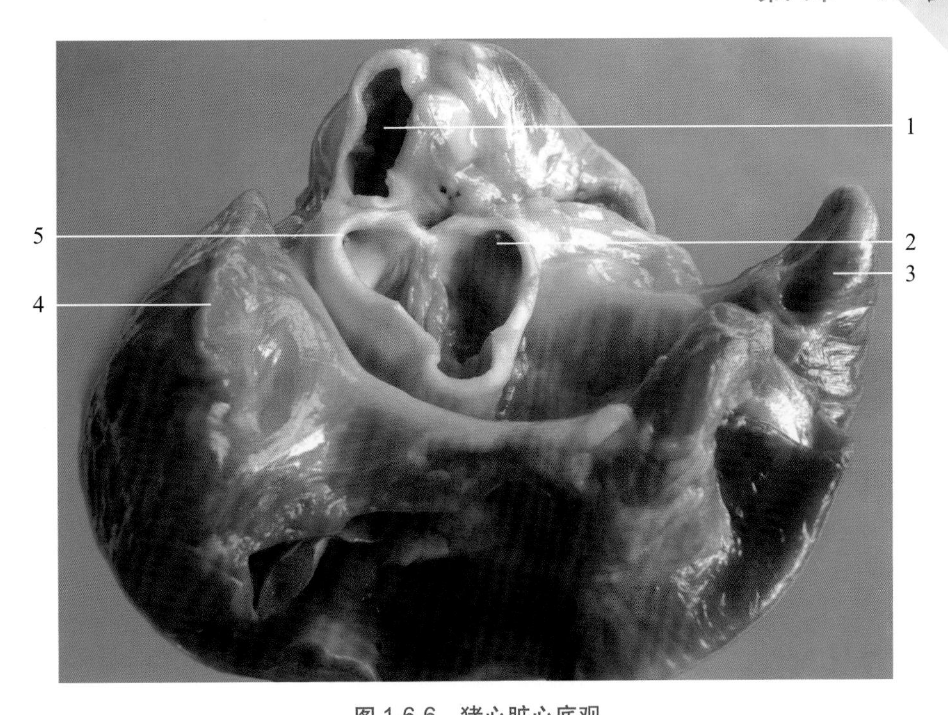

图 1-6-6　猪心脏心底观

1. 肺动脉　2. 右冠状动脉口　3. 右心耳　4. 左心耳　5. 左冠状动脉口

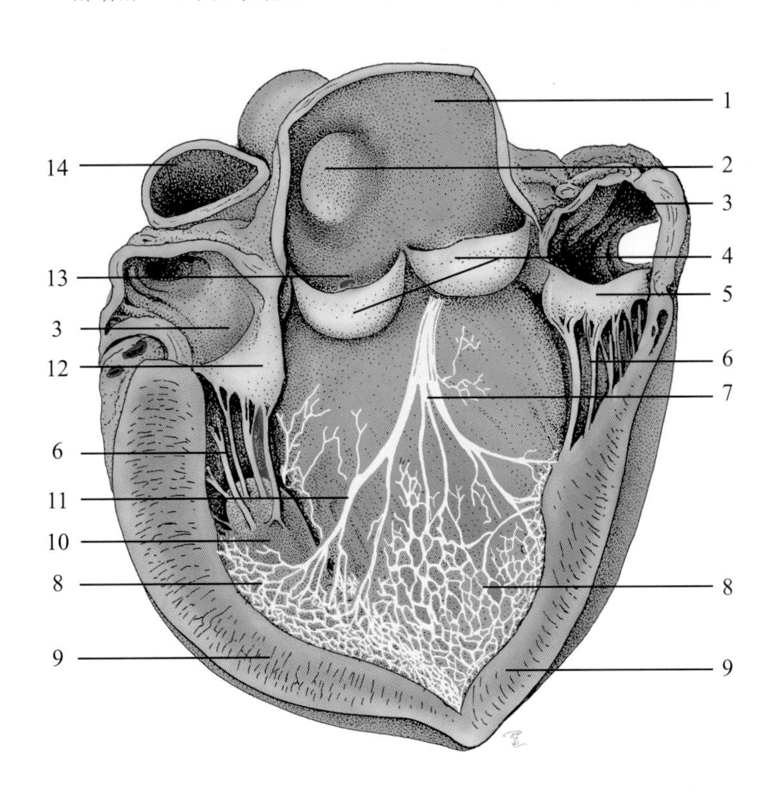

图 1-6-7　左心房和左心室的传导系统（引自陈耀星，2009）

1. 主动脉　2. 臂头动脉干分支　3. 左心房　4. 半月瓣　5. 房室瓣　6. 腱索　7. 左束　8. 浦肯野纤维　9. 左心室壁　10. 乳头肌　11. 肌束　12. 左房室口及左房室瓣　13. 右冠状动脉支　14. 肺（动脉）干

（二）全身动脉的主要分支

1．主动脉

主动脉是体循环的动脉干，起于左心室的主动脉口，可分为升主动脉和主动脉弓。升主动脉位于心包内，在肺动脉干和左、右心房之间上升，然后穿出心包延续为主动脉，主动脉弓呈弓状向上向后延伸至第 5（牛）或第 6（马）胸椎腹侧。主动脉弓沿胸椎腹侧向后延伸至膈的一段，称为胸主动脉，然后穿过膈的主动脉裂孔进入腹腔的部分，称腹主动脉。

主要分支有：

(1) 左、右冠状动脉，营养心脏本身。

(2) 牛臂头动脉总干，短而粗，分出左锁骨下动脉，其主干延续为臂头动脉（猪左锁骨下动脉由主动脉弓发出）。臂头动脉再分出右锁骨下动脉，其主干延续为双颈动脉干。双颈动脉干再分成左、右颈总动脉。臂头动脉总干分布于头、颈、前肢和胸前部。

图 1-6-8 为犬心基和纵膈前的动脉。

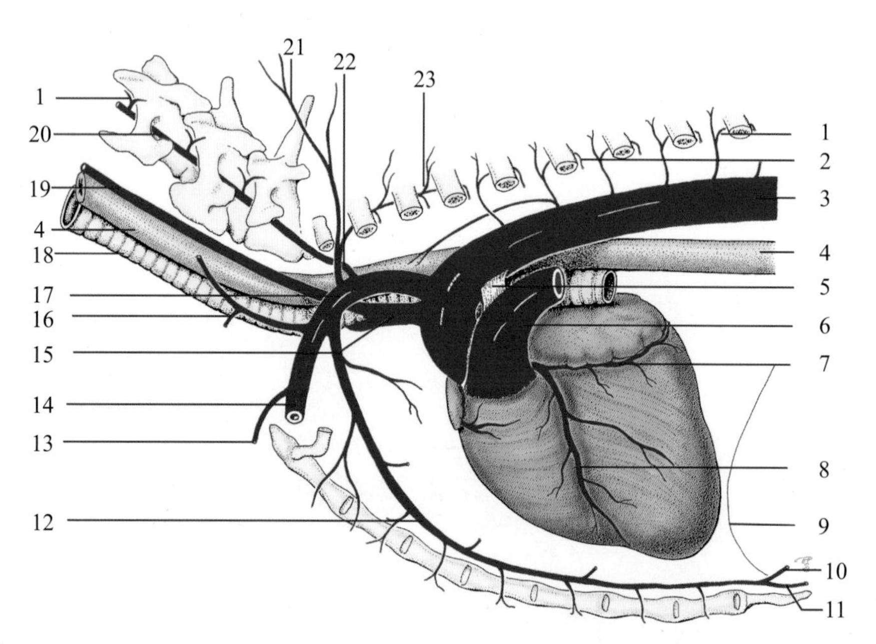

图 1-6-8　犬心基和纵隔前的动脉（引自陈耀星，2009）

1. 节支　2. 支气管 - 食管动脉　3. 主动脉　4. 食管　5. Botalli 氏韧带　6. 肺（动脉）干　7. 左冠状动脉旋支　8. 左冠状动脉降支　9. 膈　10. 肌膈动脉　11. 腹壁前动脉　12. 胸廓内动脉　13. 胸廓外动脉　14. 腋动脉　15. 臂头（动脉）干　16. 颈浅动脉　17. 左锁骨下动脉　18. 气管　19. 颈总动脉　20. 椎动脉　21. 颈深动脉　22. 肋颈干　23. 胸椎动脉

2．胸主动脉

胸主动脉为主动脉弓向后的延续，位于第 6 胸椎以后的胸椎腹侧，稍偏左。

(1) 肋间背侧动脉：其数目与胸椎数一致，除前四对外都由胸主动脉分出，肋间背侧动脉分为背侧支和腹侧支，前者分布到脊柱背侧肌肉，后者沿肋间后缘向下延伸，分出分支到胸侧壁。

(2) 肋腹背侧动脉：位于最后肋骨后缘，分支分布情况与肋间背侧动脉相似，主要分布于腹侧壁前部的肌肉和皮肤。

(3) 支气管食管动脉干，在第6胸椎处，由胸主动脉发出，即分为一支气管动脉和一食管动脉。

3. 腹主动脉

腹主动脉为胸主动脉的直接延续，沿腰椎椎体腹侧，向后延伸至第5、6腰椎处分为左右髂外动脉，左、右髂内动脉和荐正中动脉。腹主动脉向背侧分出的壁支有腰动脉，向腹侧分出的脏支有腹腔动脉、肠系膜前动脉、肾动脉、肠系膜后动脉、睾丸动脉或卵巢动脉。

4. 头颈部动脉

左、右颈总动脉为分布于头部的动脉主干，在颈静脉沟深部与颈内静脉以及迷走交感神经干伴行，向上延伸至寰枕关节腹侧分为三支，即枕动脉、颈内动脉和颈外动脉。在分叉处的角内，有一颈动脉球或称为颈动脉体。在颈内动脉或枕动脉的起始处，血管稍膨大称为动脉窦。图1-6-9为绵羊头部深层动脉（铸型标本）。

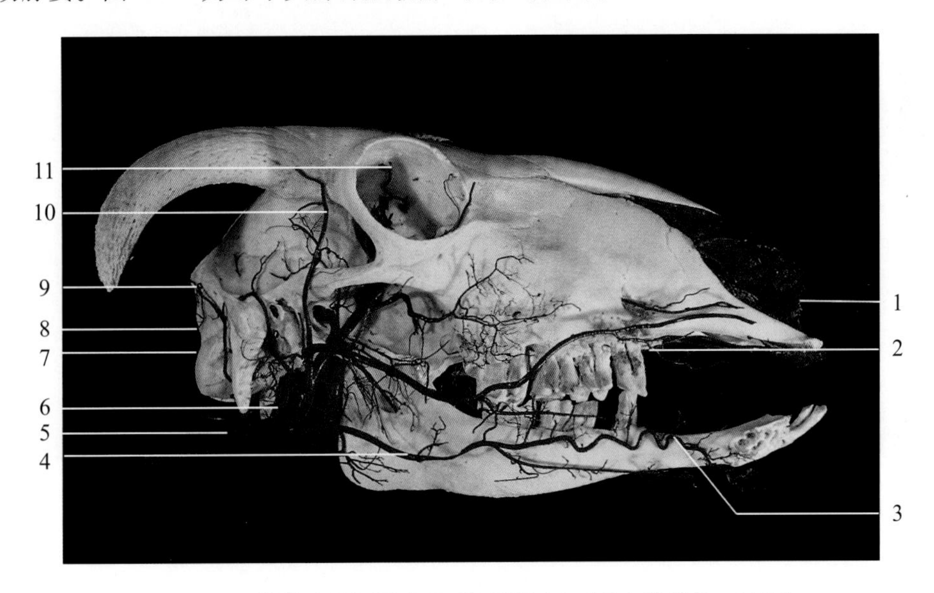

图1-6-9　绵羊头部深层动脉（铸型标本）（引自陈耀星，2009）

1. 眶下动脉　2. 上唇动脉　3. 舌深动脉　4. 舌动脉　5. 颈总动脉　6. 颈外动脉　7. 枕动脉　8. 耳后动脉　9. 颊动脉　10. 颞浅动脉　11. 眼外动脉

5. 骨盆部和尾部的动脉

腹主动脉在第5、6腰椎处，分为左、右髂外动脉和左、右髂内动脉及荐正中动脉。

(1) 髂内动脉：分布于骨盆腔的动脉干，沿荐骨翼和荐结节阔韧带的内侧面向后延伸，沿途分脐动脉、髂腰动脉、臀前动脉、前列腺动脉（阴道动脉）和臀后动脉，主干延续为阴部内动脉。

(2) 荐正中动脉：沿荐骨盆面向后延伸，在荐部分出3～4支脊支，经荐腹侧孔进入椎孔；在第1尾椎处分出左、右尾背侧动脉和左、右腹侧动脉，主干延续为尾正中动脉，沿尾椎腹侧的血管沟继续后伸。临床上常在牛尾根下方探知脉搏。水牛多数无荐正中动脉，其尾正中动脉由左、右荐外侧动脉汇合而成。

6．前肢的动脉

前肢的动脉主干为锁骨下动脉，绕过第 1 肋骨的前缘出胸腔，在前肢内侧面向下延伸，依不同部位顺次称腋动脉、臂动脉、正中动脉、指掌侧第 3 总动脉和第 3、4 指掌轴侧固有动脉。图 1-6-10 为绵羊前肢动脉（铸型标本）。

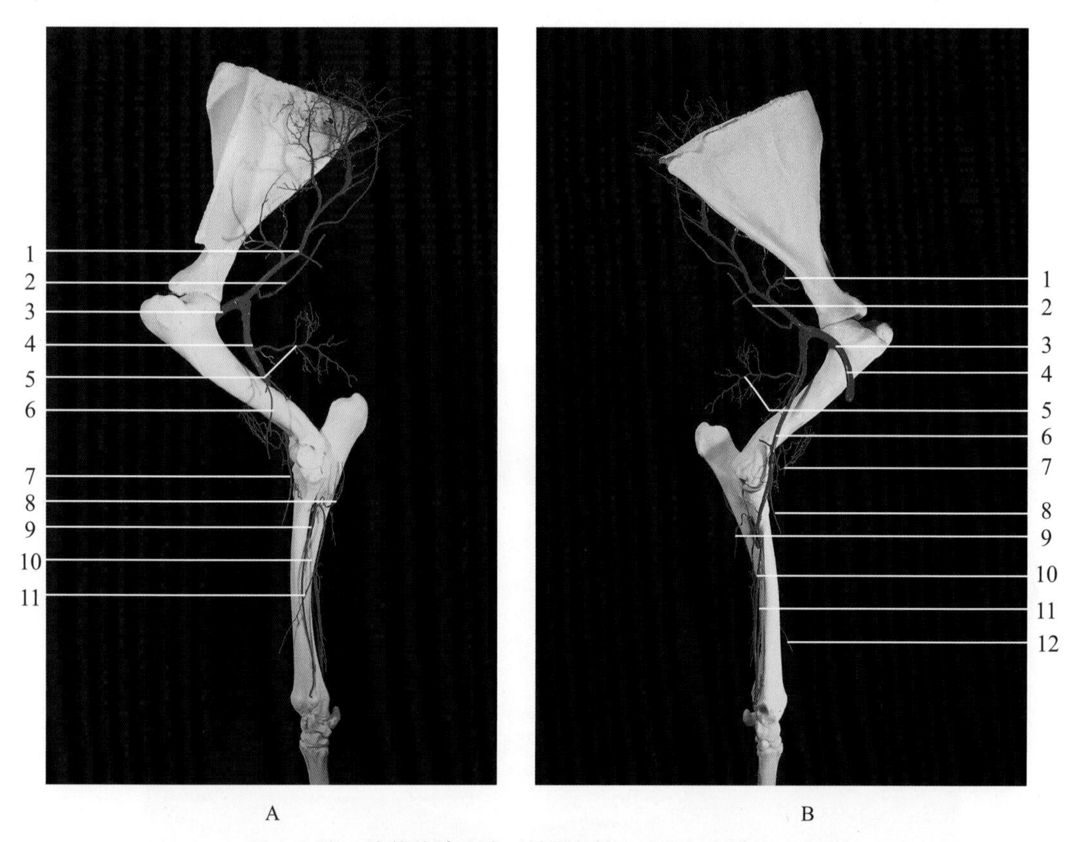

图 1-6-10　绵羊前肢动脉（铸型标本）（引自陈耀星，2009）

A：外侧面　1. 肩胛下动脉　2. 胸背动脉　3. 腋动脉　4. 臂动脉　5. 臂深动脉　6. 二头肌动脉　7. 肘横动脉　8. 前臂深动脉　9. 骨间总动脉　10. 骨间后动脉　11. 骨间前动脉

B：内侧面　1. 旋肩胛动脉　2. 胸背动脉　3. 肩胛下动脉　4. 腋动脉　5. 臂深动脉　6. 臂动脉　7. 二头肌动脉　8. 肘横动脉　9. 前臂深动脉　10. 骨间后动脉　11. 正中动脉　12. 桡动脉

7．后肢的动脉

髂外动脉是后肢动脉的主干，沿骨盆前口向后向下延伸，经股管至股部，进而沿小腿和后脚背侧面达趾部，依部位顺次称髂外动脉、股动脉、腘动脉、胫前动脉、足背动脉和跖背侧第 3 动脉。

（三）全身静脉的主要分支

体循环中动物全身的血液经各级静脉，最终汇集成前腔静脉、后腔静脉、奇静脉和心静脉，将血液注入心脏。

1．前腔静脉及其属支

前腔静脉主要汇集头颈部、前肢和胸壁静脉的血液，在胸腔内位于气管和臂头动脉总干的腹侧，在胸前口处由左、右腋静脉和左、右颈静脉汇合而成。

主要分属支：

（1）颈静脉：由来自头部的颌内静脉和颌外静脉在腮腺后缘汇合而成。颈静脉沿颈静脉沟向后延伸。

（2）腋静脉：为前肢浅静脉主干，基本与同名动脉伴行。

2．后腔静脉及其属支

后腔静脉收集后肢、骨盆壁、骨盆腔器官、腹壁、腹腔器官和膈的静脉血液。在骨盆入口处由左、右髂总静脉汇合而成，最初走在腰椎腹侧，沿腹主动脉右侧延伸，向前逐渐下降到肝壁面的腔静脉窝，后穿过膈的腔静脉裂孔进入胸腔内，入右心房，主要属支有：

（1）髂内静脉：为骨盆部静脉的主干。

（2）髂外静脉：为后肢静脉主干，也分浅静脉和深静脉干，深静脉干自蹄静脉干起，伴随同名动脉向上延伸。

浅静脉干位于皮下，主要的一条称小腿内侧皮下静脉，最后注入股静脉。

3．奇静脉

是一不成对的静脉，接受部分胸壁和腹壁的静脉血，也接受支气管和食管的静脉血。自第一腰椎下方起沿胸椎体右侧面向前走，其下外缘与主动脉弓之间有胸导管，后离开脊柱向前下方延伸，注入右心房。

4．门静脉

位于后腔静脉腹侧，肝门处，收集来自胃、小肠、大肠（直肠后部除外）、胰和脾的血液，经肝门入肝，在肝内反复分支汇入窦状隙，最后集合为数支肝静脉注入后腔静脉。

三、作业

1．简述心脏的位置形态与结构特点。

2．胸腔血管有哪些主要分支？

3．腹腔血管有哪些主要分支？

（河南科技大学　位兰）

第七章　淋巴系统

一、实验目的

了解淋巴系统的组成，掌握主要淋巴器官的形态、位置和结构。

二、实验内容

（一）淋巴管道的组成，主要淋巴干和淋巴导管的位置、走向

（1）气管淋巴干：左、右侧各一条，分别伴随左右颈总动脉，沿气管腹侧后行，分别收集左、右侧头颈、肩带部和前肢的淋巴。左气管淋巴干最后注入胸导管，右气管淋巴干注入右淋巴导管或前腔静脉或右颈静脉。

（2）腰淋巴干：左、右侧各一条，伴随腹主动脉和后腔静脉前行，收集骨盆壁、部分腹壁、后肢、盆腔内器官及结肠末端的淋巴，注入乳糜池。

（3）内脏淋巴干：由腹腔淋巴干和肠淋巴干汇合而成，注入乳糜池，有时两者分别单独注入乳糜池。

（4）胸导管：是全身最大的淋巴导管，直径在犊牛为 2 ～ 4 mm，在成年牛为 6 ～ 10 mm。起始于乳糜池，经膈的主动脉裂孔入胸腔，沿胸主动脉的右上方，右奇静脉的右下方向前伸延，穿过食管和气管的左侧向下行，在胸腔前口处注入前腔静脉。胸导管起始部发生膨大称为乳糜池，呈长梭形，位于最后胸椎和第 1 ～ 3 腰椎体的腹侧，腹主动脉和右膈脚之间。

（5）右淋巴导管：位于胸腔前口附近，为右侧气管淋巴干的延续，短而粗，在牛、猪长 0.5 ～ 2 cm，在马长 4 cm，宽 8 ～ 10 mm。末端注入前腔静脉或右颈外静脉。

图 1-7-1 为牛的主要淋巴干和淋巴导管分布模式图。

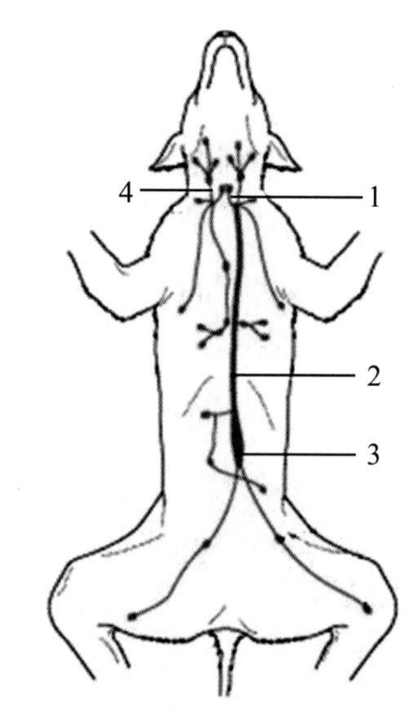

图 1-7-1　主要淋巴干和淋巴导管分布模式图（牛背面观）

1. 气管淋巴干　2. 胸导管　3. 乳糜池　4. 右淋巴导管

（二）动物胸腺的形态、位置和结构

胸腺是 T 淋巴细胞增殖分化的场所，位于胸腔前部纵隔内，分颈、胸两部，呈红色或粉红色，质地柔软。奇蹄类和肉食类动物的胸腺主要位于胸腔内，反刍类动物和猪的胸腺在颈部也很发达，可向前延伸到喉部（图 1-7-2）。胸腺在幼畜发达，性成熟时发育完全，体积最大，然后逐渐萎缩，到老年几乎被脂肪组织所替代，但并不完全消失，在胸腺原位

的结缔组织中仍可找到有活性的胸腺结构。

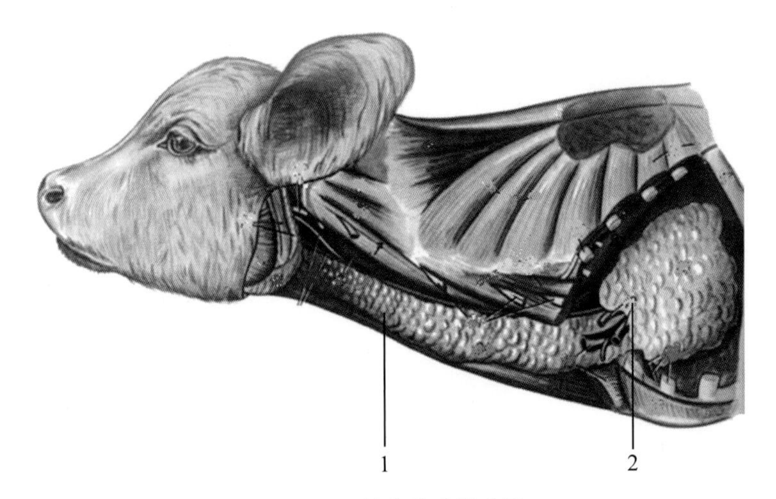

图 1-7-2　犊牛胸腺模式图

1. 颈部胸腺　2. 胸部胸腺

（三）动物脾的形态、位置和结构

脾位于腹腔前部，胃的左侧，是动物体内最大的淋巴器官，具有造血、滤血、灭血、贮血及参与机体的免疫等功能。脾的壁面光滑而隆凸，与膈和左侧腹壁相适应；脏面较平，近中央有一条长嵴为脾门所在处，供神经、血管及淋巴管出入（图 1-7-3，图 1-7-4）。

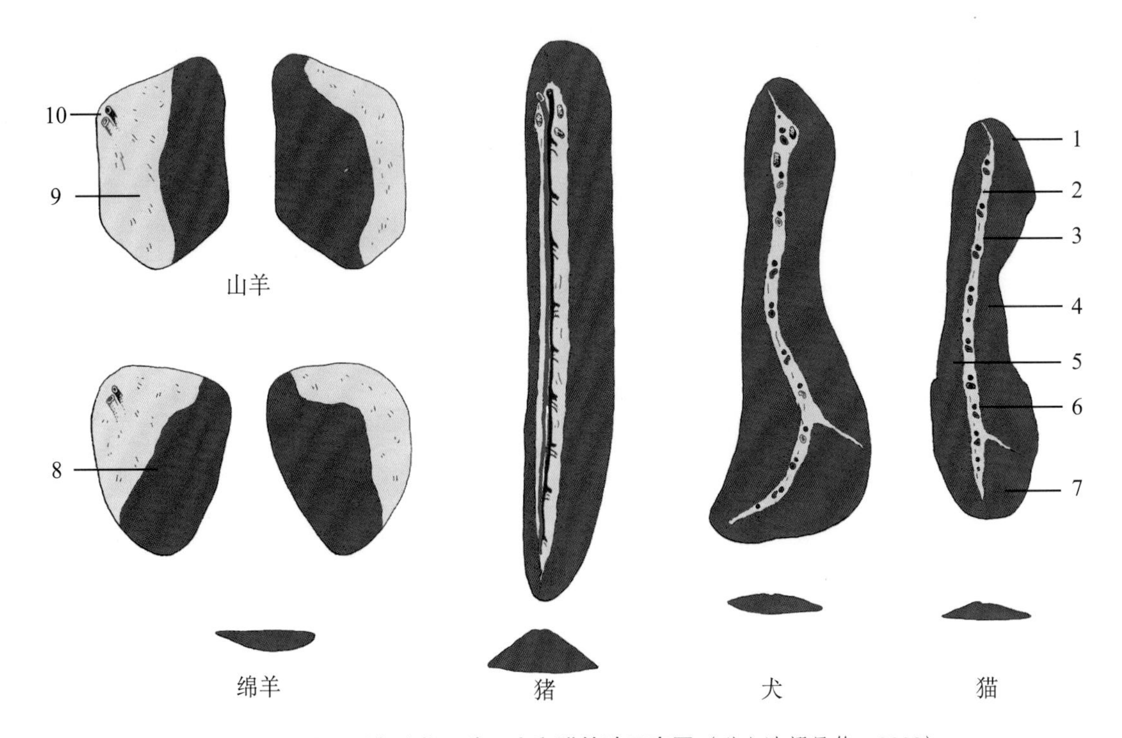

图 1-7-3　小型反刍动物、猪、犬和猫的脾示意图（引自陈耀星等，2009）

1. 背侧端　2. 脾门　3. 大网膜附着区　4. 胃面　5. 肠面　6. 脾动脉和脾静脉　7. 腹侧端　8. 被腹膜覆盖的游离部　9. 贴着瘤胃的区域　10. 脾门处脾动脉和脾静脉

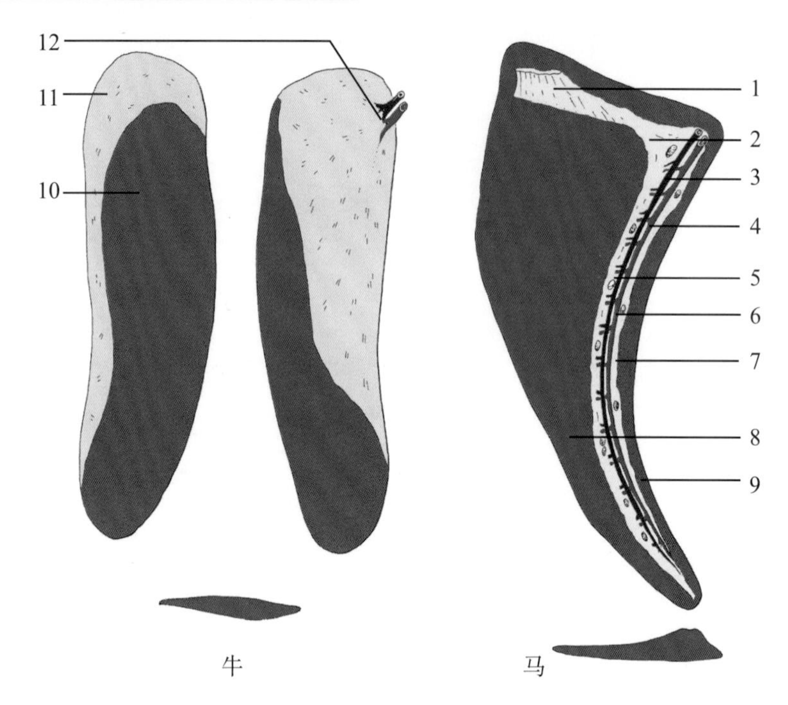

图 1-7-4 牛和马脾示意图（引自陈耀星等，2009）

1. 肾脾韧带 2. 膈脾韧带 3. 脾动脉 4. 脾静脉 5. 脾门 6. 脾淋巴结 7. 大网膜附着区 8. 肠面 9. 胃面 10. 被腹膜覆盖的游离部 11. 贴着瘤胃的区域 12. 脾门处脾动脉和脾静脉

（1）猪脾：狭而长，呈紫红色，质地较软。位于胃大弯左侧，以宽松的胃脾韧带与胃大弯相连。

（2）牛脾：呈长而扁的椭圆形，蓝紫色，质地较硬。位于腹腔左季肋部，瘤胃背囊左前方。上部以腹膜和结缔组织与左膈脚及瘤胃背囊壁相连，下端游离。

（3）羊脾：扁而平，略呈三角形，红紫色，质地较软。位于瘤胃左侧（图 1-7-5）。

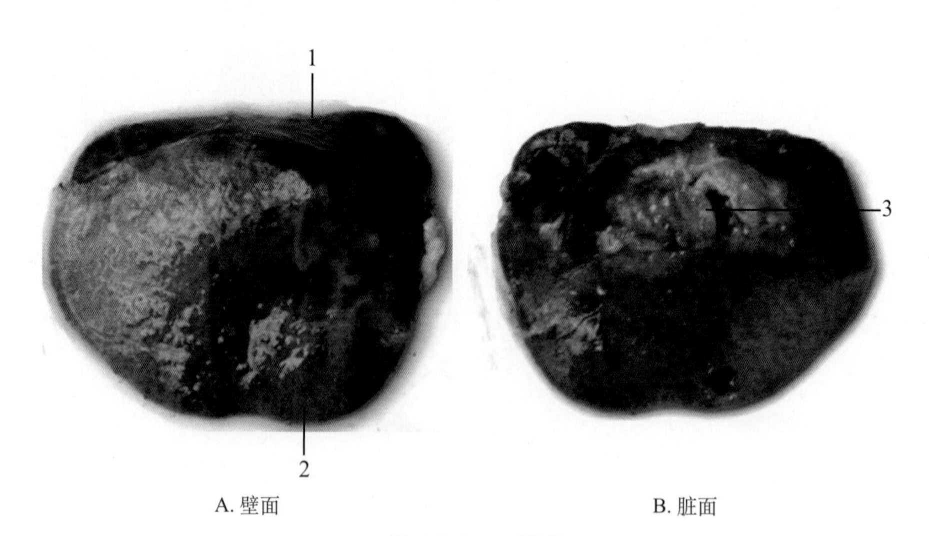

图 1-7-5 山羊脾

1. 背侧缘 2. 腹侧缘 3. 脾门

（4）马脾：呈扁平镰刀形，上宽下窄，蓝红或铁青色。位于腹腔左季肋部，沿胃大弯左侧附着。前缘凹，其内侧有一纵沟，为脾门所在地。后缘凸，其上端可达最后肋骨后方。

（5）狗脾：略呈镰刀形，上端窄而稍弯，下端较宽，深红色。位于胃左侧与左肾之间。脾门位于脏面中部，由上端延伸至下端，并形成脾门隆起。

图 1-7-6 为牛和猪脾横切面。

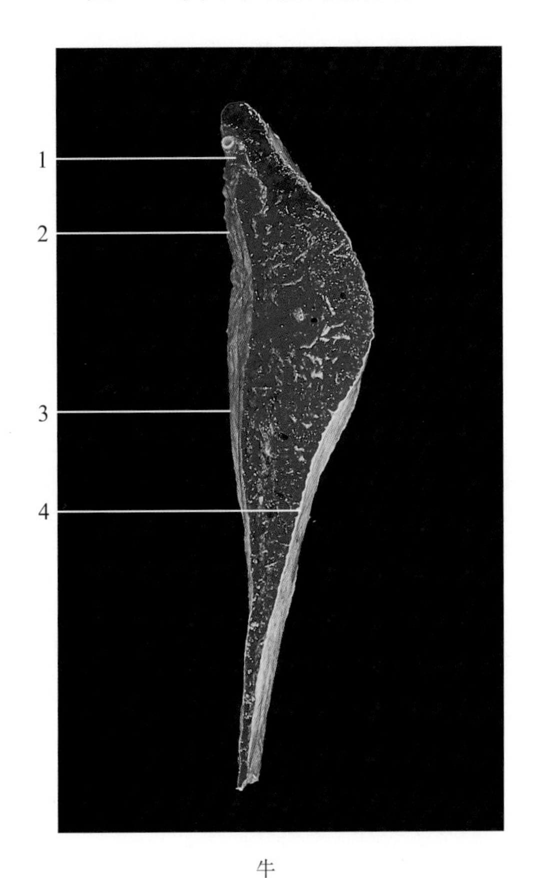

牛

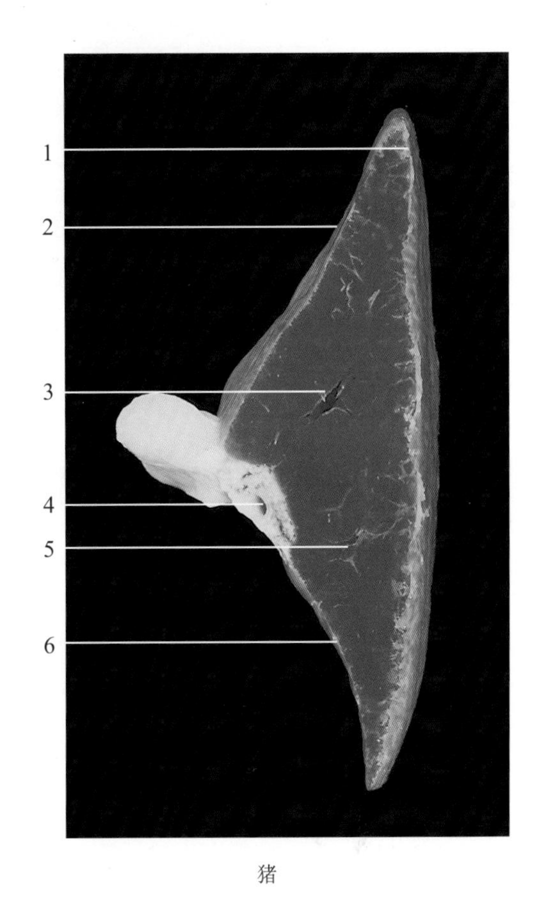

猪

图 1-7-6 牛和猪脾横切面（引自陈耀星等，2009）

牛：1. 脾门处的脾动脉和脾静脉 2. 贴着瘤胃的区域 3. 脏面 4. 膈面
猪：1. 膈面 2. 脏面 3. 小梁血管 4. 脾门 5. 小梁结缔组织 6. 浆膜

（四）淋巴结的一般形态结构和主要的淋巴结分布

淋巴结是机体淋巴回流途径中的周围淋巴器官，数量众多，大小不一，直径从 1 mm 到数厘米不等，呈球形、卵圆形、豆形、肾形、扁平状等，一侧凹陷为淋巴结门，是输出淋巴管、血管及神经出入处，另一侧隆凸，有多条输入淋巴管进入（猪的相反）。

一个淋巴结或淋巴结群常位于身体的同一个部位，并且接受几乎相同区域的输入淋巴管，这个淋巴结或淋巴结群就是该区域的淋巴中心。马的淋巴结数目一般比牛多，许多同名的淋巴结，在牛常由一个大的淋巴结组成，而在马则是由许多小的淋巴结组成淋巴结簇（图 1-7-7 至图 1-7-10）。

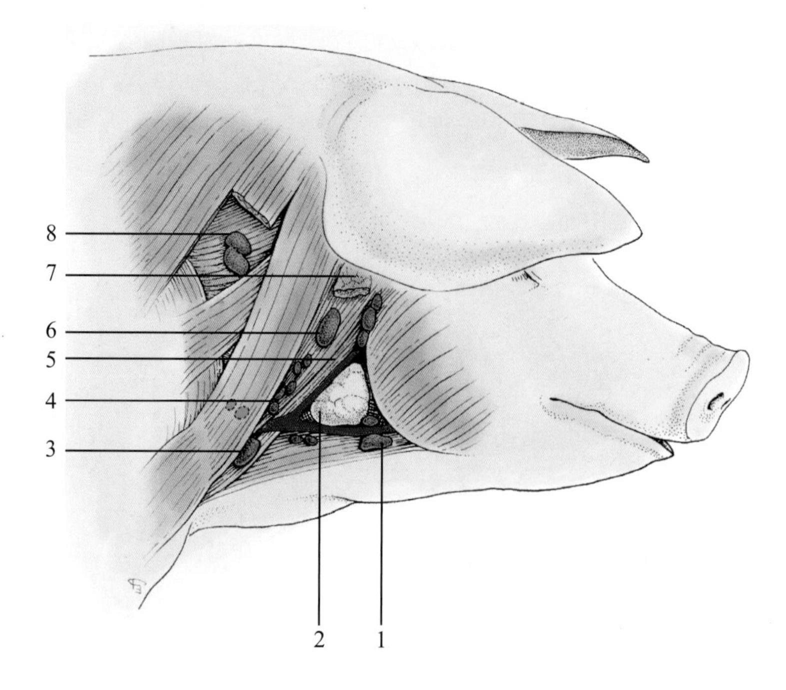

图 1-7-7 猪头部和颈前部的淋巴结示意图（引自陈耀星等，2009）

1. 下颌淋巴结 2. 颌下腺 3. 颈浅腹侧淋巴结 4. 颈浅中淋巴结 5. 腮腺淋巴结 6. 咽后外侧淋巴结 7. 腮腺（断面） 8. 颈浅背侧淋巴结

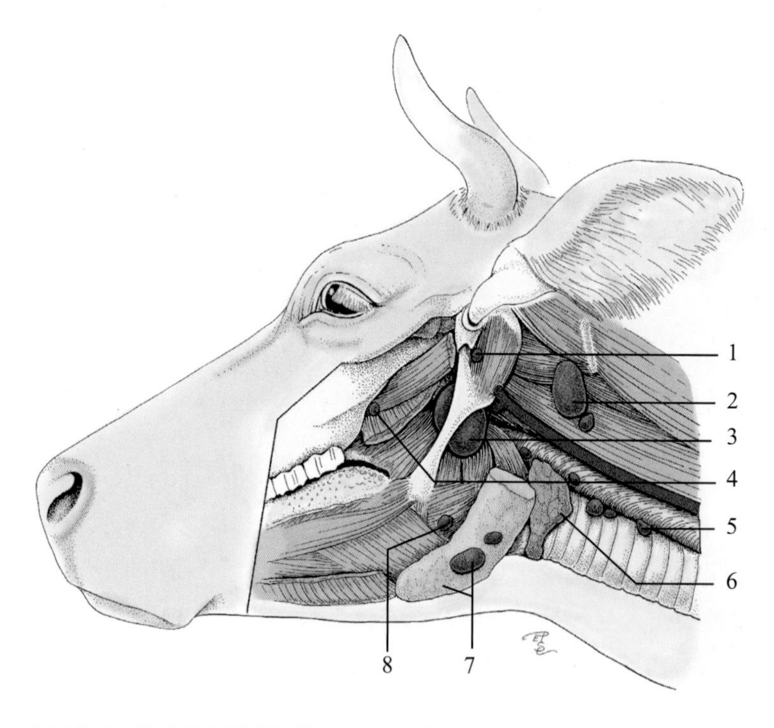

图 1-7-8 牛头部和颈前部的深层淋巴结示意图（引自陈耀星等，2009）

1. 舌骨后淋巴结 2. 咽后外侧淋巴结 3. 咽后内侧淋巴结 4. 翼肌淋巴结 5. 颈深前侧淋巴结 6. 甲状腺 7. 颌下腺与下颌淋巴结 8. 舌骨前淋巴结

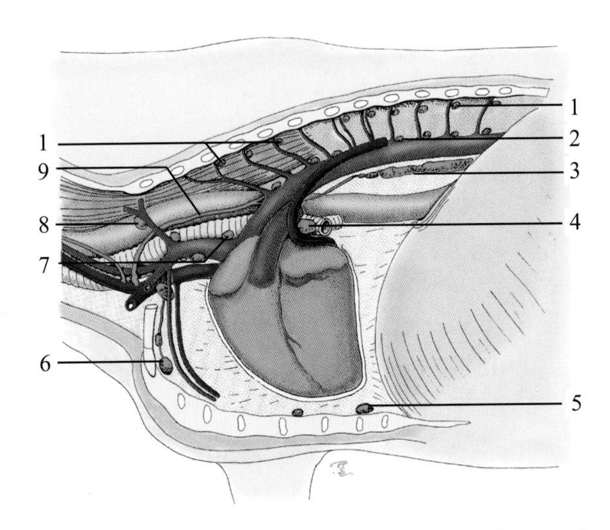

图 1-7-9 牛胸腔淋巴结示意图（引自陈耀星等，2009）

1. 肋间淋巴结 2. 胸主动脉淋巴结 3. 纵隔后淋巴结 4. 气管支气管左淋巴结 5. 胸骨后淋巴结 6. 胸骨前淋巴结 7. 纵隔前淋巴结 8. 肋颈淋巴结 9. 胸导管

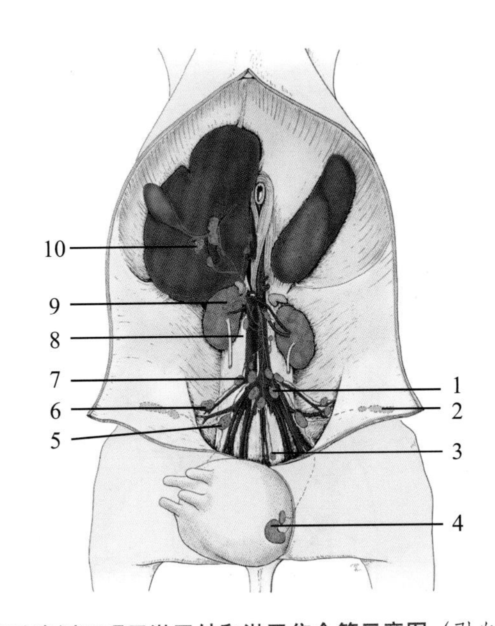

图 1-7-10 牛腹腔腹侧面观示淋巴结和淋巴集合管示意图（引自陈耀星等，2009）

1. 荐淋巴结 2. 髂下淋巴结 3. 肛门直肠淋巴结 4. 乳腺淋巴结或腹股沟浅淋巴结 5. 髂股淋巴结或腹股沟深淋巴结 6. 髂外侧淋巴结 7. 髂内侧淋巴结 8. 腰主动脉淋巴结 9. 肾淋巴结 10. 肝淋巴结

1. 主要浅层淋巴结

下颌淋巴结位于下颌间隙，牛有 1 ～ 3 个小淋巴结；猪有 2 ～ 5 个小淋巴结；马的下颌淋巴结双侧共有 70 ～ 150 个，形成一个“V”形长链。

（1）腮腺淋巴结：位于颞下颌关节的后下方，被腮腺部分覆盖。牛有 1 个大的或 2 ～ 4 个小淋巴结；马有 6 ～ 10 个小淋巴结。

（2）颈浅淋巴结：又称肩前淋巴结，位于肩关节上方，臂头肌和肩胛横突肌之下。

（3）腹股沟浅淋巴结：腹底壁后部、腹股沟管外环附近的一群淋巴结。因性别差异而有不同名称：阴囊淋巴结在公畜精索后上方、阴茎背侧；乳房淋巴结在母畜乳房基底部后上方两侧。

（4）腘淋巴结：位于臀股二头肌和半腱肌之间，腓肠肌长头的脂肪中。

2. 主要深层淋巴结

（1）肺淋巴结：有数个，沿肺内支气管分布。

（2）肝淋巴结：一般有 1 ～ 3 个，有时多达 10 个，沿门静脉分布。

（3）胃淋巴结：大小为 0.5 ～ 4 cm，数目多，分布于胃的血管沿途。

（4）肠系膜前淋巴结：2 ～ 3 个，位于肠系膜前动脉起始处附近。

（5）空肠淋巴结：数目很多，大小不一，牛有 30 ～ 50 个，最大达 10 cm 以上。分布在空肠系膜内，沿结肠旋袢与空肠呈长条形念珠状分布，总长达 0.5 ～ 1.2 m。

（6）髂内侧淋巴结：左右髂外动脉起始处附近的一大群淋巴结。

（7）髂外侧淋巴结：旋髂深动脉的前、后支处的一群淋巴结。

三、作业

标注图 1-7-11 所示的结构。

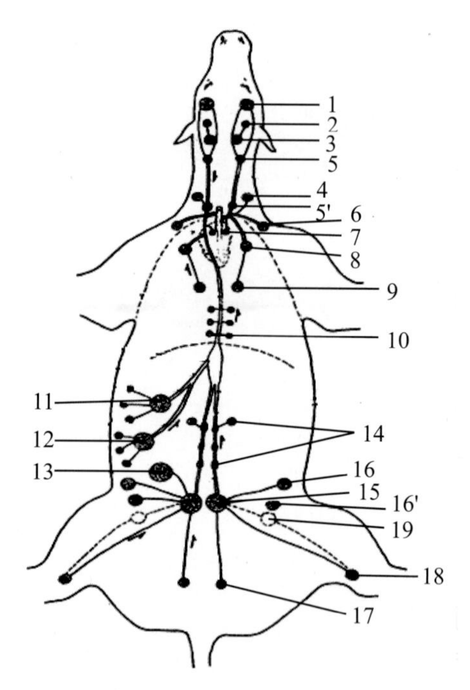

图 1-7-11　淋巴结分布模式图（马背面观）

1. 下颌淋巴结　2. 腮腺淋巴结　3. 咽后淋巴结　4. 颈浅淋巴结　5. 颈前淋巴结　5'. 颈后淋巴结　6. 腋淋巴结　7. 胸腹侧淋巴结　8. 纵隔淋巴结　9. 支气管淋巴结　10. 胸背侧淋巴　11. 腹腔淋巴结　12. 肠系膜前淋巴结　13. 肠系膜后淋巴结　14. 腰淋巴结　15. 髂内侧淋巴结　16. 髂下淋巴结　16'. 腹股沟浅淋巴结　17. 肛门直肠淋巴结　18. 腘淋巴结　19. 腹股沟深淋巴结

（华中农业大学　何文波）

第八章　神经系统

一、实验目的

（1）掌握神经系统的分类以及脑和脊髓的主要分布和结构。

（2）了解外周神经的一般结构。

（3）了解主要感觉和运动传导途径。

二、实验内容

（一）中枢神经系统

1．脊髓

脊髓呈白色、长圆柱状，依据与其联系的神经进出椎管的部位可将其划分为颈段（颈膨大）、胸段、腰段（腰膨大）、荐段和尾段（图 1-8-1）。

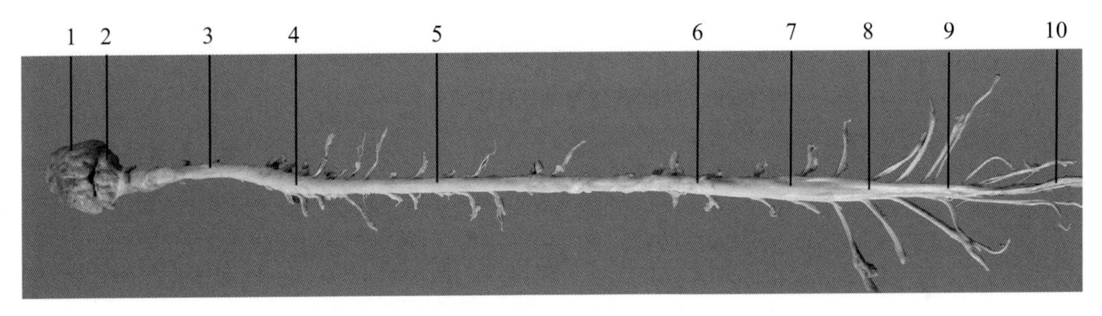

图 1-8-1　羊脑和脊髓（引自陈耀星等，2013）

1. 大脑　2. 小脑　3. 颈段脊髓　4. 颈膨大　5. 胸段脊髓　6. 腰段脊髓　7. 腰膨大　8. 荐段脊髓　9. 尾段脊髓　10. 马尾

（1）外部结构。

背正中沟：脊髓背侧正中的纵向浅沟。

腹正中裂：脊髓腹侧正中的纵向深裂。

背外侧沟：在脊髓背正中沟的左右两侧的浅沟。

腹外侧沟：在脊髓腹正中裂的左右两侧的浅沟。

脊神经根：每一节段的脊髓均接受来自脊神经的感觉神经纤维并发出运动神经纤维，分别形成背侧根和腹侧根。背侧根较长，是感觉性的，由脊神经节内感觉神经元的中枢突组成，它的根丝分散成扇形进入脊髓的背外侧沟。

脊神经节：位于背侧根的外侧，是感觉神经元胞体集结的部位。

脊神经：脊髓的背侧根和腹侧根在椎间孔附近合并为脊神经，经椎间孔出椎管。

脊膜：脊髓外面包裹的3层结缔组织膜。由内向外依次为脊软膜、脊蛛网膜和脊硬膜，蛛网膜与软膜之间较大的腔隙，为蛛网膜下腔，该腔向前与脑蛛网膜下腔相通，内含脑脊髓液以营养脊髓；脊蛛网膜与脊硬模之间形成狭窄的硬膜下腔，内含淋巴液，向前方与脑硬膜下腔相通；脊硬膜与椎管之间的腔隙较宽，为硬膜外腔，内含静脉和大量脂肪，有脊神经通过。

（2）内部结构。

灰质：位于脊髓中间，呈H形，分为背侧角（柱）、腹侧角（柱）和强外侧角（柱），中央有脊髓中央管。

白质：位于脊髓四周，分为背侧索、外侧索和腹侧索（图1-8-2）。

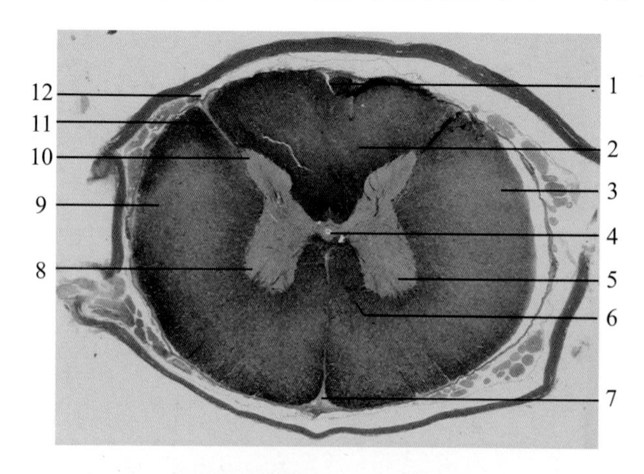

图1-8-2 脊髓横切面（引自陈耀星等，2013）

1. 背正中沟 2. 背侧索 3. 白质 4. 中央管 5. 灰质 6. 腹侧索 7. 腹正中裂 8. 腹侧角 9. 外侧索 10. 背侧角 11. 背侧根 12. 背外侧沟

2. 脑

分为延髓、脑桥、中脑、间脑、大脑和小脑。前4部分合称为脑干（图1-8-3）。

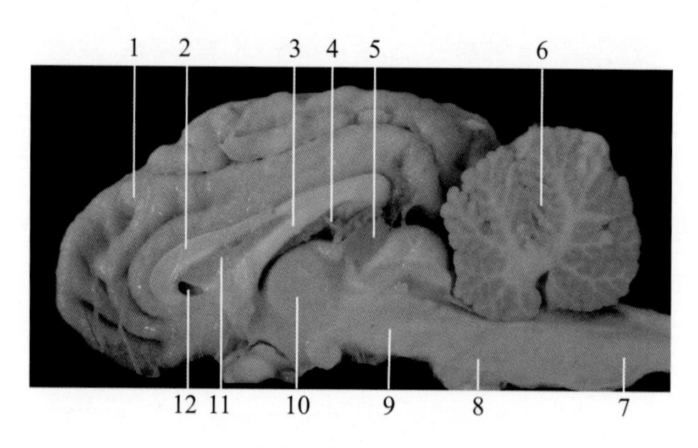

图1-8-3 羊脑正中矢状面

1. 大脑 2. 胼胝体 3. 穹窿 4. 脉络丛 5. 松果体 6. 小脑 7. 延髓 8. 脑桥 9. 中脑 10. 间脑 11. 透明隔 12. 侧脑室

（1）延髓：脑干的末段，其后端在枕骨大孔处接脊髓，前端连脑桥。由延髓灰质发出6～12对脑神经，是生命活动中枢。白质形成锥体、锥体交叉和橄榄体。

（2）脑桥：位于延髓的前端，中脑的后方，小脑的腹侧。发出第5对脑神经，由腹侧部和背侧部组成。

（3）中脑：位于脑桥和间脑之间，背侧是四叠体，包括前丘（视觉反射中枢）和后丘（听觉反射中枢），腹侧为大脑脚，由被盖和大脑脚底组成。大脑脚的内侧缘有第3对脑神经根。

（4）间脑：位于中脑前方，前外侧被大脑半球覆盖，腹侧前端为视交叉，后端为乳头体的后缘（图1-8-4）。

丘脑：为一对卵圆形灰质团块，其前端较窄，后端较宽。左、右两丘脑的内侧部相连，断面呈圆形，为丘脑间粘合。

下丘脑：位于间脑的腹侧，居视交叉、视束和左右大脑脚之间的区域，构成第3脑室的底壁，是植物性神经和调控内分泌的重要中枢。下丘脑的腹侧面有视交叉、视束、灰结节、漏斗、垂体和乳头体。

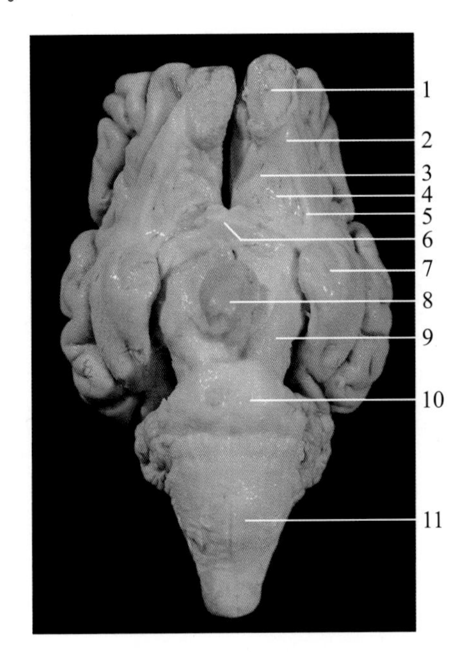

图 1-8-4　绵羊脑腹侧面

1. 嗅球　2. 嗅束　3. 内侧嗅束　4. 嗅三角　5. 外侧嗅束　6. 视交叉　7. 梨状叶　8. 垂体　9. 大脑脚　10. 脑桥　11. 延髓

（5）小脑：位于大脑后方，在延髓和脑桥的背侧。小脑被两条纵沟分为中间的蚓部和两侧的小脑半球。小脑表面是灰质，深层为小脑髓树。

（6）大脑：位于脑干前背侧，后端以大脑横裂与小脑分开，背侧正中的大脑纵裂将大脑分为左、右大脑半球（图1-8-5），二者间为横行的纤维胼胝体，表层为皮质。

（7）脑室：第四脑室（背侧为小脑、腹侧为延髓和脑桥）、中脑导水管（中脑内）和第三脑室（间脑内）。

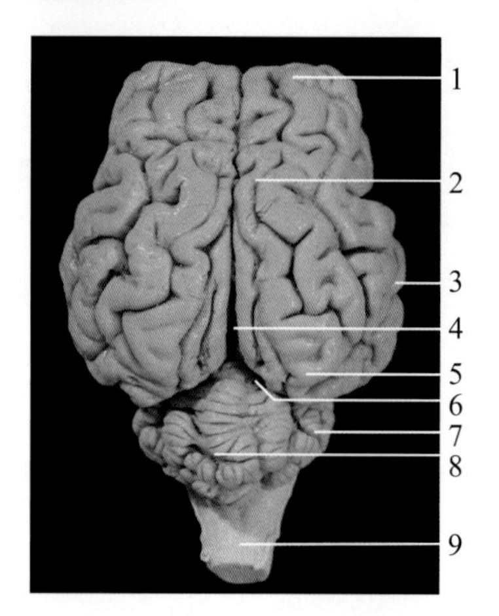

图 1-8-5 绵羊脑背侧面

1. 额叶 2. 顶叶 3. 颞叶 4. 大脑纵裂 5. 枕叶 6. 大脑横裂 7. 小脑半球 8. 小脑蚓部 9. 延髓

（二）外周神经系统

1．躯干神经

（1）膈神经：由颈神经腹侧支构成，分布于膈肌。

（2）肋间神经：由胸神经腹侧支发出，分布于肋间隙内，与肋间动脉和肋间静脉伴行。

（3）髂腹下神经：位于第 2 腰椎横突前角，第 1 腰神经的腹侧支。

（4）髂腹股沟神经：位于第 3 腰椎横突前角，第 4 腰椎横突末端外侧。

2．前肢神经

第 6 ~ 8 颈神经的腹侧支和第 1 ~ 2 胸神经腹侧支在肩关节内侧形成臂神经丛，主要分布于前肢肌肉和皮肤以及部分肩带肌、胸腔和腹腔侧壁，主要有：肩胛上神经、肩胛下神经、腋神经、桡神经、肌皮神经、正中神经和尺神经（图 1-8-6，图 1-8-7）。

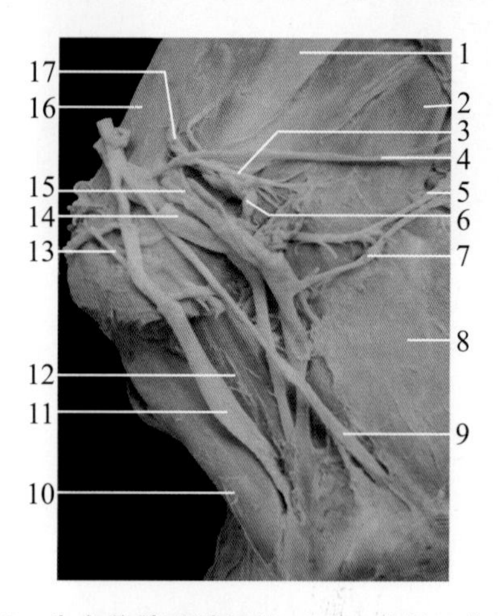

图 1-8-6 牛右前肢臂神经丛（引自陈耀星等，2013）

1. 肩胛下肌 2. 大圆肌 3. 肩胛下神经 4. 胸背神经 5. 胸背动脉 6. 腋淋巴结 7. 胸背静脉 8. 臂三头肌 9. 尺神经 10. 臂二头肌 11. 正中神经 12. 喙臂肌 13. 肌皮神经 14. 腋动脉 15. 腋静脉 16. 冈上肌 17. 肩胛上神经

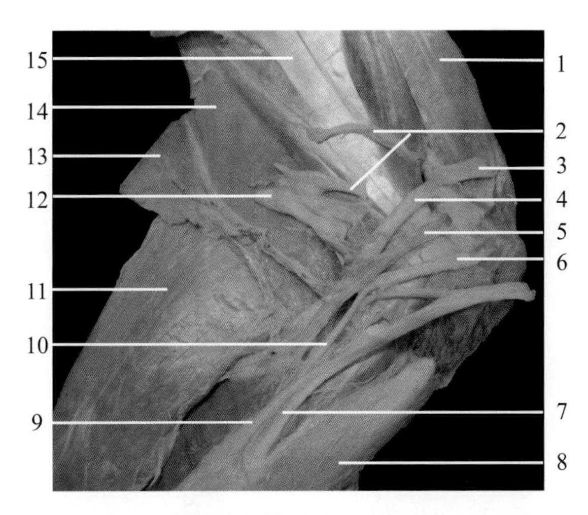

图 1-8-7 羊臂神经丛（引自陈耀星等，2013）

1. 冈上肌 2. 肩胛下神经 3. 肩胛上神经 4. 桡神经 5. 腋静脉 6. 腋动脉 7. 正中神经 8. 臂二头肌 9. 尺神经 10. 臂动脉 11. 臂三头肌 12. 腋神经 13. 背阔肌 14. 大圆肌 15. 肩胛下肌

3．后肢神经

由第 4 ～ 6 腰神经和第 1 ～ 2 荐神经的腹侧支在腰荐腹侧部构成腰荐神经丛，发出分支分布于后肢，主要有：股神经、坐骨神经、胫神经和腓总神经（图 1-8-8 至图 1-8-10）。

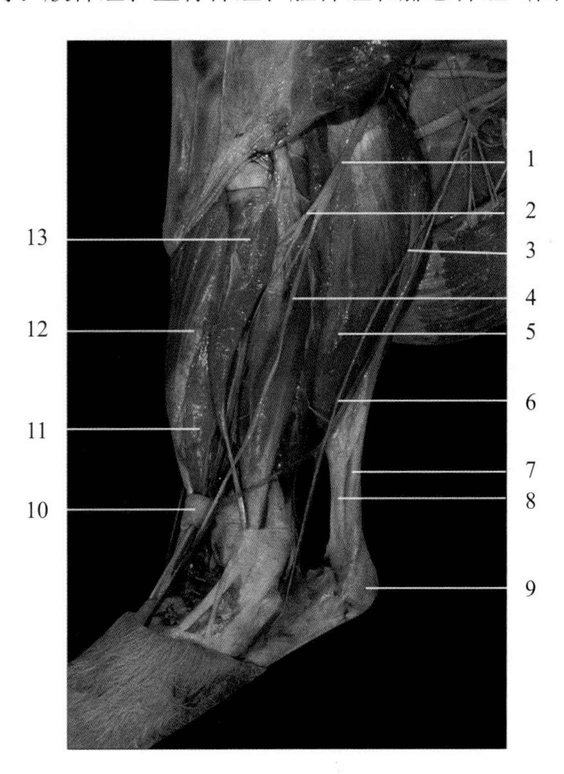

图 1-8-8 牛小腿部浅层神经外侧面（引自陈耀星等，2009）

1. 腓总神经 2. 腓深神经 3. 小腿后皮神经 4. 腓浅神经 5. 腓肠肌 6. 外侧隐静脉 7. 跟腱 8. 腓肠肌腱 9. 趾浅屈肌腱鞘 10. 近横韧带 11. 趾长伸肌 12. 第 3 腓骨肌 13. 腓骨长肌

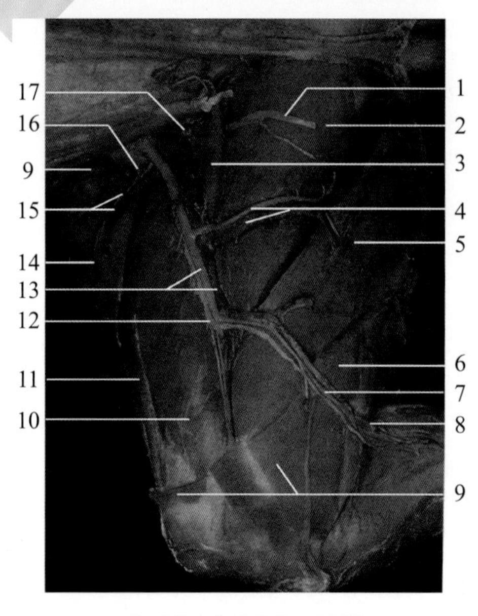

犬（引自林德贵等，2013）

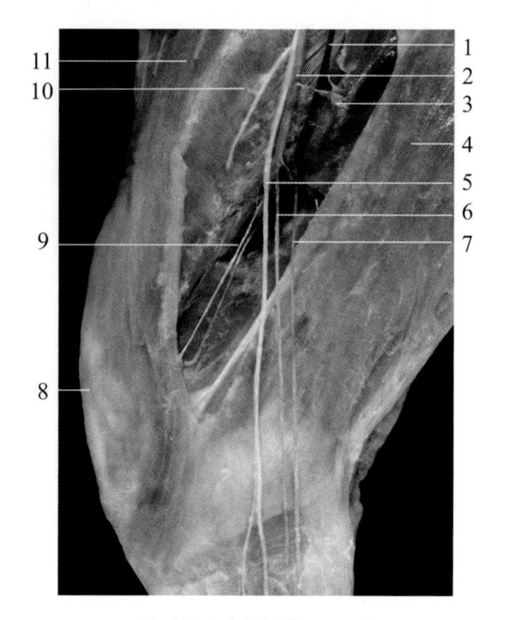

猫（引自陈耀星等，2009）

图 1-8-9　犬、猫股中部和股管的血管神经

犬：1. 闭孔神经　2. 内收肌　3. 耻骨肌　4. 骨后近动、静脉　5. 半膜肌　6. 股薄肌　7. 隐动脉　8. 隐中静脉　9. 缝匠肌　10. 股内侧肌　11. 股直肌　12. 隐神经　13. 股动、静脉　14. 阔筋膜张肌　15. 旋髂浅动、静脉　16. 股神经　17. 旋股内侧静脉

猫：1. 股静脉　2. 股动脉　3. 耻骨肌　4. 股薄肌　5. 隐神经　6. 隐动脉　7. 内侧隐静脉　8. 膝盖骨　9. 膝降动、静脉　10. 股内侧肌　11. 缝匠肌

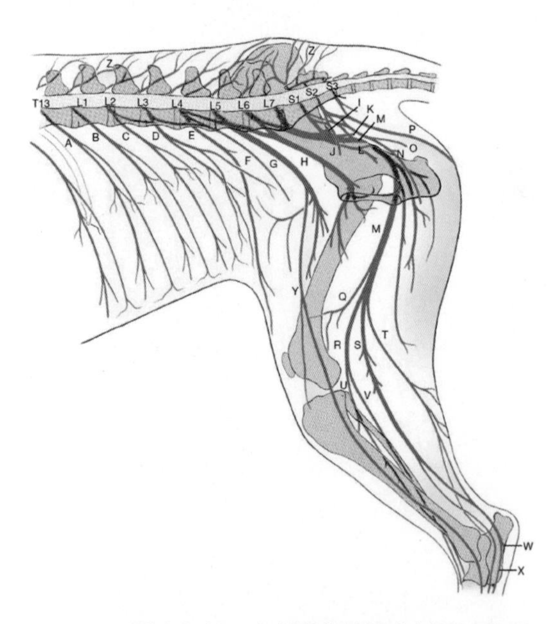

图 1-8-10　犬右腰荐神经内侧观示意图

A. 第 13 胸神经腹侧支　B. 髂腹下前神经　C. 髂腹下后神经　D. 髂腹股沟神经　E. 股外侧皮神经　F. 生殖股神经　G. 股神经　H. 闭孔神经　I. 前神经　J. 盆神经　K. 臀后神经　L. 支配闭孔内肌、孖肌、股方肌下的神经　M. 坐骨神经　N. 阴部神经　O. 会阴神经　P. 股后皮神经　Q. 小腿外侧皮神经　R. 腓总神经　S. 胫神经　T. 小腿后皮神经　U. 腓深神经　V. 腓浅神经　W. 足底外侧神经　X. 足底内侧神经　Y. 隐神经　Z. 腰荐神经背侧支

4．脑神经

共 12 对，其中第 6 ～ 12 对由延髓发出，第 5 对由脑桥发出，第 3 和第 4 对由中脑发出，第 2 对由间脑发出，第 1 对由大脑嗅球发出（图 1-8-11）。

第 1、2 和 8 对为感觉纤维，第 3、4、6、11 和 12 对为运动纤维，第 5、7、9 和 10 对为混合纤维。

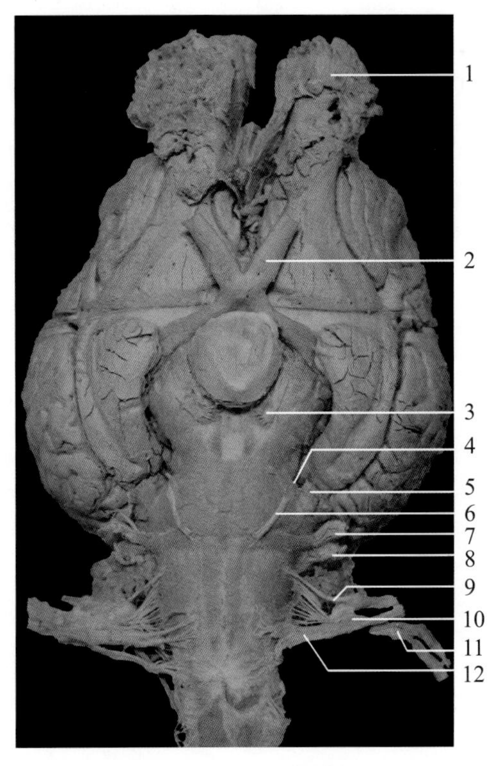

图 1-8-11　马脑神经

1. 嗅神经　2. 视神经　3. 动眼神经　4. 滑车神经　5. 三叉神经　6. 外展神经　7. 面神经　8. 前庭耳蜗神经　9. 舌咽神经　10. 迷走神经　11. 副神经　12. 舌下神经

5．植物性神经

植物性神经是分布于内脏器官、血管和皮肤的平滑肌、心肌和腺体等传出神经。由于这一系统的神经主要分布于内脏，所以也称内脏神经系，但内脏神经系还包括内脏、心血管和腺体的感觉神经。相对于植物性神经，前述的大部分脑神经、脊神经均属于躯体神经。植物性神经与躯体神经的传出神经相比较，具有下列一些结构和机能上的特点：支配对象不同；从中枢到效应器的神经元数目不同；神经元及纤维形态结构不同，其中躯体运动神经元为大型多极细胞，发出粗的有髓神经纤维，而植物性神经的节前和节后神经元多为中小型细胞，节前神经纤维为细的有髓神经纤维，节后神经纤维为细的无髓神经纤维；躯体运动神经一般都受意识支配，而植物性神经在一定程度上不受意识的直接控制，有相对的自主性；植物性神经根据中枢所在位置分为交感神经和副交感神经。

（1）交感神经：节前神经元胞体位于胸腰段脊髓灰质外侧柱内（图 1-8-12）。

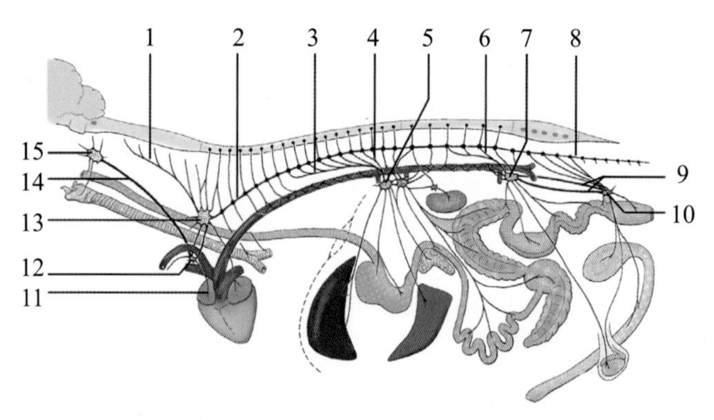

图 1-8-12 马交感神经示意图（引自陈耀星等，2009）

1. 椎神经 2. 交感干神经节节间支 3. 内脏大神经 4. 内脏小神经 5. 腹腔神经节和肠系膜前神经节 6. 腰内脏神经 7. 肠系膜后神经 8. 荐内脏神经 9. 腹下神经 10. 盆神经节 11. 颈心神经 12. 颈中神经节 13. 星状神经节 14. 颈部交感干 15. 颈前神经节

（2）副交感神经：节前神经元胞体位于脑干和荐部脊髓内，节后神经元位于其支配的器官内或附近（图 1-8-13）。

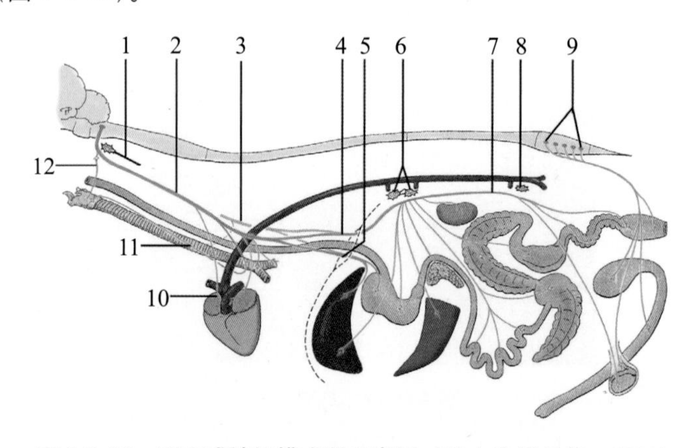

图 1-8-13 副交感神经模式图示意图（引自陈耀星等，2009）

1. 交感干 2. 左侧迷走神经 3. 右侧迷走神经 4. 迷走神经背侧干 5. 迷走神经腹侧干 6. 腹腔神经节和肠系膜前神经节 7. 腹部迷走神经 8. 肠系膜后神经节 9. 盆神经 10. 减压神经 11. 左侧返神经 12. 喉前神经

三、作业

请绘制颈部交感神经和副交感神经分布图。

（中国农业大学 曹静）

第九章　内分泌系统

一、实验目的

（1）了解内分泌系统的组成及作用。

（2）掌握独立内分泌腺的位置、形态及主要功能。

二、实验内容

（一）内分泌系统的组成及作用

内分泌系统由内分泌腺、内分泌组织和内分泌细胞构成。分泌的特殊化学物质统称为激素，通过毛细血管或毛细淋巴管直接进入血液或淋巴，随血液循环传递到全身作用于相应的靶器官（靶细胞）。

（二）主要内分泌腺的位置、形态及功能

1. 脑垂体

脑垂体是体内重要的内分泌腺，它与下丘脑有直接联系，并与其他内分泌腺有密切的生理联系。脑垂体为一卵圆形小体，位于脑的底部，蝶骨构成的垂体窝内，借漏斗连于下丘脑。垂体可分为神经垂体和腺垂体，其中腺垂体包括结节部、中间部和神经部。

2. 松果体

松果体是一红褐色坚实的豆状小体，位于中脑四叠体与丘脑之间，以柄连于丘脑上部，分泌的褪黑激素与动物生长和性腺发育有关。

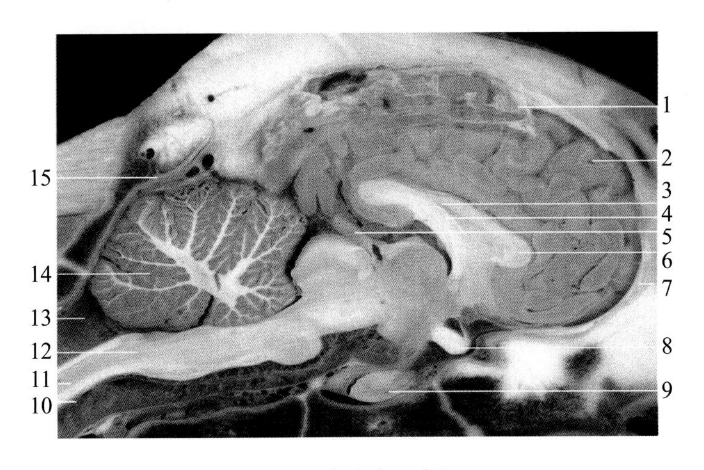

图 1-9-1　牛脑旁正中切面

1. 大脑镰　2. 额叶　3. 透明膈　4. 穹窿　5. 松果体　6. 胼胝体　7. 筛板　8. 视神经（Ⅱ）　9. 垂体　10. 脊硬膜　11. 脊髓　12. 延髓　13. 小脑延髓池　14. 小脑　15. 脑硬膜

3．肾上腺

红褐色，位于左、右肾内侧前方。牛右肾上腺呈心形，左肾上腺呈肾形。马肾上腺呈扁椭圆形。猪肾上腺长而窄，表面有沟（图 1-9-2）。不同家畜肾上腺见图 1-9-3。

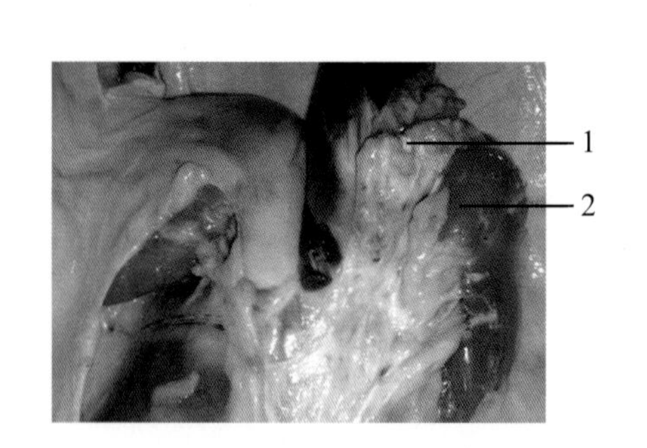

图 1-9-2　猪肾上腺

1. 左侧肾上腺　2. 左肾

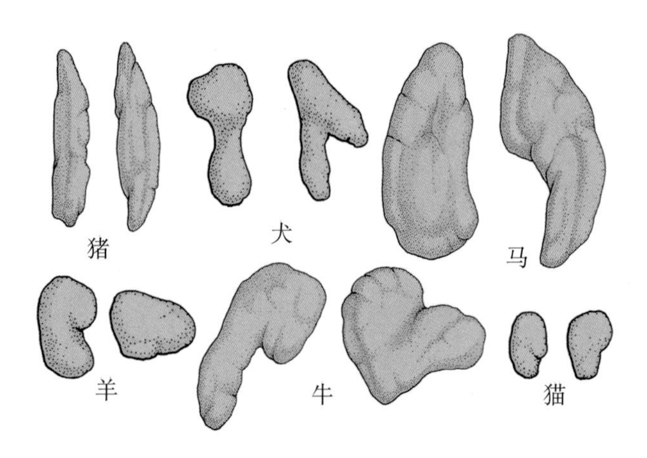

图 1-9-3　不同家畜肾上腺示意图（引自陈耀星等，2009）

4．甲状腺

甲状腺位于喉后方，气管的两侧和腹侧面。分泌甲状腺激素，促进机体新陈代谢和生长发育（图 1-9-4）。

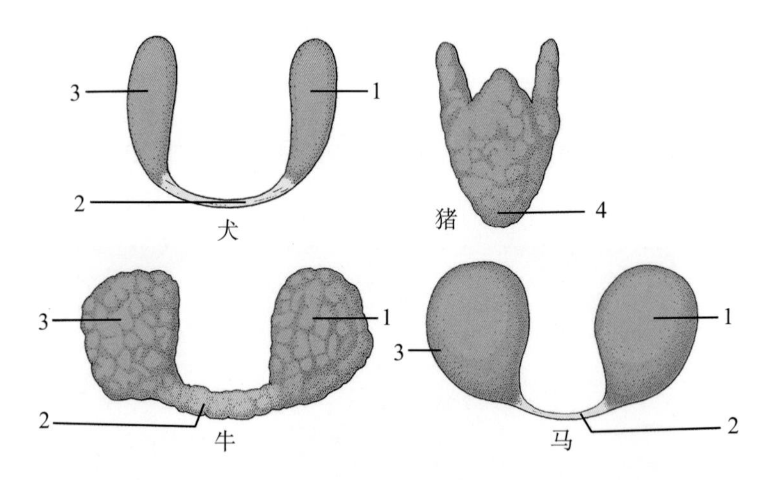

图 1-9-4　不同家畜甲状腺示意图（引自陈耀星等，2009）

1. 右叶　2. 腺峡　3. 左叶　4. 后，尖端

牛甲状腺的侧叶较发达，色较浅，呈不规则三角形，腺峡较发达。

马的甲状腺由两个侧叶和峡构成，侧叶呈红褐色，卵圆形，腺峡不发达。

猪甲状腺的侧叶和腺峡结合为一整体，呈深红色，位于胸前口处气管的腹侧面。

羊甲状腺见图 1-9-5。

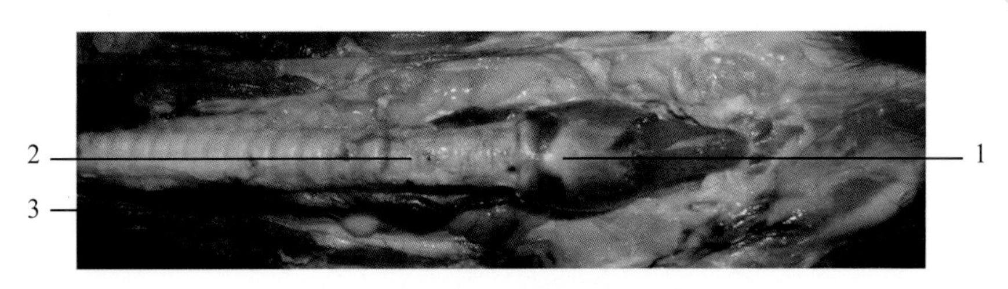

图 1-9-5　羊甲状腺（引自陈耀星等，2013）

1. 甲状软骨　2. 气管　3. 甲状腺

5．甲状旁腺

甲状旁腺很小，位于甲状腺附近，呈圆形或椭圆形，能分泌甲状旁腺激素，调节钙磷代谢。

牛甲状旁腺有内、外两对：外甲状旁腺在甲状腺前方，颈总动脉附近；内甲状旁腺在甲状腺内侧面的背侧缘附近。

马甲状旁腺有前、后两对：前对多位于甲状腺前半部与气管间；后对常位于颈后部气管的腹侧。

猪甲状旁腺只有一对，常位于甲状腺前方。

三、作业

1．简述内分泌系统的组成。

2．比较牛、马、猪独立内分泌腺的结构差异。

（河南科技大学　位兰）

第十章　感觉器官

一、实验目的

1．掌握眼球及其辅助器官（眼睑、泪器和眼球肌）的结构和功能。

2．掌握耳的结构和功能。

二、实验内容

（一）视觉器官——眼的解剖

眼由眼球及辅助器官两部分组成。

1．眼球

位于眼眶内，由眼球壁与其内容物所组成，如图 1-10-1 所示。

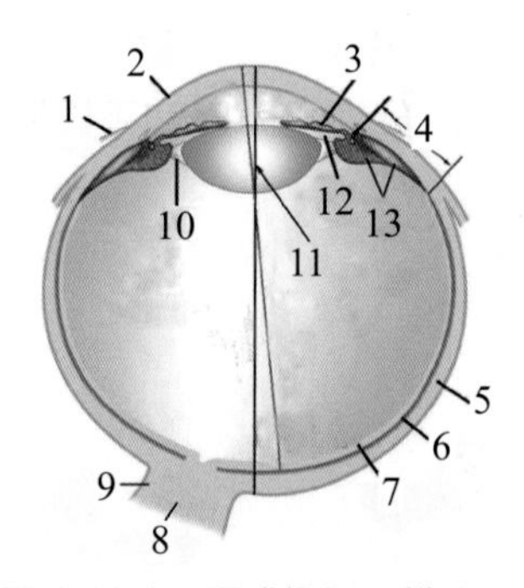

图 1-10-1　眼球纵切面模式图

1. 结膜　2. 角膜　3. 虹膜　4. 睫状体　5. 巩膜　6. 脉络膜　7. 视网膜　8. 视神经　9. 脑硬膜　10. 悬韧带　11. 晶状体中心　12. 眼后房　13. 睫状肌

（1）眼球壁：分为三层，由外向内顺次为纤维膜、血管膜和视网膜。

①纤维膜：纤维膜厚而坚韧，由致密结缔组织构成，为眼球的外壳。可分为前方的角膜和后方的巩膜。

a. 角膜：位于纤维膜前 1/5 部分，无色透明，是眼球的主要趋光介质。

b. 巩膜：占纤维膜后部约 4/5 部分，为白色坚韧不透明的厚膜。

②血管膜：血管膜由后向前分为脉络膜、睫状体和虹膜三部分。

a. 脉络膜：位于眼球壁的后 2/3，在睫状体后部，衬于巩膜的内面。

b. 睫状体：是血管膜中部的增厚部分，呈环状围于晶状体周围，前方连接虹膜根，后方与脉络膜相连。

c. 虹膜：是血管膜的最前部，位于睫状体前方，呈圆盘状。中央有一孔，是光线进入眼球的通道，称为瞳孔。虹膜肌有两种，一种环绕在瞳孔周围，称缩瞳肌；另一种呈放射形排列，称扩瞳肌。

③视网膜：视网膜是眼球壁的最内层。可分为视部和盲部，二者交界处呈锯齿状，称锯齿缘。

a. 视部：衬于脉络膜的内面，且与其紧密相连，薄而柔软。

b. 盲部：无感光能力，外层为色素上皮，内层无神经元。被盖在睫状体及虹膜的内面。

(2) 眼球内容物：眼球内容物是眼球内一些无色透明的折光结构，包括晶状体、眼房水和玻璃体，它们与角膜一起组成眼的折光系统。

①晶状体：呈双凸透镜状，透明而富有弹性，位于虹膜和玻璃体之间。

②眼房水和眼房：眼房是位于角膜和晶状体之间的腔隙，被虹膜分为眼前房和眼后房。眼房水为无色透明液体，充满于眼房内。

③玻璃体：玻璃体为无色透明的胶冻状物质，充满于晶状体与视网膜之间。

(3) 眼的屈光装置：角膜、房水、晶状体和玻璃体四部分统称为眼的屈光装置，其共同特点是无色、透明，允许光线通过。

2. 眼的辅助装置

眼的辅助装置有眼睑、泪器、眼球肌和眶骨膜。

(1) 眼睑：眼睑位于眼球前面，分为上眼睑和下眼睑。

第三眼睑又称瞬膜，为位于眼内角的结膜褶。

(2) 泪器：泪器由泪腺和泪道组成。泪腺位于眼球的背外侧，开口于上眼睑结膜囊内。泪道为泪液排出的管道。

(3) 眼球肌：眼球肌是一些使眼球灵活的骨骼肌，共有 7 条，即上、下、内、外 4 条直肌，上、下 2 条斜肌和 1 条眼球退缩肌。

眼球及其辅助装置如图 1-10-2 所示。

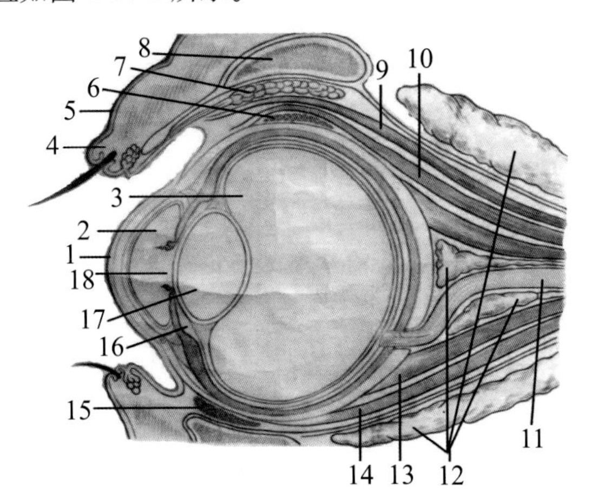

图 1-10-2 眼球辅助结构（马体解剖图谱，1979）

1. 角膜 2. 眼前房 3. 玻璃体 4. 上眼睑 5. 皮肤 6. 上斜肌 7. 泪腺 8. 额骨 9. 上眼睑提肌 10. 上直肌 11. 视神经 12. 脂肪 13. 眼球退缩肌 14. 下直肌 15. 下斜肌 16. 眼后房 17. 晶状体 18. 瞳孔

（二）位听器官——耳的解剖

1．耳包括外耳、中耳和内耳三部分（图 1-10-3）

（1）外耳：包括耳廓、外耳道、鼓膜三部分。

①耳廓：一般呈圆筒状，上端较大，开口向前；下端较小，连于外耳道。

②外耳道：是耳廓基部到鼓膜的一条管道。

③鼓膜：是构成外耳道的一片椭圆形的半透明薄膜。

（2）中耳：包括鼓室、听小骨和咽鼓管三部分。

①鼓室：位于岩颞骨内部不规则的小腔。

②听小骨：鼓室内有三块听小骨，与鼓膜接触的称为锤骨，与内耳前庭窗相连的称为镫骨，连于两骨之间的称为砧骨。

③咽鼓管：为中耳与鼻咽部的通道。

（3）内耳：是盘曲于岩颞骨内的管道系统，由骨迷路和膜迷路构成。

①骨迷路：骨迷路包括前庭、骨性半规管和耳蜗三部分，系颞骨岩部内不规则的腔隙和隧道，腔面覆以骨膜。

②膜迷路：是一系列膜性管和囊，悬于骨迷路内。

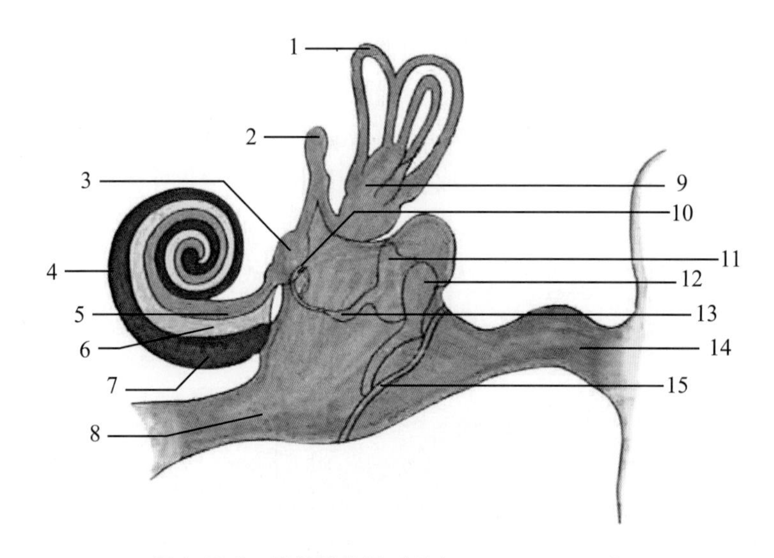

图 1-10-3　耳的结构图（引自 Popesko，1985）

1. 半规管　2. 前庭导水管　3. 囊球　4. 耳蜗　5. 前庭阶　6. 骨半规管　7. 鼓室阶　8. 咽鼓管
9. 椭圆囊　10. 前庭窗　11. 砧骨　12. 锤骨　13. 镫骨　14. 外耳道　15. 鼓膜

三、作业

在眼的图上对眼球壁和眼球内容物进行标注。

（北京农学院　胡格）

第十一章　被皮系统

一、实验目的

掌握皮肤的构造，了解乳房、蹄、角和毛等皮肤衍生物的结构特点。

二、实验内容

（一）皮肤的解剖

皮肤可分为表皮、真皮和皮下组织（图 1-11-1）。

（1）表皮：皮肤最表面的一层，由复层扁平上皮构成。

（2）真皮：位于表皮下面，是皮肤最主要、最厚的一层，由致密结缔组织构成，皮革就是由真皮鞣制而成的。

（3）皮下组织：在真皮下面，主要由疏松结缔组织构成，其中有较大的血管、淋巴管和神经。

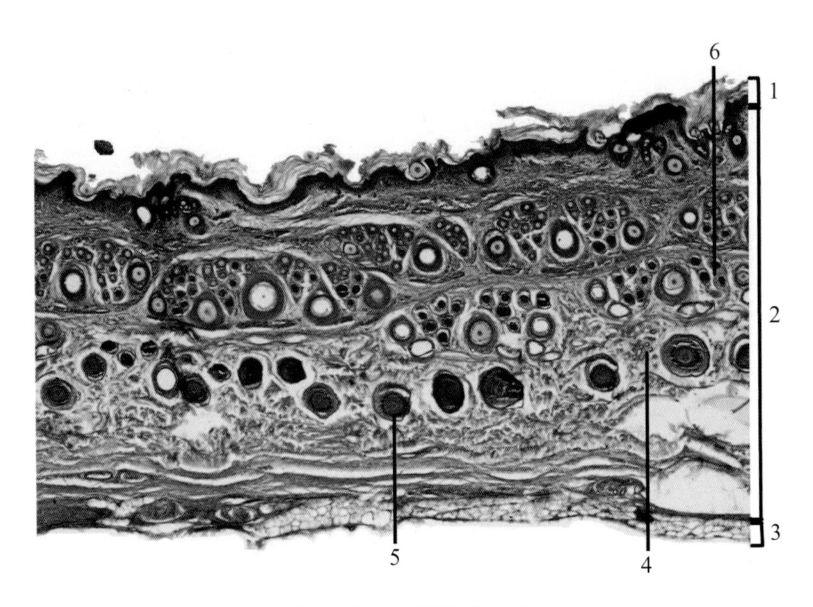

图 1-11-1　皮肤横切面

1. 表皮　2. 真皮　3. 皮下组织　4. 汗腺　5. 毛囊　6. 皮脂腺

（二）皮肤腺的解剖

皮肤腺是由表皮陷入真皮内形成的具有分泌功能的结构，包括汗腺、皮脂腺和乳腺。

1．汗腺

汗腺是位于真皮和皮下组织内的盘曲单管状腺，其结构可分导管部和分泌部。汗腺的主要机能是分泌汗液，以散发热量调节体温。

马和羊的汗腺发达，遍及全身；猪的汗腺较发达，蹄间分布最多；牛的汗腺以面部和颈部最显著，水牛的汗腺不及黄牛的发达；犬的汗腺不发达。

2. 皮脂腺

皮脂腺为分支泡状腺，位于真皮内，毛囊和立毛肌之间。在有毛的部位，其导管开口于毛囊；在无毛部位，则直接开口于皮肤表面。皮脂腺分泌脂肪，有润滑皮肤和被毛的作用。家畜除角、蹄、乳头及鼻唇镜等少数部位的皮肤无皮脂腺外，全身其他部位均有皮脂腺分布。绵羊和马的皮脂腺最发达，牛的皮脂腺次之，猪的皮脂腺不发达。

3. 乳腺

乳腺是由皮肤腺体衍生而来的复管泡状腺，为哺乳动物特有。雌雄均有乳腺，但只有雌性动物能充分发育，形成发达的乳房，且分娩后具有分泌乳汁的功能。每个乳腺都是一个完整的泌乳单位。不同动物乳房的特点

（1）牛乳房：整个乳房呈倒置圆锥状，悬吊于耻骨部腹下壁。牛乳房可分为：基部，紧贴腹壁；体部，居于中间；乳头部，游离的部分，有 4 个长圆锥形乳头，每个乳头有 1 个乳头管。牛乳房后部与阴门裂之间带有线状毛流的皮肤纵褶，称为乳镜，对鉴定产乳能力有重要意义（图 1-11-2, 图 1-11-3）。

（2）羊乳房：位置和结构与牛的相似，呈圆锥形，有一对乳区，有 1 对圆锥形的乳头。

（3）马乳房：与羊的相似，有一对乳区，有 1 对扁平的乳头，每个乳头有 2 个乳头管。

（4）猪乳房：成对排列于腹白线两侧，位于胸后部、腹部和腹股沟部，分为两行，常有 5 ~ 8 对，每个乳房有 1 个乳头，每个乳头有 2 ~ 3 个乳头管。

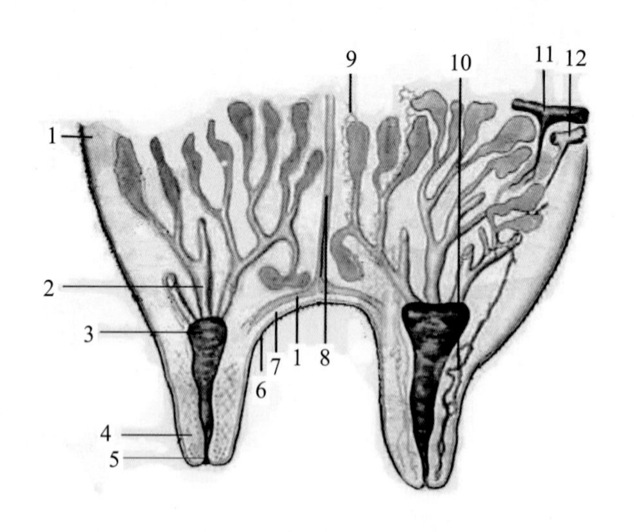

图 1-11-2　牛乳房的构造示意图

1. 乳房深筋膜　2. 乳腺乳池　3. 乳头乳池　4. 乳头管周围平滑肌　5. 乳头管　6. 皮肤
7. 乳房浅肌膜　8. 乳房悬韧带　9. 神经　10. 乳房静脉丛　11. 动脉　12. 静脉

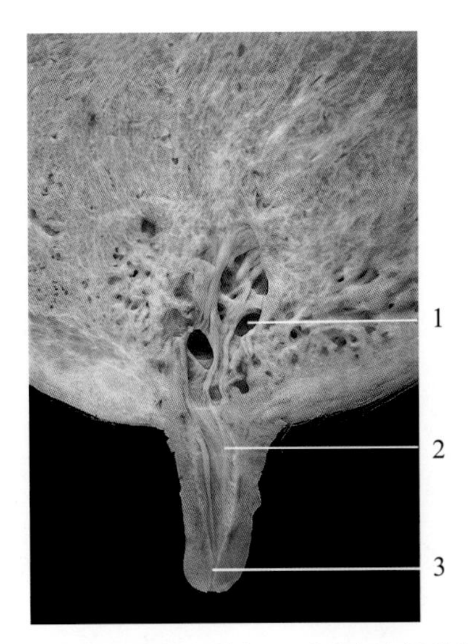

图 1-11-3　奶牛乳头的矢状切面（引自陈耀星等，2009）

1. 腺乳窦　2. 乳头乳窦　3. 乳头管

（三）蹄和枕的解剖

1．枕和蹄的形态结构

（1）蹄：是指（趾）端着地的部分，由皮肤演变而成。蹄分蹄匣、肉蹄、皮下组织。蹄匣由表皮特化形成，分蹄缘、蹄冠、蹄壁和蹄底四部分。蹄缘是蹄与皮肤相连接的部分；蹄冠指位于蹄缘下方、蹄壁上缘内侧的沟；蹄壁构成蹄的背侧壁、内侧壁和外侧壁，内壁存在许多纵行、平行的蹄小叶；蹄底位于蹄匣的底面，内壁有密集的小凹。肉蹄有真皮特化形成，分肉缘、肉冠、肉壁、肉底，肉缘指与真皮相连接的部分；肉冠指与蹄冠沟对应隆起；肉壁指与蹄壁对应的部位，有与蹄小叶相嵌的肉小叶；肉底为与蹄底相接触的部分，有密集的绒毛（图 1-11-4，图 1-11-5）。

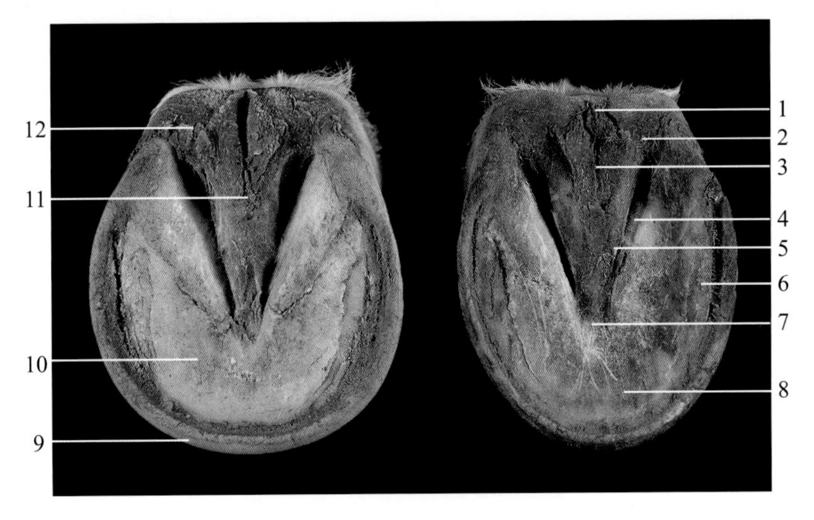

图 1-11-4　马前蹄的圆形底面（左侧）和后蹄的椭圆形底面（右侧）（引自陈耀星等，2009）

1. 凹入缘　2. 蹄叉底　3. 蹄叉中央沟　4. 叉旁沟　5. 叉状脚　6. 蹄脚　7. 蹄叉尖　8. 蹄底体　9. 蹄底缘　10. 蹄底　11. 蹄叉　12. 踵球

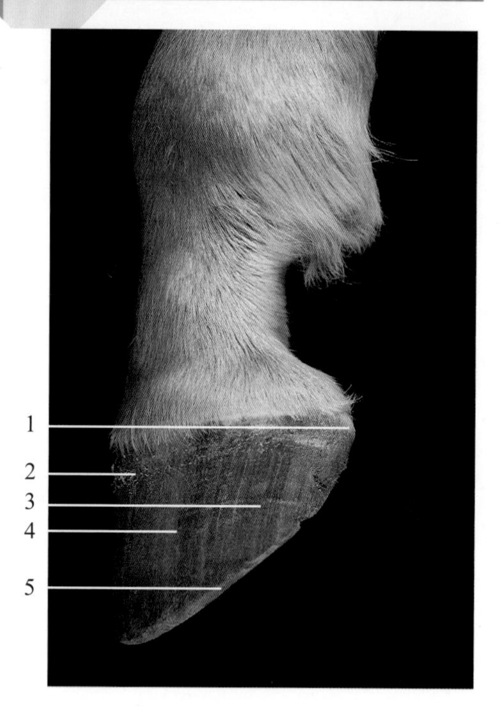

A. 外侧面观

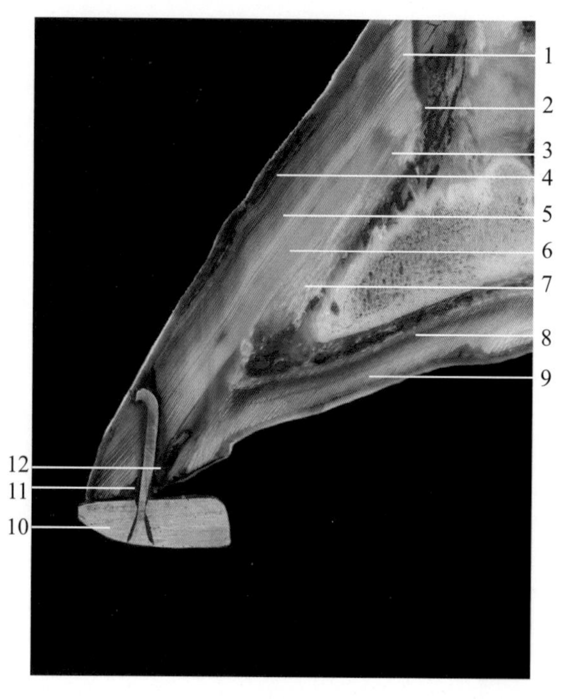

B. 马蹄背侧部纵切面

图 1-11-5　马蹄侧面观（引自陈耀星等，2009）

A：1. 外侧掌缘　2. 背侧部　3. 踵　4. 蹄面　5. 蹄底缘

B：1. 带有蹄缘乳头的蹄垫　2. 带有冠状乳头的冠状垫　3. 近嵴乳头　4. 外侧蹄冠　5. 中间蹄冠　6. 内侧蹄冠　7. 真皮表层　8. 蹄底乳头　9. 蹄底　10. 马蹄铁　11. 蹄白线　12. 角质末梢

（2）枕：可分为腕（跗）枕、掌（跖）枕和指（趾）枕，分别位于腕（跗）部、掌（跖）部和指（趾）部的内侧面、后面和底面。掌行动物有发达的腕（跗）枕、掌（跖）枕和指（趾）枕；蹄行动物（牛、羊和猪）的指（趾）枕发达，其他枕则退化或消失（图 1-11-6，图 1-11-7）。

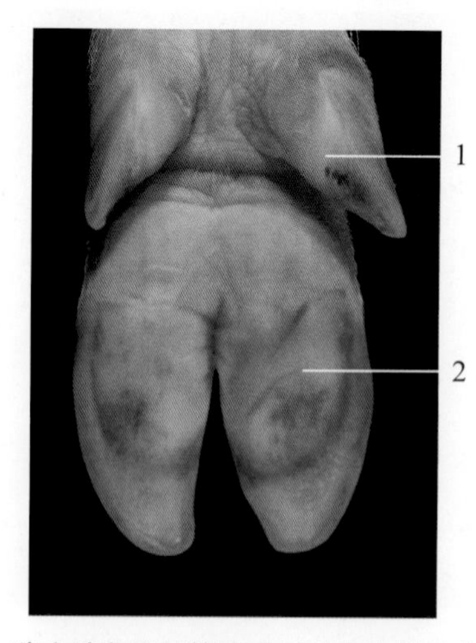

图 1-11-6　猪主蹄和悬蹄的蹄球（引自陈耀星等，2009）

1. 第 5 指（趾）垫（悬蹄垫）　2. 第 4 指（趾）垫

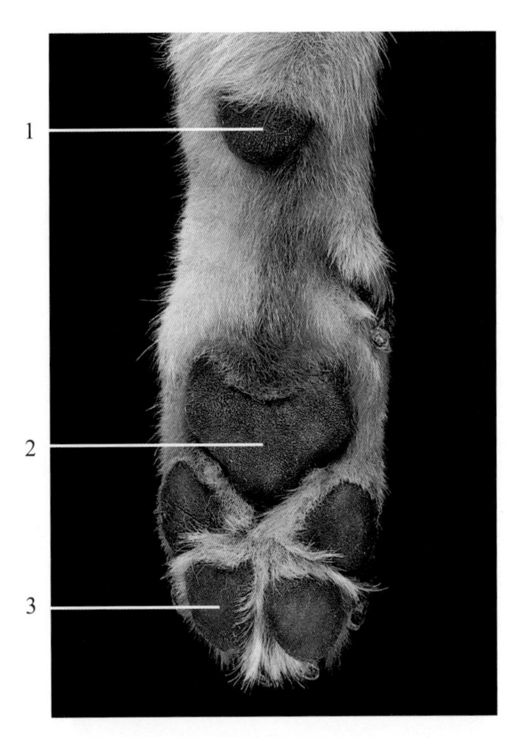

A. 犬的足垫

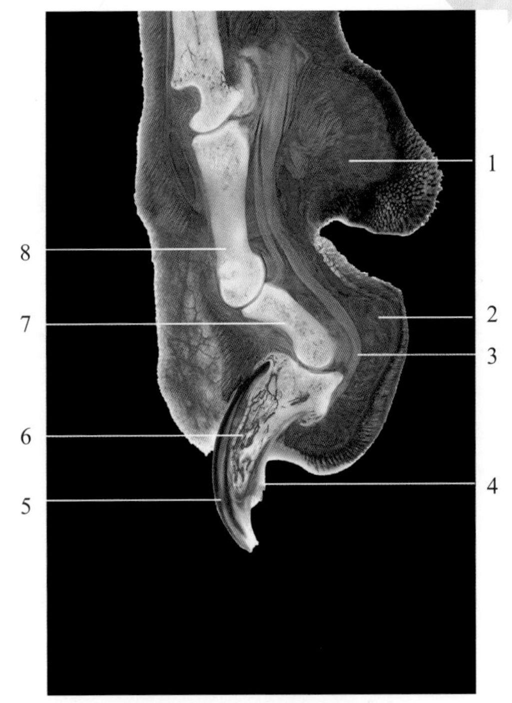

B. 犬指矢状面

图 1-11-7　犬指（引自陈耀星等，2009）

A：1. 腕垫　2. 掌垫　3. 指（趾）垫

B：1. 掌垫　2. 指（趾）垫　3. 指（趾）深屈肌腱　4. 角质底　5. 爪壁　6. 远指（趾）节骨　7. 中指（趾）节骨　8. 近指（趾）节骨

（四）角的解剖

反刍动物额骨两侧有一对角突，其表面覆盖的皮肤衍生物，称为角，由角表皮和角真皮构成。角可分角根、角体和角尖三部分。

三、作业

1．描述皮肤的构造。

2．对牛乳腺图进行简单的标注。

（北京农学院　胡格）

第十二章　鸡的解剖

一、实验目的

熟悉鸡各系统器官的解剖结构和名称。

二、实验内容

（一）鸡的解剖步骤与方法

（1）先观察羽毛、肉髯、耳叶、喙、鳞片、翼、爪等皮肤衍生物（图 1-12-1）。

图 1-12-1　鸡

1. 鸡冠　2. 喙　3. 肉髯　4. 翼　5. 鳞片　6. 爪

（2）颈部放血处死。

（3）褪毛和气囊的观察。

把鸡放入热水中褪毛，褪毛后的鸡仰放在解剖台上，分离颈部皮肤找到气管切断，插入一细管吹气，使气囊充气鼓起，用止血钳夹住气管。从肛门下方纵切腹壁并向两侧分离至胸骨，剪断胸骨突和肋骨，向上掀起胸骨，暴露胸、腹腔器官，观察气囊并破坏之，仔细观察各内脏器官之间的自然位置、形状、颜色软硬以及与周围脏器的关系。

（二）鸡各组织器官的观察

1. 消化器官的观察

（1）口腔：切开两颊观看硬腭上有 2 个裂，前为腭裂（鼻后孔裂）、后为漏斗裂（咽鼓管口），无软腭，故口咽相连，叫口咽腔。

（2）食管：在胸前口处形成一膨大部叫嗉囊（图 1-12-2）。

（3）胃（腺胃和肌胃）：腺胃黏膜有许多乳头，肌胃黏膜形成角质层（俗称“鸡内金”或“肫皮”）（图 1-12-3）。

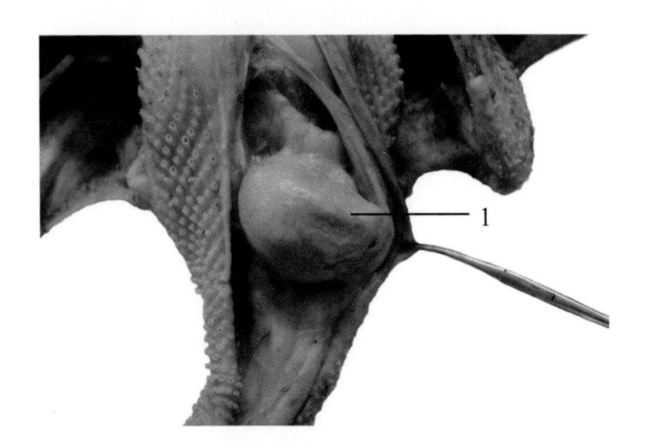

图 1-12-2　鸡嗉囊

1. 嗉囊

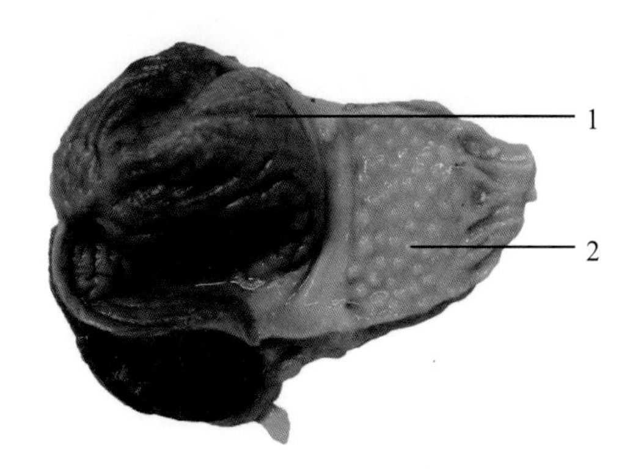

图 1-12-3　鸡胃

1. 角质层　2. 腺胃乳头

（4）小肠：十二指肠呈 U 形袢，袢内系膜中有胰（图 1-12-4），胰管 2 ～ 3 条开口于十二指肠末部，空肠中部上有一突起叫卵黄囊憩室（图 1-12-5），是胚胎时期卵黄囊柄的遗迹。回肠短而直，以回盲韧带与盲肠相连。

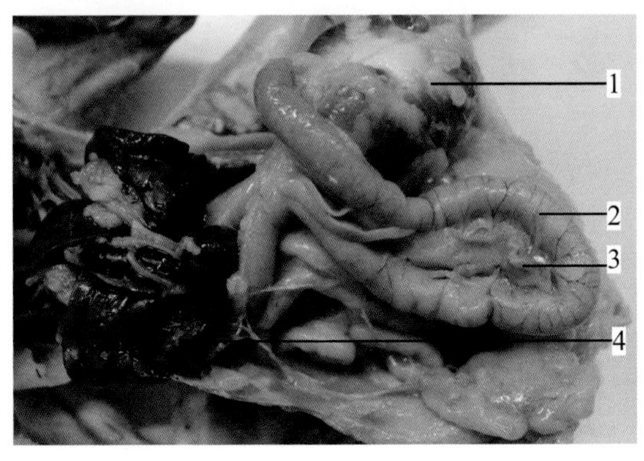

图 1-12-4　鸡小肠一

1. 肌胃　2. 十二指肠　3. 胰腺　4. 肝脏

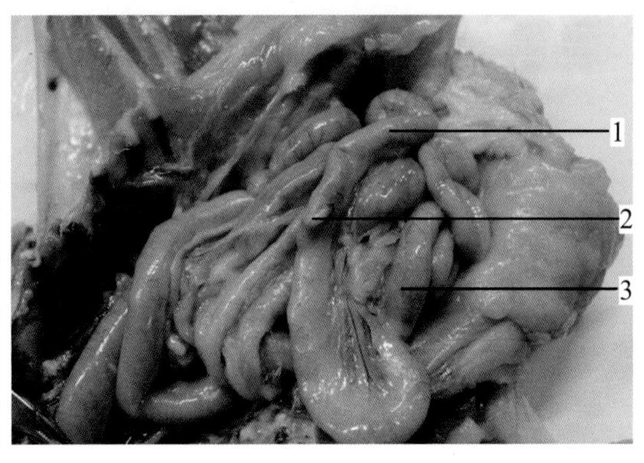

图 1-12-5　鸡小肠二

1. 空肠　2. 卵黄囊憩室　3. 回肠

（5）大肠：有 2 条盲肠和一短的结直肠（图 1-12-6）。

（6）泄殖腔：为鸡的特有器官，是消化、泌尿、生殖系统的共同通道，包括粪道、泄殖道、肛道。公鸡的泄殖道背侧有 4 个口（一对输精管开口，一对输尿管开口），母鸡为 3 个口（一个输卵管开口，一对输尿管开口）。肛道背侧为腔上囊。

(7) 肝：分左右两叶，有胆囊，以胆总管开口于十二指肠（图 1-12-7）。

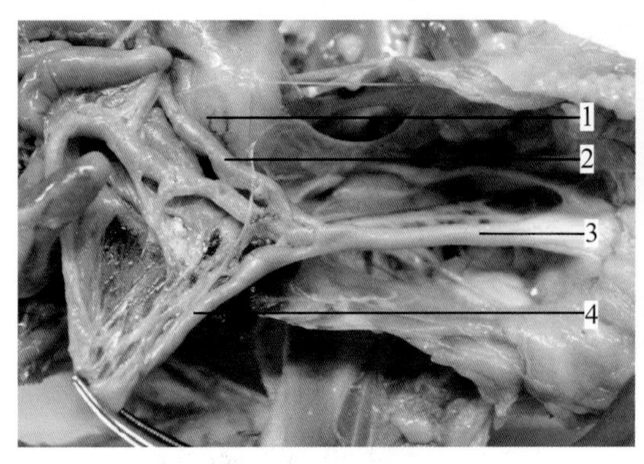

图 1-12-6 鸡大肠

1. 盲端 2. 盲肠 3. 结直肠 4. 盲肠

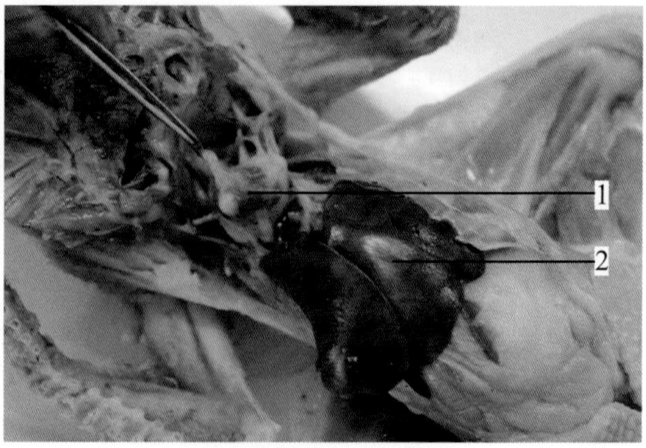

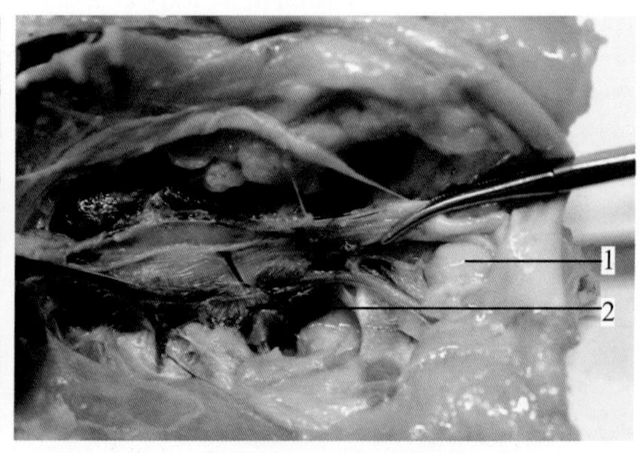

图 1-12-7 鸡肝

1. 心脏 2. 肝脏

(8) 胰：位于十二指肠袢内，以胰管开口于十二指肠。

2．呼吸器官的观察

鼻孔、鼻腔、鼻后孔、喉、气管、支气管（鸣管）肺、气囊（图 1-12-8）。

3．泌尿器官的观察

肾（前、中、后肾）、输尿管→泄殖道（鸡无膀胱和尿道，尿液随粪便排出）（图 1-12-9）。

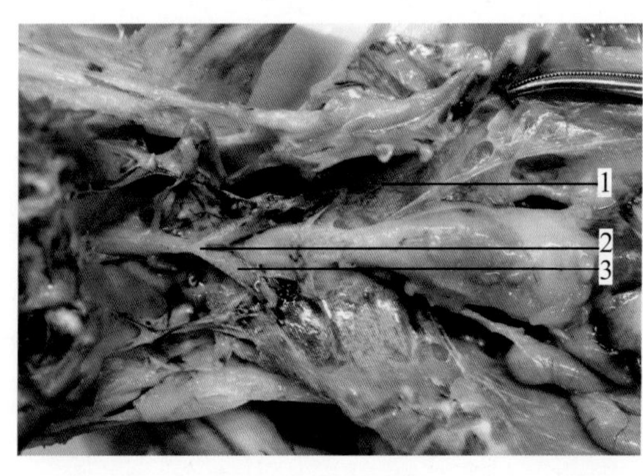

图 1-12-8 鸡肺

1. 肺 2. 鸣骨 3. 支气管

图 1-12-9 鸡肾

1. 法氏囊 2. 肾

4．公鸡生殖器官的观察

睾丸和附睾位于腹腔内，无阴囊、尿生殖道和副性腺，输精管→泄殖道，交配器官（三个阴茎体，一对淋巴褶和一对血管体）（图 1-12-10）。

图 1-12-10　鸡生殖器官

1. 睾丸　2. 脾脏　3. 肌胃

5．母鸡生殖器官的观察

左侧卵巢（右侧退化）、输卵管→泄殖道。输卵管分五部，即漏斗部、膨大部、峡部、子宫部、阴道部。

鸡蛋的形成过程及部位卵巢排出的卵子（卵黄）进入漏斗部受精，其分泌物形成卵系带（接纳卵子和形成卵系带）；膨大部（蛋白分泌部），形成卵白；峡部形成壳膜；子宫部形成稀蛋白和蛋壳；阴道部形成蛋壳表面角质。

6．心脏及大血管

先观察心包的形状、大小、硬度、然后切开左右心室和心房，观察室内及房内的形状及其瓣膜。

7．脑的解剖

寰枕关节处分离头与颈椎后，分离头部皮肤及软组织，由枕骨大孔至眼眶上缘剪断，再剪断左右上眼眶间的顶骨暴露出大脑和小脑，剪断其周围的血管和神经，取出脑，观察脑的大小、形状，然后从各个切面观察。

三、作业

1．简述鸡的解剖过程。
2．简述鸡蛋的形成过程。
3．绘图说明泄殖腔与腔上囊的结构关系。

（河南科技大学　张自强）

第二篇

组织胚胎学部分

ZUZHIPEITAIXUEBUFEN

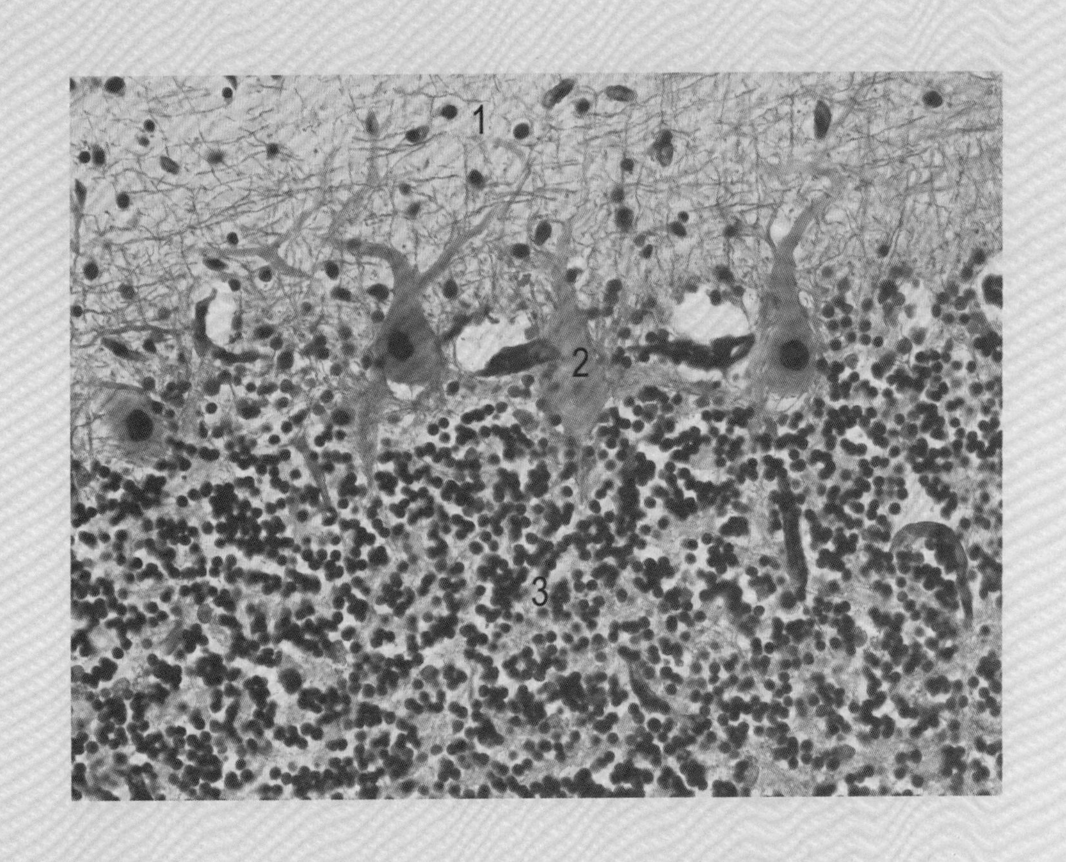

第一章　细胞

一、实验目的

⑴ 通过光镜观察不同大小和形态的细胞。

⑵ 掌握细胞的基本结构，认识各种细胞器的超微结构。

二、实验内容

（一）圆形细胞

切片：猫、猪或羊的卵巢切片，冠状切面，多聚甲醛或 Bouin 氏液固定，石蜡切片，HE 染色。

（1）肉眼观察：标本为卵圆形，紫红色。卵巢周边的部分为皮质部，较厚，染色深，可见大小不等的泡状结构即卵泡；髓质狭小，位于中央，结构疏松，着色浅。

（2）低倍观察：选择一个结构完整的卵泡置于视野中央。

（3）高倍观察：卵泡中央体积较大的细胞是初级卵母细胞。初级卵母细胞呈圆形，细胞质嗜酸性，细胞核大而圆，核内染色质稀疏，核仁明显（图 2-1-1）。

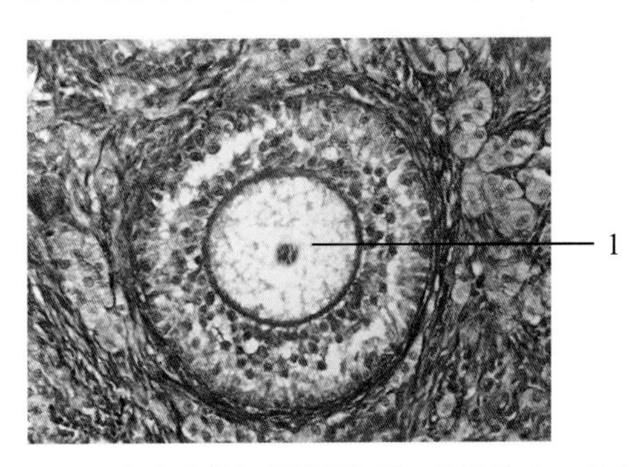

图 2-1-1　卵泡中的初级卵母细胞（HE 染色，400×）

1. 初级卵母细胞

（二）柱状细胞

切片：十二指肠切片，横切面，多聚甲醛或 Bouin 氏液固定，石蜡切片，HE 染色。

（1）肉眼观察：标本为长条状或圆形，不平整的一面为腔面，呈蓝紫色的一层为黏膜层，其余为肠壁其他层，本实验主要观察黏膜部分。

（2）低倍镜观察：找到十二指肠的黏膜层，其中伸到肠腔内的突起为肠绒毛，选择结构清晰的肠绒毛置于视野中央。

（3）高倍镜观察：在肠绒毛表面，细胞单行且紧密排列的即为柱状细胞，细胞呈柱状，核椭圆，靠近细胞基底部（图 2-1-2）。

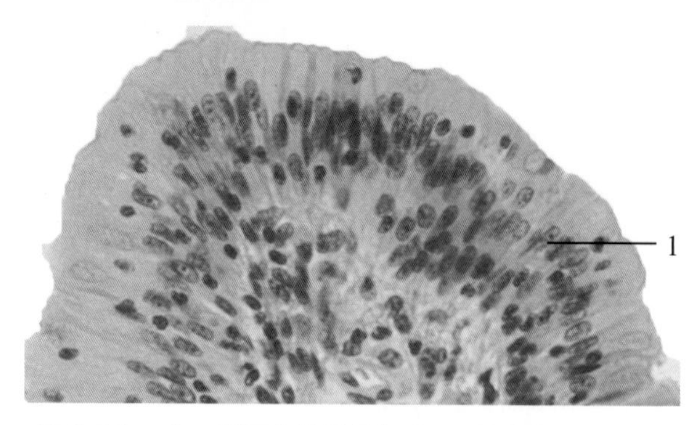

图 2-1-2　十二指肠中的柱状细胞（HE 染色，400×）

1. 柱状细胞

（三）梭形细胞

装片：平滑肌分离装片。

（1）肉眼观察：标本为平滑肌分离装片，颜色较浅。

（2）低倍镜观察：将玻片中的组织置于显微镜视野中央，找到分离的平滑肌细胞，平滑肌细胞较小。

（3）高倍镜观察：平滑肌细胞呈长梭形，每个细胞只有一个细胞核，细胞核呈杆状或椭圆形，位于细胞中央（图 2-1-3）。

图 2-1-3　平滑肌分离装片（HE 染色，400×）

1. 平滑肌

（四）有突起的细胞

切片：兔或猫脊髓切片，横切面，多聚甲醛固定，石蜡切片，HE 染色（或镀银染色）。

（1）肉眼观察：脊髓横切面呈椭圆形，中央着色较红，呈蝴蝶形的结构为灰质，白质在灰质周围，着色较浅。本实验主要观察灰质部分。

（2）低倍镜观察：将灰质部分置于显微镜视野中央，可观察到许多体积较大的细胞，着紫蓝色，这种细胞称为神经细胞，神经细胞有很多突起。

（3）高倍镜观察：神经细胞体积较大，有突起从胞体发出，但由于切片关系，只能看到其中的数个突起，甚至观察不到突起。细胞核较大，呈圆形，着色较浅，核仁明显。胞质中可见到深蓝紫色块状呈颗粒状物质，称尼氏体（图 2-1-4）。

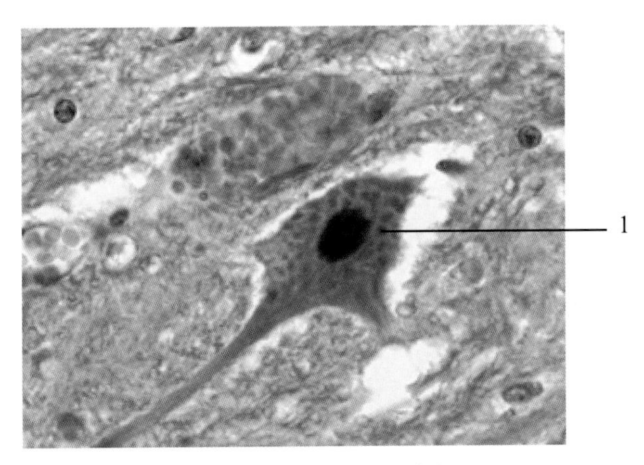

图 2-1-4　脊髓内神经元（HE 染色，1000×）

1. 神经元

（五）多角形细胞

切片：猪肝脏切片，多聚甲醛固定，石蜡切片，HE 染色。

（1）肉眼观察：标本染成紫红色，较均质的为实质性结构。

（2）低倍镜观察：找到呈多边形的肝小叶，小叶内较大的腔隙为中央静脉，在中央静脉的周围肝细胞呈条索状排列，即肝索。

（3）高倍镜观察：选择一个肝小叶在高倍镜下观察，肝索由 1 ～ 2 行肝细胞组成。肝细胞体积较大，为多边形，核大而圆，1 ～ 2 个，位于细胞中央，胞质嗜酸性，其内可见嗜碱性颗粒（图 2-1-5）。

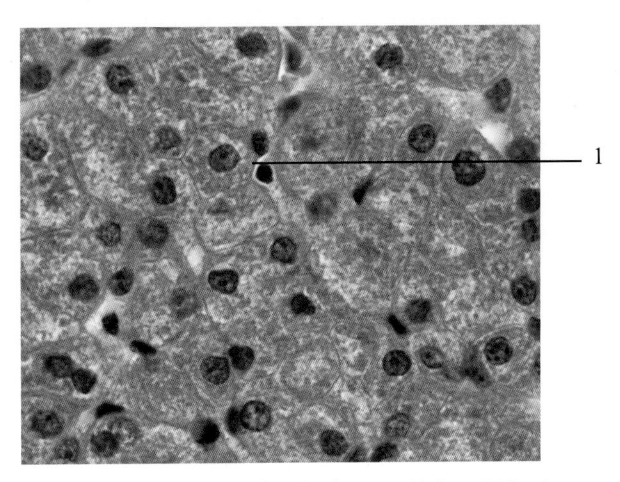

图 2-1-5　猪肝脏内肝细胞（HE 染色，400×）

1. 肝细胞

三、作业

1．高倍镜下绘图：示卵细胞的构造。标注：细胞膜、细胞质、细胞核、核膜和核仁。

2．高倍镜下绘图：示神经细胞的构造。标注：胞体、胞突、胞核。

（华中农业大学　宋卉）

第二章　上皮组织

一、目的要求

通过使用显微镜观察组织学标本，要求掌握被覆上皮的结构特点和分布规律，巩固和加深各类被覆上皮的结构特征并加以区别。

二、实验内容

1．单层立方上皮

切片：猪甲状腺切片，HE 染色。

低倍镜下可见甲状腺是由许多圆形或不规则圆形的滤泡构成，滤泡之间有毛细血管网。选择一个典型的部位转换高倍镜观察。

在高倍镜下，可见滤泡由单层立方上皮细胞围成，立方细胞的胞核呈球形，位于细胞的中央。在滤泡中央有被染成红色的、均质状胶质（图 2-2-1）。

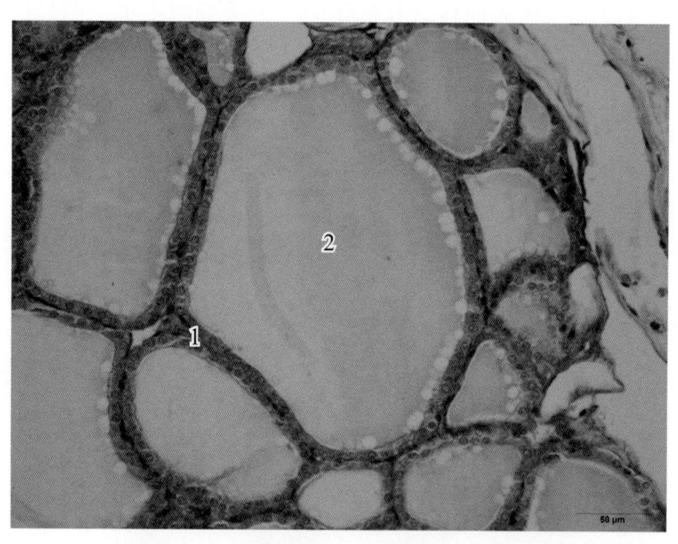

图 2-2-1　猪甲状腺（HE 染色，400×）

1. 立方细胞　2. 胶质

2．单层柱状上皮

切片：兔十二指肠切片，HE 染色

肉眼观察小肠呈圆形或长条形。在低倍镜下，有许多指状突起的一面为腔面，这些突起叫肠绒毛。肠绒毛表面被覆着单层柱状上皮。选择一个结构完整的小肠绒毛移至视野中央，转换高倍镜观察。

高倍镜下，可见单层柱状上皮由一层排列紧密而整齐的柱状细胞构成，在柱状细胞之间夹杂有少量呈高脚酒杯状的杯状细胞。柱状细胞的胞核为椭圆形，嗜碱性呈深蓝色，位于细胞的中央，胞质嗜酸性，呈红色，转动细准焦螺旋可见在细胞的游离端有一层深红色的结构，即为纹状缘。杯状细胞为单细胞腺，顶部因含有大量的黏原颗粒而膨大成杯状，由于 HE 染色黏原颗粒不着色因而呈空泡状，杯状细胞的基部较小，有一形态不规则或新月状的细胞核（图 2-2-2）。

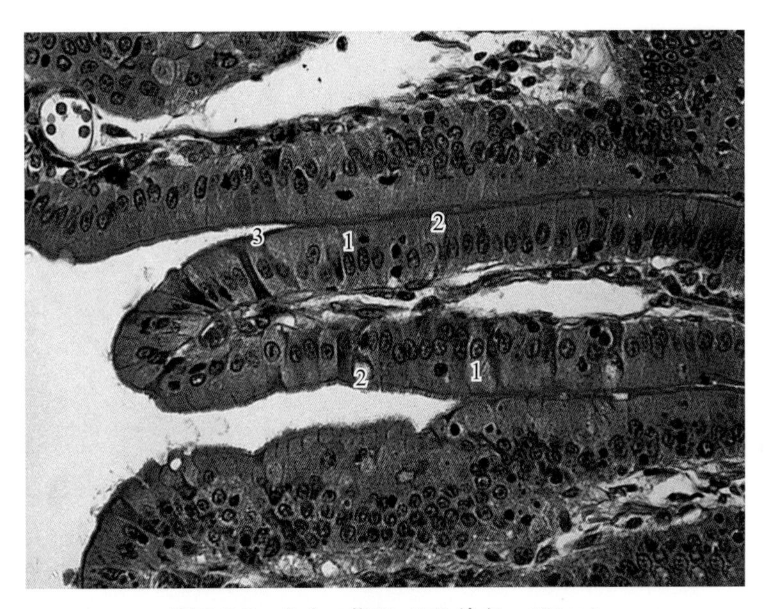

图 2-2-2　兔十二指肠（HE 染色，400×）

1. 柱状细胞　2. 杯状细胞　3. 纹状缘

3．假复层柱状纤毛上皮

切片：气管切片，HE 染色。

肉眼观察气管呈圆形或长条形。在低倍镜下，可见气管的腔面由高低不一、形态多样的细胞紧密排列而成，细胞核排列在不同的水平面上，形似复层。选择一个切得较垂直的部位，移至视野中央，转换高倍镜观察。高倍镜下可见上皮由柱状细胞、杯状细胞、梭形细胞和锥形细胞组成，但每个细胞的底部均附着于基膜上，故称假复层。

柱状纤毛细胞数量较多，游离端较宽，到达腔面，表面有大量纤毛，胞核呈卵圆形，位于细胞较粗的部位。杯状细胞位于柱状纤毛之间，呈高脚酒杯状，顶端无纤毛，胞质弱嗜碱性，着色较淡；胞核呈新月状，位于杯底部。梭形细胞位于上皮中间，核椭圆，着色较深。锥形细胞位于基底部，细胞轮廓不大清楚，核圆形或椭圆形，着色较深（图 2-2-3）。

4．复层扁平上皮

切片：食管切片，HE 染色。

肉眼观察食管呈圆形或长条形，染成蓝紫色的一面为腔面。

低倍镜下找到腔面的复层扁平上皮，可见上皮较厚，由多层细胞组成。上皮基底面凸凹不平，呈波浪状。选择一个清晰而完整的部分，转移至视野中央，以高倍镜观察。

在高倍镜下，从腔面向外，上皮细胞可分为3层，表层由数层扁平细胞构成，细胞核由于角化程度不同，有的固缩深染，有的变小甚至消失。中间层细胞是由数层排列极不整齐的多角形或梭形的细胞构成，细胞核椭圆形或扁平形。基底层细胞与基膜相连，呈低柱状或立方形，细胞核球形，着色深，胞质弱嗜碱性，细胞较幼稚，具有旺盛的分裂能力（图2-2-4）。

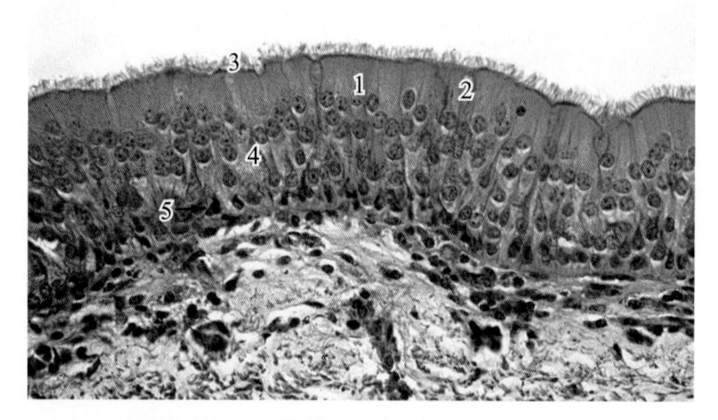

图2-2-3 气管纵切（HE染色，400×）

1. 柱状纤毛细胞 2. 杯状细胞 3. 纤毛 4. 梭形细胞 5. 锥形细胞

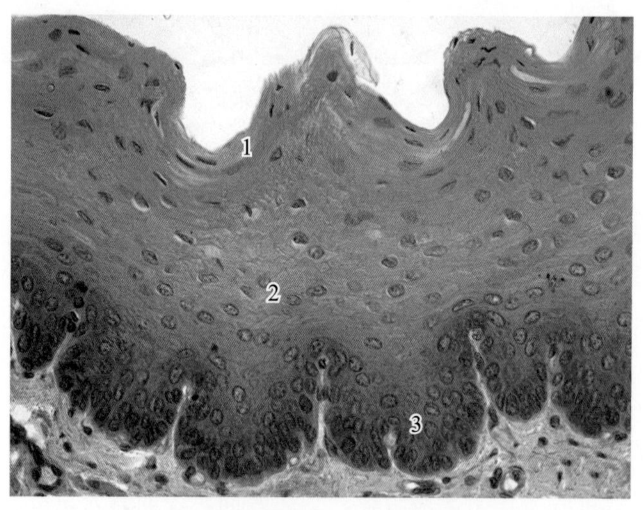

图2-2-4 食管横切（HE染色，400×）

1. 表层细胞 2. 中间层细胞 3 基底层细胞

三、作业

绘制高倍镜下观察的任一上皮组织结构图并标注。

（河南科技学院 余燕）

第三章　结缔组织

一、实验目的

（1）掌握固有结缔组织的形态结构特点。

（2）掌握骨组织及软骨组织的结构。

（3）掌握畜禽血液中有形成分的形态特征。

二、切片观察

1. 疏松结缔组织（图 2-3-1）

铺片：肠系膜铺片，HE 染色及特殊的弹性纤维染色法复染。

低倍镜观察：可见淡红色且粗细不等的胶原纤维和深紫色纤细的弹性纤维纵横交错，纤维间散在大量的细胞。选择较薄的区域，置于高倍镜下观察。

高倍镜观察：

（1）胶原纤维：数量多，成束分布，着色浅，呈淡红色，波浪状且有分支，相互交织成网。

（2）弹性纤维：数量少，着色深，深紫色，细而直，断端卷曲。

（3）成纤维细胞：数量最多，胞体大，具有多个突起，呈现星形或多角形的细胞。由于胞质染色极浅而细胞轮廓不清。胞核较大，呈椭圆形，常见 1 ~ 2 个明显的核仁。细胞多沿胶原纤维分布。

（4）巨噬细胞：也称组织细胞，形态多样，因其功能状态不同而变化，常见圆形或梭形，经台盼蓝活体染色后其胞质内可见蓝色吞噬颗粒。胞核小，椭圆形且染色较深，见不到核仁。

（5）肥大细胞：成群分布于毛细血管附近，胞体较大，呈卵圆形，淡染；胞核小，深染。甲苯胺蓝染色呈异染性，胞质含紫红色颗粒。

（6）浆细胞：健康结缔组织少见，胞体呈椭圆形，轮状核居于细胞一侧，胞质弱嗜碱性，核旁有一淡染区。

2. 致密结缔组织（图 2-3-2）

切片：肌腱，HE 染色。

低倍镜观察：大量平行排列的淡红色胶原纤维束和腱细胞。

高倍镜观察：腱细胞胞质少，胞核着色深，纵切面胞核呈细长状，横切面胞核呈扁圆形。

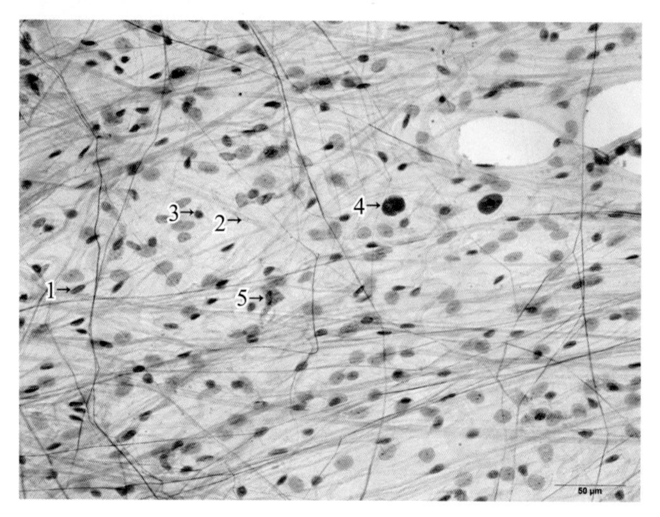

图 2-3-1 疏松结缔组织（肠系膜铺片，400×）

1. 纤维细胞 2. 胶原纤维 3. 淋巴细胞 4. 肥大细胞 5. 成纤维细胞

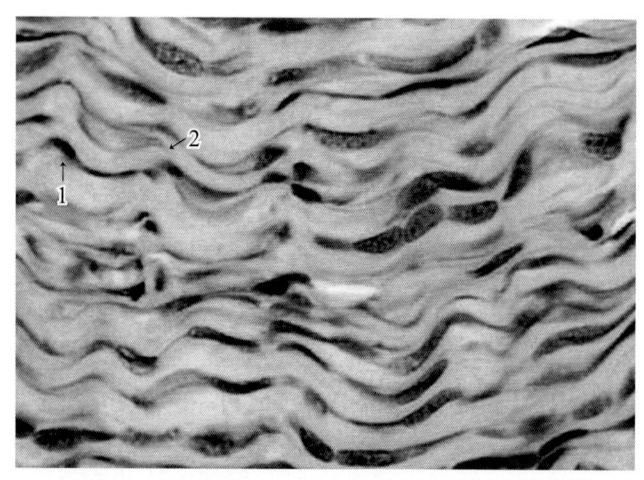

图 2-3-2 致密结缔组织（肌腱，HE 染色，400×）

1. 腱细胞核 2. 胶原纤维束

3．脂肪组织（图 2-3-3）

切片：皮下脂肪，HE 染色。

低倍镜观察：脂肪组织呈蜂窝状，由大量脂肪细胞及少量结缔组织和毛细血管构成。

高倍镜观察：脂肪细胞较大，胞质内充满脂滴，胞核被挤到边缘，染色深且呈扁平状，由于脂滴被溶去，故脂肪细胞呈空泡状。

4．网状组织（图 2-3-4）

切片：淋巴结，镀银法染色。

肉眼观察：淋巴结的切面被染成棕黑色。淋巴结周围颜色较深的部分是淋巴结的皮质，中央颜色较浅的部分是淋巴结的髓质。

低倍镜观察：髓质中可见粗细不等交织成网的黑色纤维，网状细胞多稀疏分布于髓窦，换高倍镜观察。

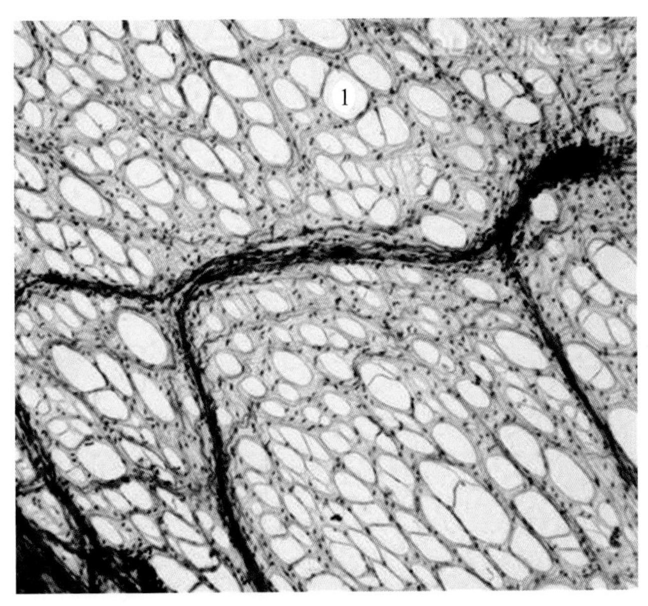

图 2-3-3　脂肪组织（HE 染色，400×）

1. 脂肪细胞

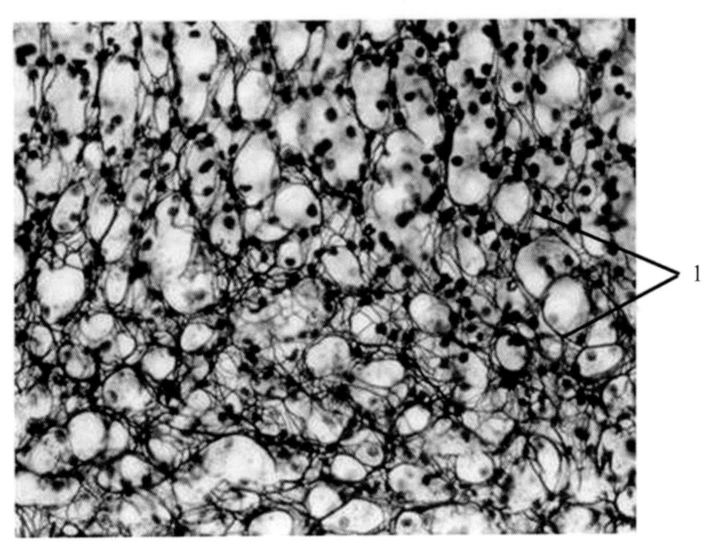

图 2-3-4　网状组织（镀银法染色，400×）

1. 网状纤维

高倍镜观察：可见着色深浅不同的两种纤维，其中较细呈黑色的是网状纤维，较粗呈棕色或灰黑色的是胶原纤维。可见网状细胞较大，有数目不等的胞质突起，相邻网状细胞的突起可互相连接成网，胞质和突起呈弱嗜碱性，胞核圆形或椭圆形，着色浅。

5．透明软骨（图 2-3-5）

切片：猪剑状软骨，HE 染色。

低倍镜观察：透明软骨表面覆盖粉红色的软骨膜，中央为软骨基质，着浅蓝紫色，其中散布着许多软骨细胞，转高倍镜观察。

高倍镜观察：软骨膜由致密结缔组织构成，外层可见嗜酸性平行排列的胶原纤维束，束间夹有扁平的成纤维细胞。从软骨的边缘到中央，软骨基质由粉红色变成蓝紫色，在软骨陷窝周围的基质中含有较多的硫酸软骨素而呈深蓝紫色，称为软骨囊。软骨细胞在软骨陷窝内，边缘的软骨细胞小，为扁平形或椭圆形，为优质软骨细胞，随着向中央靠近，细胞体积逐渐变大，呈卵圆形或圆形，成熟。活体内软骨细胞充满软骨陷窝，制片后因胞质收缩致软骨细胞与陷窝壁之间出现空隙。由于软骨细胞分裂增殖，一个陷窝内常见 2 ~ 4 个软骨细胞，称同源细胞群。软骨基质呈均质凝胶状，胶原纤维埋于其中不能分辨。

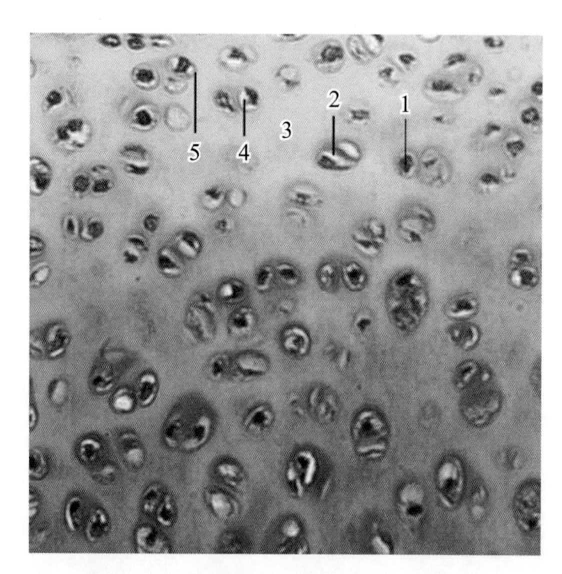

图 2-3-5　透明软骨（HE 染色，400×）

1. 软骨细胞　2. 同源细胞群　3. 软骨基质　4. 软骨陷窝　5. 软骨囊

6．弹性软骨（图 2-3-6）

切片：耳廓切片，Weigert’s 染色，HE 复染。

高倍镜观察：弹性软骨的主要特征是基质中含有大量染成深蓝色的弹性纤维，交织成网，软骨囊附近更为密集，软骨边缘的弹性纤维稀疏，深部的粗大而致密。软骨膜及软骨细胞的结构，同透明软骨相似。

7．纤维软骨（图 2-3-7）

切片：纤维软骨，HE 染色。

高倍镜观察：纤维软骨基质中可见有大量呈淡红色平行排列的胶原纤维束，纤维束之间有较小的单个、成双或成行排列的软骨细胞。软骨陷窝周围也可见软骨囊。

8．骨组织（图 2-3-8）

磨片：犬股骨骨干横截面磨面，大力紫染色。由于是磨片，骨中的骨膜、骨细胞、血管及神经等有机物及骨松质已不存在，重点观察骨密质的骨板、骨陷窝及骨小管等结构。

肉眼观察：一般骨磨片形状呈长方形，凹陷一侧为骨腔侧，着深蓝色。

低倍镜观察：从外向内可见骨板分为外、中、内 3 层。外层骨板较厚，内层骨板较薄，它们分别围绕骨表面和骨髓腔作环行排列，称外环骨板和内环骨板。中间层骨板最厚，有许多同心圆排列的骨板系统即骨单位，骨单位中央的深色管腔称中央管，周围环形的骨板是骨单位骨板。位于骨单位之间的一些呈不规则形状的骨板称间骨板。在骨板间或骨板内有许多深染的小窝为骨陷窝，其周围伸出的细管为骨小管。骨陷窝和骨小管是骨细胞及其突起存在的腔隙。另外还有少数呈横行或斜行的管道穿通内、外环骨板并与中央管相通，称为穿通管。(图 2-3-9)

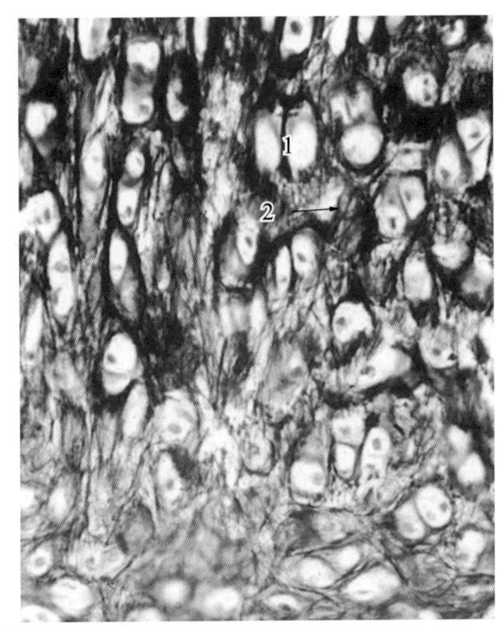

图 2-3-6　弹性软骨（Weigert's 染色，400×）

1. 软骨细胞　2. 弹性纤维

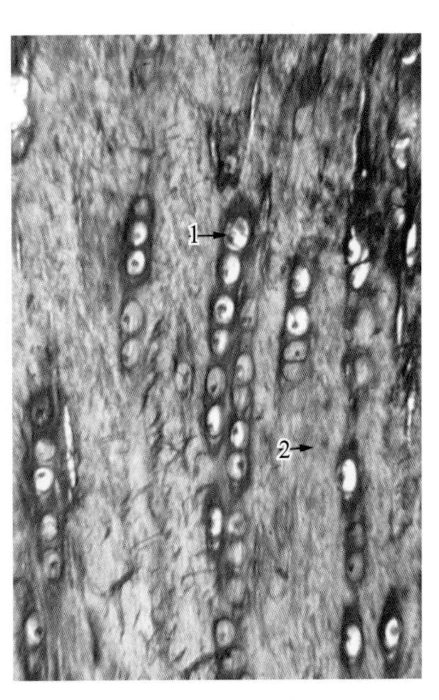

图 2-3-7　纤维软骨（HE 染色，400×）

1. 软骨细胞　2. 胶原纤维束

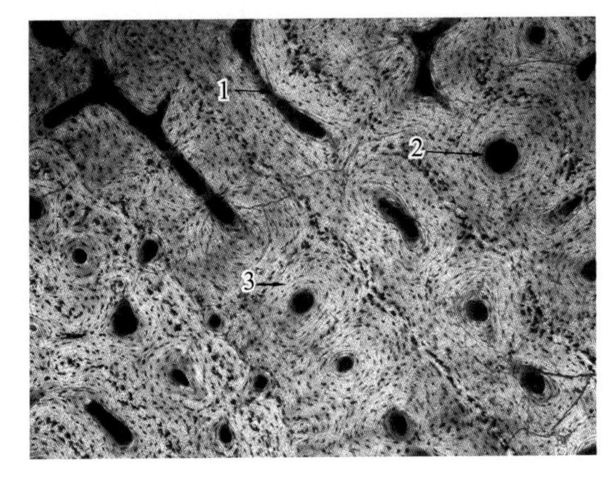

图 2-3-8　骨磨片（大力紫染色，100×）

1. 穿通管　2. 中央管　3. 骨单位

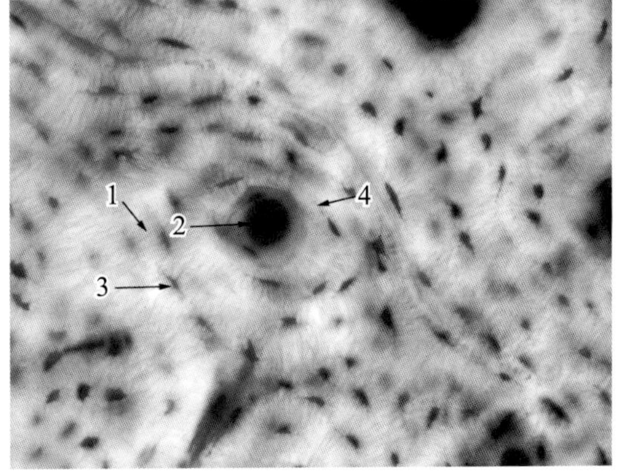

图 2-3-9　骨磨片（大力紫染色，100×）

1. 骨小管　2. 中央管　3. 骨陷窝　4. 骨黏合

9. 血液

(1) 马(牛、猪、犬)血涂片，瑞氏（Wright's）染色。

肉眼观察：血涂片厚薄均匀，无细胞重叠，呈粉红色。选一厚薄适宜的部位在显微镜下观察。

低倍镜观察：可见到大量圆形无细胞核的红细胞。白细胞很少，稀疏散布于红细胞之间，具有蓝紫色的细胞核。选白细胞较多的部位（一般在血膜边缘和血膜尾部，因体积大的细胞常在此出现），换高倍镜或油镜观察。血细胞的实际形态不仅因动物而异，而且常因制片技术和染色偏酸、偏碱而使细胞形态或染色反应异常。如血膜过厚，细胞重叠而细胞直径偏小，血膜太薄，则细胞直径偏大，如果染色结果偏酸，则红细胞和嗜酸性颗粒偏红，白细胞的细胞核呈浅蓝色或不着色。如果染色结果偏碱，所有的红、白细胞呈灰蓝色，颗粒深暗。故观察时一定要根据具体情况，灵活掌握，对比分析，才能做出正确的判断。

在高倍镜下可观察以下细胞：

①红细胞：数量最多，体积小而均匀分布，呈粉红色的圆盘状，边缘厚，着色较深，中央薄，着色较浅，无核，胞质内充满血红蛋白。

②嗜中性粒细胞：有粒白细胞中最多的一种，呈球形，主要特征是胞质中的特殊颗粒细小，分布均匀，着淡红色或浅紫色，光镜下不明显。胞核着深紫红色，形态多样，有豆形、杆状（为幼稚型，胞核细长，弯曲盘绕成马蹄形、“S”形、“W”形或“U”形等多种形态）或分叶状，一般分 3 ～ 5 叶或更多，叶间以染色质丝相连，叶的大小、形状各不相同。核分叶的多少与该细胞衰老有关。一般认为分叶越多，细胞越近衰老。

③嗜酸性粒细胞：数量少，胞体较大，呈球形，胞核常分两叶，着紫蓝色。主要特点是胞质内充满粗大的嗜酸性特殊颗粒，色鲜红或橘红。马的嗜酸性颗粒粗大，晶莹透亮，呈圆形或椭圆形，其他家畜的嗜酸性颗粒较小。

④嗜碱性粒细胞：主要特征是胞质中含有大小不等、形状不一的嗜碱性特殊颗粒，颗粒着蓝紫色，常盖于胞核上。胞核呈“S”形或双叶状，着浅紫红色。数量极少，不易看到。

⑤淋巴细胞：白细胞中数量最多，有大、中、小 3 种类型，其中小淋巴细胞最多，体积与红细胞相近或略大。核大而圆，几乎占据整个细胞，核一侧常见凹陷，染色质呈致密块状，着深紫蓝色。胞质极少，仅在核的一侧出现一线状天蓝色或淡蓝色的胞质，有时甚至完全看不见。中淋巴细胞体积与嗜中性粒细胞相近，胞质较多，呈薄层围绕在核的周围。在核的凹陷处胞质较多且透亮，偶见少量紫红色的嗜天青颗粒。大淋巴细胞在正常血液中不常见到。

⑥单核细胞：是血细胞中体积最大的一种，胞核呈肾形、马蹄形或不规则形，着色浅，染色质呈细网状。细胞质丰富，弱嗜碱性，呈灰蓝色，偶见细小紫红色的嗜天青颗粒。

⑦血小板：骨髓中巨核细胞脱落下的胞质小块，无细胞核，有完整的细胞膜，胞体很小，成群散布于细胞之间，形态为圆形、椭圆形、星形或多角形的蓝紫色小体，中央着色深的是血小板的颗粒区，周边着色浅的是透明区。

图 2-3-10 为驴血涂片。

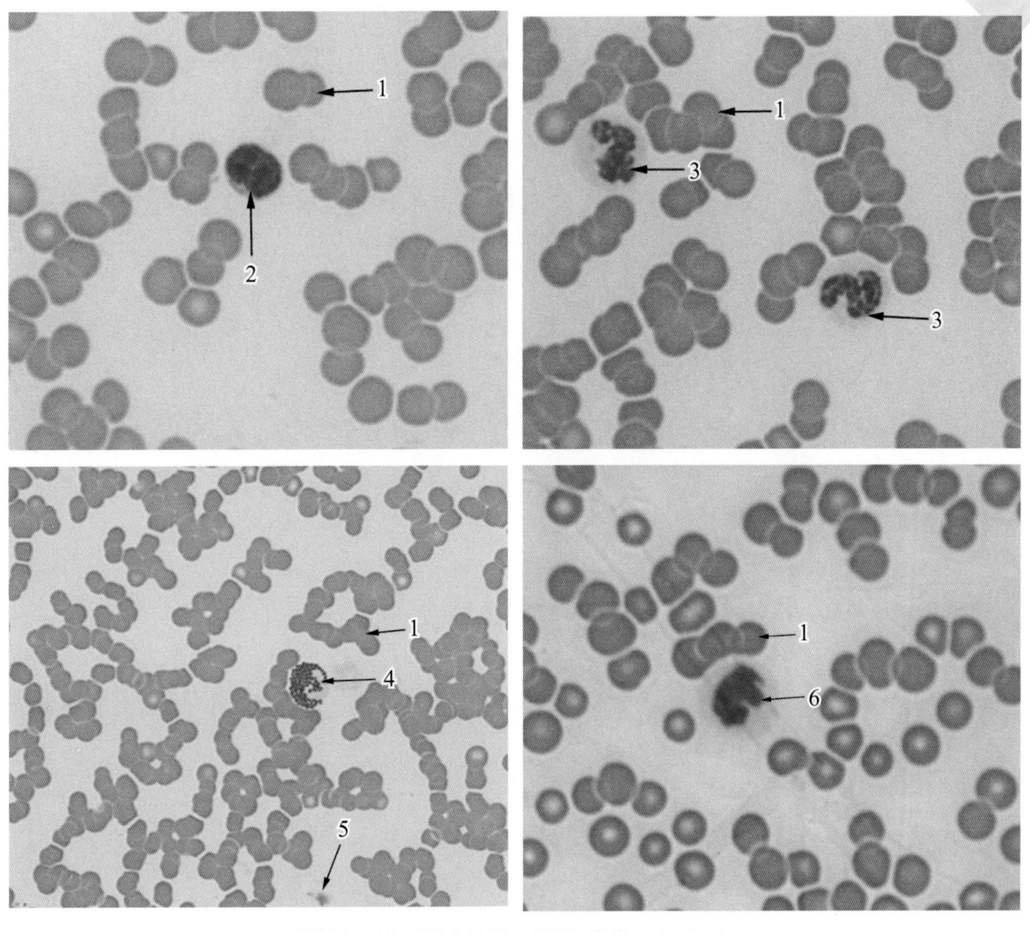

图 2-3-10 驴血涂片（瑞氏染色，400×）

1. 红细胞 2. 淋巴细胞 3. 嗜中性粒细胞 4. 嗜酸性粒细胞 5. 血小板 6. 单核细胞

（2）鸡血涂片，瑞氏染色（图 2-3-11）。

重点比较鸡血的有形成分与家畜不同之处：

①红细胞：呈椭圆形，中央有一深染的椭圆形细胞核，无核仁，胞质呈均质的淡红色。

②嗜中性粒细胞：又称异嗜性粒细胞，圆形，核具有 2~5 个分叶，胞质内嗜酸性的特殊颗粒呈杆状或纺锤形。

③凝血细胞：又称血栓细胞，功能与家畜的血小板相同。凝血细胞具有典型的细胞形态和结构，比红细胞略小，两端钝圆，核呈椭圆形，染色质致密。胞质微嗜碱性，内有 1~2 个紫红色的嗜天青颗粒。

其他血细胞与家畜血细胞形态相似。

三、作业

1．绘制高倍镜下观察疏松结缔组织结构图并标注。

2．绘制高倍镜下观察骨单位结构图并标注。

3．绘制哺乳动物血液中各种有形成分图并标注。

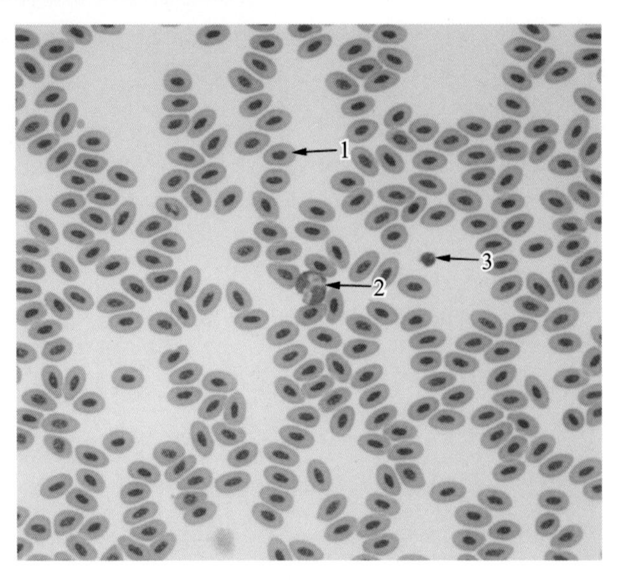

图 2-3-11　鸡血涂片（瑞氏染色，400×）

1. 红细胞　2. 嗜中性粒细胞　3. 凝血细胞

（青海大学　荆海霞，陈付菊）

第四章　肌组织

一、目的要求

（1）掌握骨骼肌的形态和结构特点。

（2）掌握骨骼肌、心肌和平滑肌纤维纵横切面的不同。

二、实验内容

（一）骨骼肌纵切面

切片：犬骨骼肌，HE 染色。

低倍镜观察：骨骼肌纵切面上有许多平行排列的肌纤维（图 2-4-1）。

高倍镜观察：观察一条横纹清晰的肌纤维，在肌纤维膜下分布着一些椭圆形的细胞核,可以见到核仁。肌纤维内含有与长轴平行排列的肌原纤维,很多肌原纤维上的明带(I 盘)和暗带 (A 盘) 相间排列，形成横纹。暗带中有一淡染的窄带称 H 带，H 带中央还有一细的 M 线（在一般光镜下观察不到)。油镜下在明带中央有一条隐约可见的 Z 线，相邻两条 Z 线之间的一段肌原纤维，为一个肌节（图 2-4-2)。

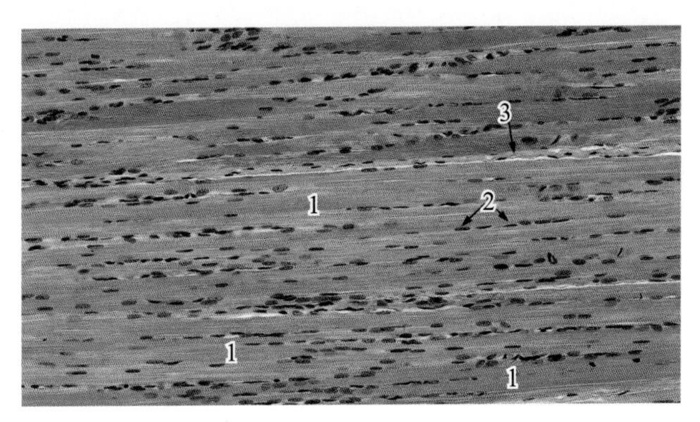

图 2-4-1　犬骨骼肌（纵切，HE 染色，200×）

1. 肌纤维纵切面　2. 肌细胞胞核　3. 肌束膜

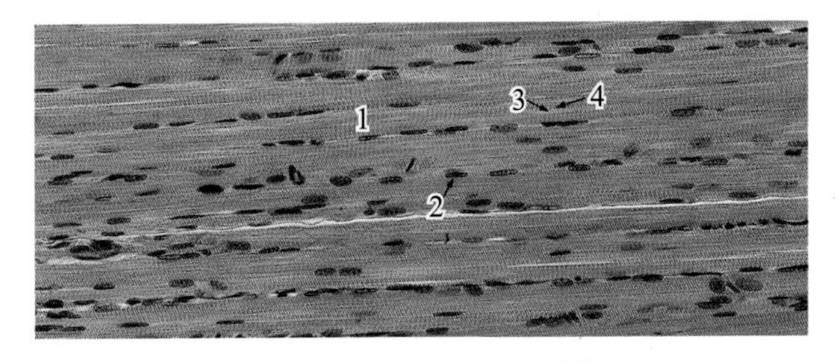

图 2-4-2　犬骨骼肌（纵切，HE 染色，400×）

1. 肌纤维纵切面　2. 肌细胞胞核　3. 明带（I 带）　4. 暗带（A 带）

（二）骨骼肌横切面

切片：牛骨骼肌切片，HE 染色

可见肌纤维聚集成束，被切成许多圆形或多边形断面，每条肌纤维由结缔组织构成的肌内膜包裹，每束肌纤维外由肌束膜包裹，肌束膜内含丰富的脂肪和血管。肌纤维由肌原纤维组成，其被切成点状或短杆状（斜切），有的均匀分布，有的则被肌浆分割成一个个小区。可见少量位于周边的圆形核。（图 2-4-3、图 2-4-4）

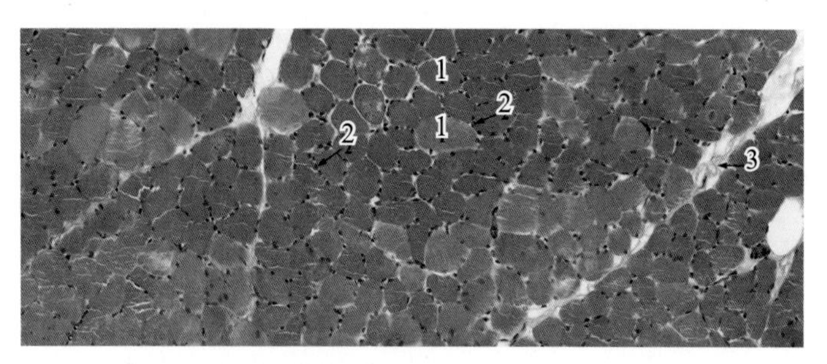

图 2-4-3　牛骨骼肌（横切，HE 染色，200×）

1. 肌纤维横断面　2. 肌细胞胞核　3. 肌束膜

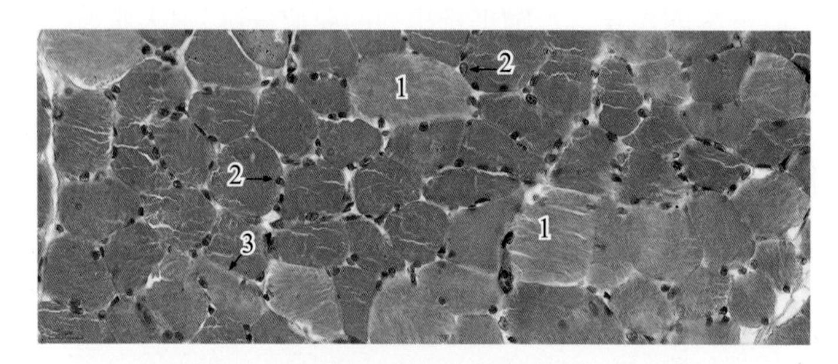

图 2-4-4　牛骨骼肌（横切，HE 染色，400×）

1. 肌纤维横断面　2. 肌细胞胞核　3. 肌内膜

（三）心肌

切片：猪心室壁切片，HE 染色。

低倍镜观察：由于心肌纤维呈螺旋状排列，故在切面中可同时观察到心肌纤维的纵切、斜切或横切面。各心肌纤维之间由结缔组织相连，并含有丰富的血管（图 2-4-5）。

高倍镜观察：纵切的心肌纤维呈短柱状，平行排列，有细而短的分支与邻近的肌纤维相吻合，互联成网。心肌显微彼此连接处深染的粗线称为闰盘。胞核椭圆形，位于细胞中央。心肌纤维横纹不明显（图 2-4-6）。

横切的心肌纤维呈大小不等的圆形或椭圆形切面，没有典型的肌原纤维，胞质中间有一圆形胞核，核周围清亮，但很多切面未能切到核（图 2-4-7）。

（四）平滑肌

切片：十二指肠切片，HE 染色。

肉眼观察：十二指肠横切面观，肠管中空，为肠腔。由内向外，管壁依次是黏膜层、黏膜下层、肌层和浆膜。重点观察肌层，呈深红色。

低倍镜观察：肌层发达，平滑肌纤维呈内环行、外纵行排列。两层平滑肌之间有少量结缔组织，内含小血管。在此切面上内环肌呈纵切，外纵肌呈横切（图 2-4-8）。

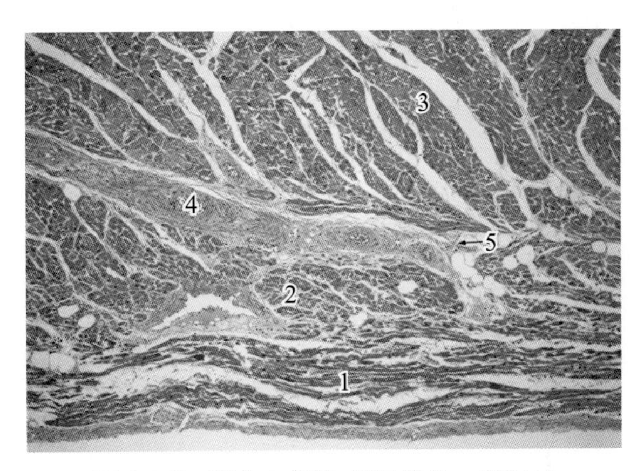

图 2-4-5　猪右心室壁（HE 染色，100×）

1. 肌纤维纵切面　2. 肌纤维横断面　3. 肌纤维斜切　4. 小动脉　5. 结缔组织

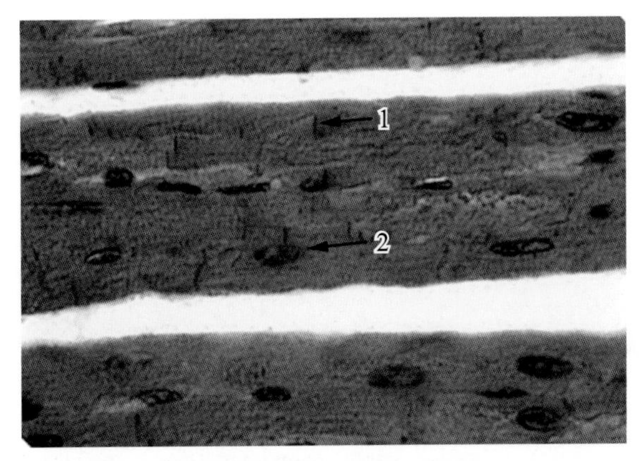

图 2-4-6　心肌纵切面（示闰盘，HE 染色，400×）

1. 闰盘　2. 肌细胞核

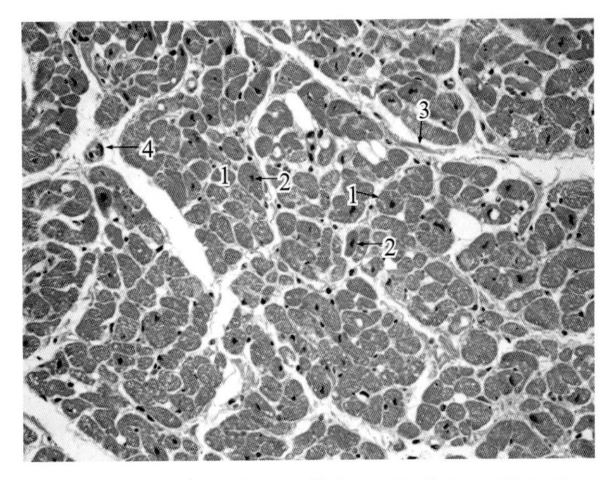

图 2-4-7　猪右心室肌（横切，HE 染色，400×）

1. 肌纤维横断面　2. 肌细胞胞核　3. 结缔组织　4. 毛细血管

高倍镜观察：纵切的平滑肌纤维呈细长纺锤形，彼此嵌合紧密排列，胞核为长椭圆形，位于肌纤维中央，由于平滑肌收缩可见变形的细胞核。胞质嗜酸性，呈均质状，无横纹。横切的肌纤维呈大小不等的圆形切面，有的切面中央可见圆形的细胞核，偏离细胞中部的切面较小且无核（图 2-4-9）。

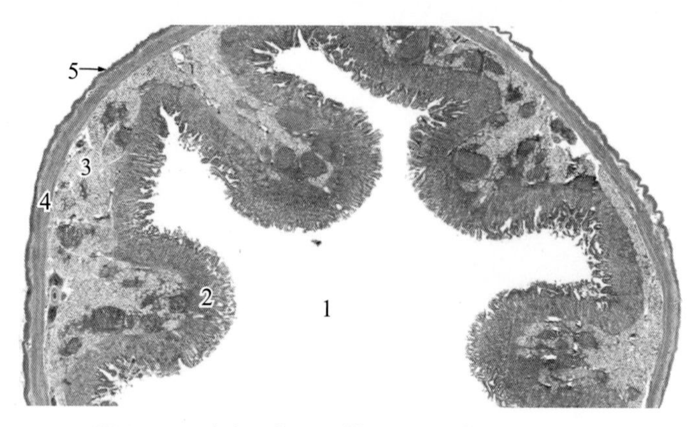

图 2-4-8　猪十二指肠（横切，HE 染色，100×）

1. 肠腔　2. 黏膜层　3. 黏膜下层　4. 肌层　5. 浆膜

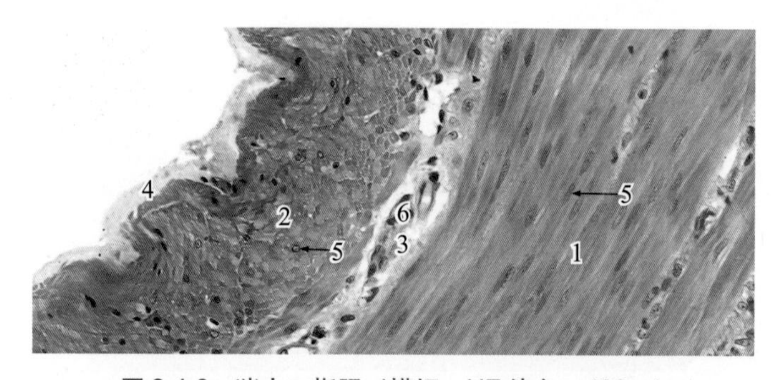

图 2-4-9　猪十二指肠（横切，HE 染色，400×）

1. 环形肌纵切面　2. 纵行肌横断面　3. 结缔组织　4. 浆膜　5. 肌细胞胞核　6. 毛细血管

（中国农业大学，王子旭；安徽科技学院，靳二辉）

第五章　神经组织和神经系统

一、实验目的

（1）掌握神经组织的基本结构。

（2）掌握神经元、有髓神经纤维及三种神经末梢的分布及微细结构。

（3）掌握小脑皮质的分层。

（4）掌握大脑皮质的分层。

二、实验内容

（一）神经元

切片：兔或猫脊髓切片，横切面，石蜡切片，HE 染色。

（1）肉眼观察：脊髓横切面呈椭圆形，中央着色较红，呈蝴蝶形（或 H 形），为灰质，有 4 个突起，两个较粗短的称灰质前角，两个较细长的称灰质后角。白质在灰质周围，着色较浅。标本有裂隙的一方为腹侧。

（2）低倍镜观察：灰质是神经元胞体聚集处，找到灰质的前角，前角有许多染成紫蓝色，体积较大的细胞，是多极神经元的胞体（图 2-5-1），后角的多极神经元较小。选一结构完整的神经元，换成高倍镜观察。

（3）高倍镜观察：多极神经元胞体较大，呈多角形，细胞体向四周发出很多突起，由于切面关系，很多突起因被切断而不完整，一般仅能观察到少数几个，甚至观察不到突起。细胞核较大，呈圆形，着色较浅，核仁明显。胞质内可见许多大小不等嗜碱性的斑块状颗粒，呈深蓝色，即尼氏体。树突可被切到一个或数个，较粗，内含尼氏体。轴突仅有一个，自胞体发出处的胞质呈圆锥形，称为轴丘，呈粉红色。轴丘、轴突均不含尼氏体（图 2-5-2）。

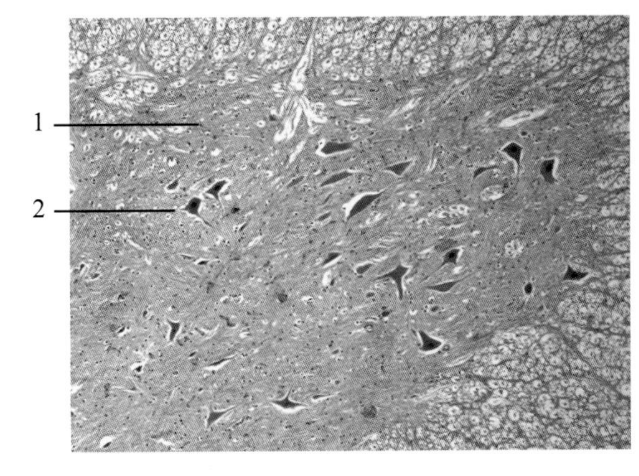

图 2-5-1　多极神经元（HE 染色，100×）

1. 脊髓前角　2. 多极神经元

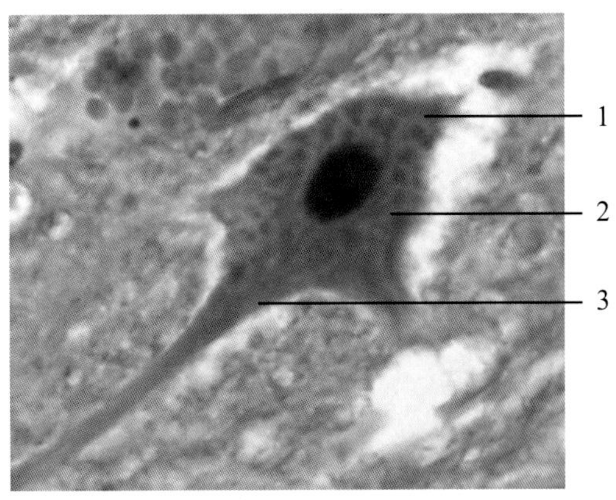

图 2-5-2　神经元（HE 染色，400×）

1. 神经元树突　2. 尼氏体　3. 神经元轴突

（二）有髓神经纤维

切片：动物坐骨神经切片，石蜡切片，HE 染色。

（1）肉眼观察：切片染成粉红色，呈长条状的一段为神经纤维的纵切面，呈圆形的为神经纤维的横切面。

（2）低倍镜观察：纵切面上可见神经纤维平行排列成束，且排列紧密，两神经纤维之间界限不明显。横切面上，整个标本外面有薄层致密结缔组织构成的神经外膜。每条神经纤维的周围有很薄的结缔组织，即神经内膜，不易辨认。许多神经纤维集合在一起，形成神经纤维束。神经纤维束表面有多层神经膜上皮及致密结缔组织包裹，构成神经束膜。选择一清楚的部分用高倍镜观察。

（3）高倍镜观察：纵切面上，每条神经纤维的中央有 1 条暗红色的线状结构，即轴突。髓鞘位于轴突两侧，HE 染色时，髓鞘的类脂质被溶解，仅蛋白质残留，呈网状或泡沫状，称为神经角质网。髓鞘两侧是雪旺氏细胞膜（神经膜），呈红色细线状，靠近膜的内侧，可见杆状的雪旺氏细胞核即神经膜细胞核，染色较浅。沿有髓神经纤维长轴可见许多环状的缩细部，称郎飞氏结，此处无髓鞘，轴突裸露。相邻两个郎飞氏结之间的一段神经纤维称结间体。神经纤维之间可见椭圆形的细胞核，是结缔组织中的成纤维细胞核（图 2-5-3）。横切面上，有髓神经纤维呈圆形，轴突位于中央，呈圆点状，轴突周围的浅染区是髓鞘，髓鞘周围的环状结构为神经膜，很薄，染成红色，有的有神经膜细胞核（图 2-5-4）。

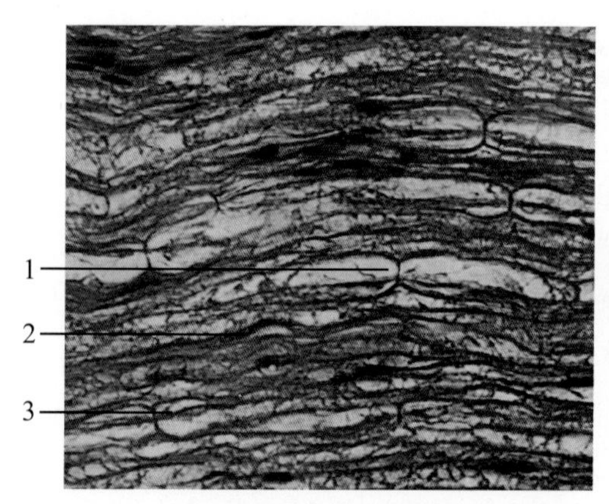

图 2-5-3　有髓神经纤维纵切（HE 染色，400×）

（引自成令忠等，2003）

1. 郎飞氏结　2. 雪旺氏细胞核　3. 轴突

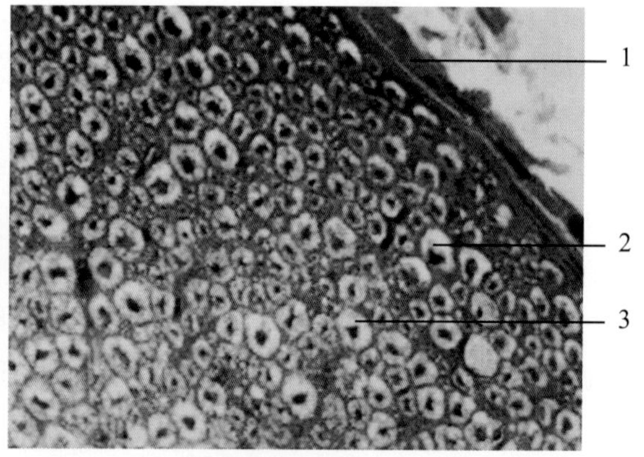

图 2-5-4　有髓神经纤维横切（HE 染色，400×）

（引自高英茂等，2013）

1. 神经束膜　2. 髓鞘　3. 轴突

（三）神经末梢

1. 感觉神经末梢

切片：皮肤，多聚甲醛固定，HE 染色，观察触觉小体和环层小体。

（1）肉眼观察：表面染成红色，深面染成紫蓝色的部分为表皮；染色浅，呈网状的是皮下组织；两者之间呈粉红色的是真皮。

（2）低倍镜观察：①触觉小体一般位于真皮乳头内，其长轴与表皮垂直，染成粉红色，为卵圆形的实心结构。②环层小体位于真皮深层或真皮与皮下组织交界处，体积较大，圆形或椭圆形，呈同心圆结构。

（3）高倍镜观察：①触觉小体呈卵圆形，内有许多扁平细胞，与小体长轴垂直，其中的神经纤维不清楚，外包薄层结缔组织形成的被囊（图 2-5-5）。②环层小体中央有一红色的圆点或圆柱，为神经纤维的轴突，称为内轴。内轴外面有数层同心圆排列的结缔组织被囊，每层都由扁平状上皮样成纤维细胞和少量胶原纤维组成的结缔组织构成（图 2-5-6）。

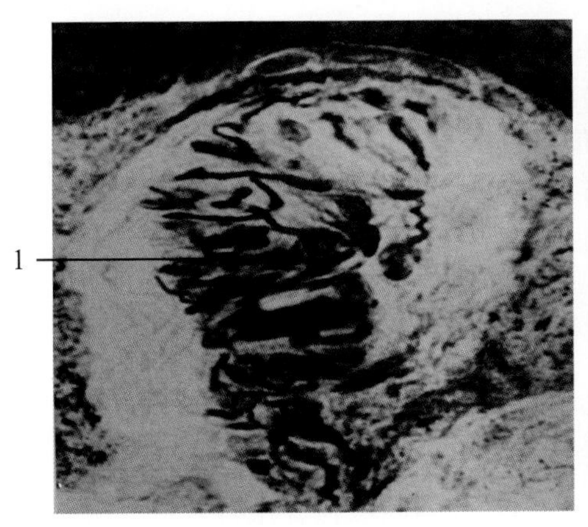

图 2-5-5　真皮内触觉小体（HE 染色，400×）

（引自成令忠等，2003）

1. 触觉小体

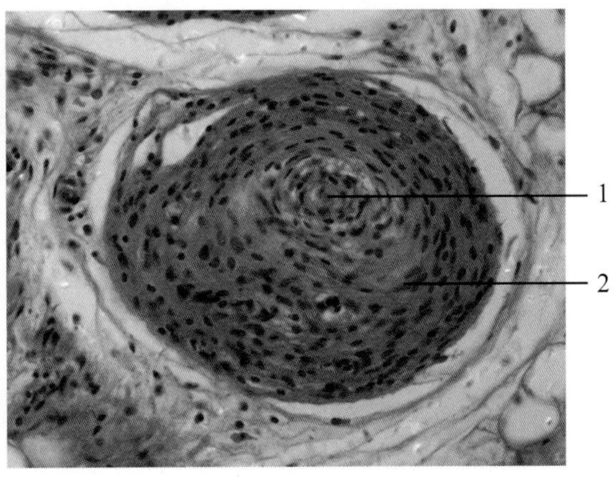

图 2-5-6　环层小体横切（HE 染色，400×）

1. 内轴　2. 结缔组织被囊

2. 运动神经末梢

切片：骨骼肌切片，纵切面，铁苏木精染色，观察运动终板。

（1）肉眼观察：整个切片呈深蓝色。

（2）低倍镜观察：骨骼肌纤维平行排列，肌纤维上面附有黑色的神经纤维，纤维分支上有黑色的点状结构。

（3）高倍镜观察：骨骼肌呈深蓝色，平行排列，可见横纹和细胞核。神经纤维呈黑色，神经纤维进入肌间组织，形成许多细小分支，它的分支末端形成爪扣状，附在骨骼肌纤维的表面，称此为运动终板（图 2-5-7）。

（四）脊髓

切片：猫的脊髓，横切面，HE 和镀银染色。

（1）肉眼观察：脊髓横切面呈椭圆形，中间染色较深、呈蝴蝶形的是灰质。灰质有 4 个角，短而宽的两个角为前角，长而窄的两个角为后角。灰质周围染色浅的是白质。

（2）低倍镜观察：①灰质含神经元胞体、神经胶质细胞和无髓神经纤维。灰质前角中多极神经元体积较大，后角中的神经元较小且数量较少。灰质中央一圆形小孔为中央管。②白质呈细网状，多为有髓神经纤维的横切面。③脊髓膜由结缔组织构成，位于脊髓表面（图 2-5-8）。

图 2-5-7　运动终板（铁苏木精染色，400×）

1. 运动终板

（3）高倍镜观察：①灰质中可见胞体较大、向四周发出很多突起的神经元，神经元之间有许多体积较小，着色较深，形态各异的不同胶质细胞的细胞核。灰质内的网状结构为无髓神经纤维和胶质细胞的突起。②白质是神经纤维聚集处，可见大量有髓神经纤维的横切面，呈大小不等的圆形，其中间的小点为轴突。神经纤维间散在分布有着色较深、形态不一的神经胶质细胞的细胞核。③中央管，管壁由 1 层柱状的室管膜细胞构成（图 2-5-9）。

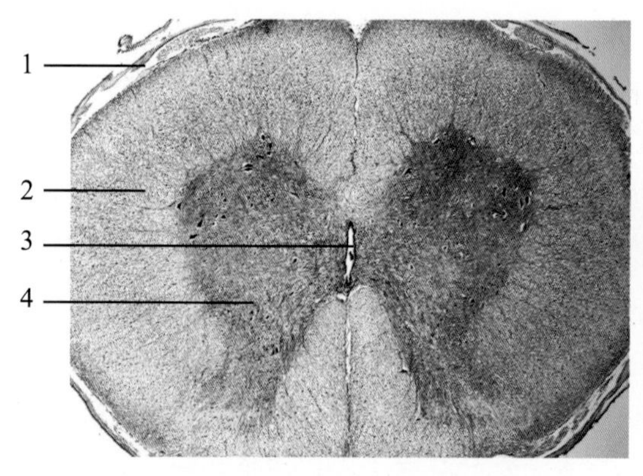

图 2-5-8　脊髓横切（镀银染色，40×）

1. 脊髓膜　2. 白质　3. 中央管　4. 灰质

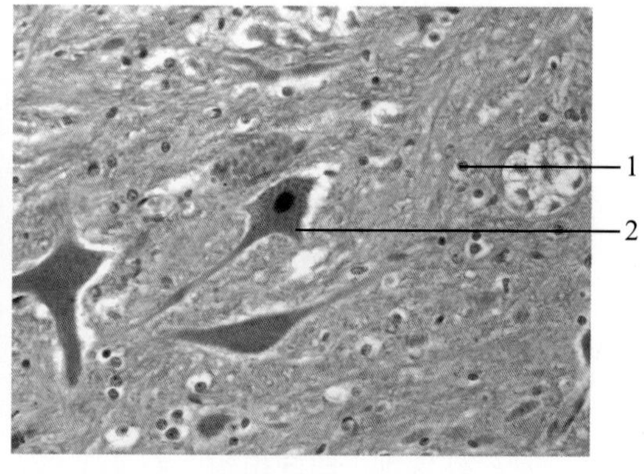

图 2-5-9　多极神经元（HE 染色 100×）

1. 神经胶质细胞　2. 神经元

（五）小脑

切片：猪或猫小脑切片，石蜡切片，HE 染色或镀银染色。

1. HE 染色

（1）肉眼观察：小脑表面凹凸不平，不规则，浅层为皮质，深面为髓质。

（2）低倍镜观察：①小脑表面凸起部分为小脑叶片，凹陷部分为小脑沟，表面为软脑膜，由疏松结缔组织构成。②每个小脑叶片包括表层的皮质和深层的髓质。小脑皮质部最外层为分子层，呈浅红色；深面着色较深，为小脑皮质颗粒层，细胞排列紧密，呈颗粒状。

小脑髓质位于颗粒层深面，也呈浅红色（图 2-5-10）。

（3）倍镜观察：小脑皮质由浅入深分为 3 层：①分子层较厚，着色浅，主要由神经纤维构成，神经纤维之间散在分布有少量神经元，包括体积较小的星形细胞和体积稍大的篮状细胞。②浦肯野细胞层位于分子层深面，较薄，由一层排列较稀、胞体大呈梨形的细胞组成，是小脑中最大的神经元。③颗粒层较厚，紧贴髓质，主要由密集的颗粒细胞构成，其细胞核相对较大，呈圆形，染色较深。④髓质位于皮质深部。染色较浅，主要由无髓神经纤维构成（图 2-5-11）。

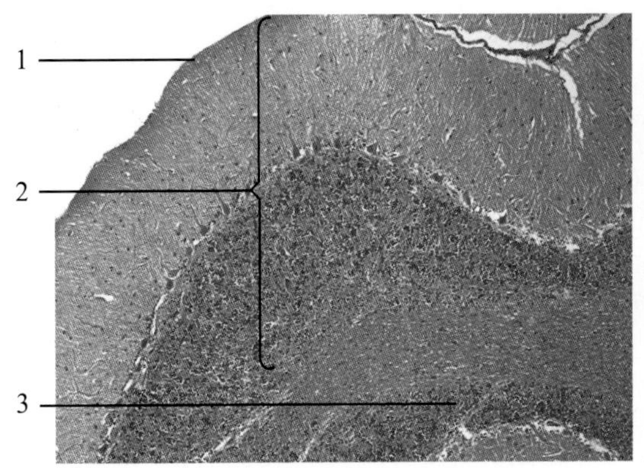

图 2-5-10　小脑结构（HE 染色，40×）

1. 软脑膜　2. 皮质部　3. 髓质部

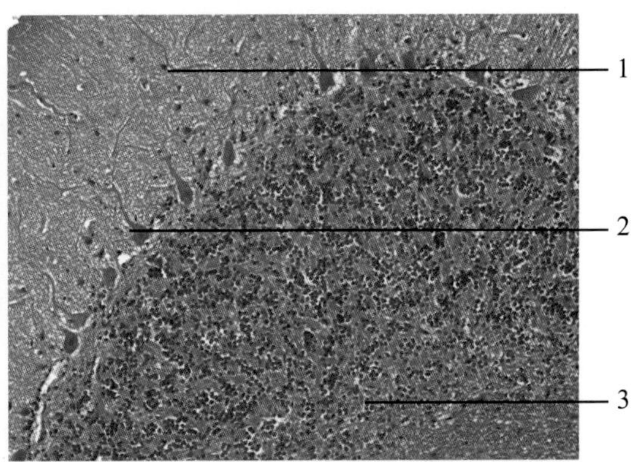

图 2-5-11　小脑皮质部（HE 染色，10×20）

1. 分子层　2. 浦肯野细胞层　3. 颗粒层

2. 镀银染色

（1）肉眼观察：结构与上一张小脑切片相仿。

（2）低倍镜观察：结构与上一张小脑切片相仿（图 2-5-12）。

（3）高倍镜观察：①神经元和神经胶质细胞的胞体和突起被染成棕褐色。②浦肯野细胞的胞体呈梨形，其顶端发出 2 ～ 3 条粗大的主树突，伸向皮质部的分子层。主树突发出许多分支。在细胞基底部可见较细的轴突，伸向深部的髓质（图 2-5-13）。

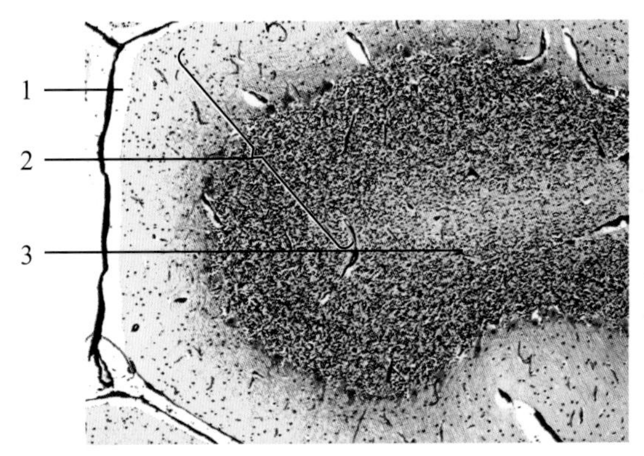

图 2-5-12　小脑结构（镀银染色，40×）

1. 脑软膜　2. 皮质部　3. 髓质部

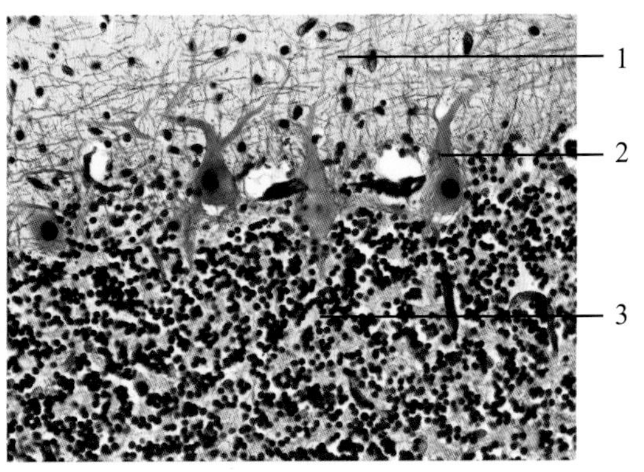

图 2-5-13　小脑皮质部（镀银染色，400×）

1. 分子层　2. 浦肯野细胞层　3. 颗粒层

（六）大脑皮质

切片：猪大脑皮质切片，石蜡切片，HE 染色或镀银染色。

1. HE 染色

（1）肉眼观察：凸凹不平的一侧为大脑皮质，凸起部分为脑回，凹陷部分为脑沟，其表面较深的是皮质，中央着色较浅的是髓质。

（2）中倍镜观察：①大脑表面是一薄层结缔组织构成的软膜，富含血管。②皮质由许多大小、形状不一的神经元、神经胶质细胞及少量染成红色的无髓神经纤维构成（图 2-5-14）。神经元分为锥体细胞、颗粒细胞和梭形细胞 3 种。用不同染色方法观察大脑皮质的神经元，由外向内分为 6 层排列。分子层：染色较浅，神经纤维多，神经元小而少，主要由散在的颗粒细胞构成。外颗粒层：主要由颗粒细胞和少量小锥体细胞构成，呈颗粒状，细胞小而密集，染色较深。外锥体细胞层：细胞排列较外颗粒层稀疏，主要由中、小型锥体细胞和少量颗粒细胞构成。内颗粒层：细胞密集，主要由颗粒细胞和少量小锥体细胞构成，呈颗粒状。内锥体细胞层：主要由大型和中型锥体细胞构成。多形细胞层：靠近髓质，细胞排列疏松，形态多样，主要由梭形细胞、颗粒细胞和锥体细胞构成，其中梭形细胞居多（图 2-5-15）。

（3）高倍镜观察：重点观察锥体细胞，选一切面完整、轮廓清晰的内锥体细胞，细胞体呈锥形，核圆，位于中央，胞体尖端发出主树突，伸向皮质表面，轴突自胞体底部发出。

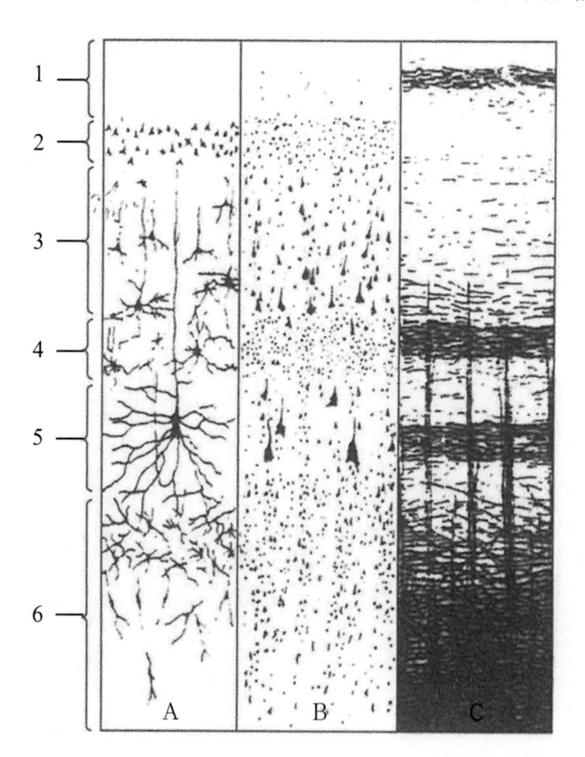

图 2-5-14　三色法显示大脑皮层（引自成令忠等，2003）

A：银染法显示神经元形态；B：尼氏法显示 6 层结构；C：髓鞘法显示神经纤维的分布

1. 分子层　2. 外颗粒层　3. 外锥体细胞层　4. 内颗粒层

5. 内锥体细胞层　6. 多形细胞层

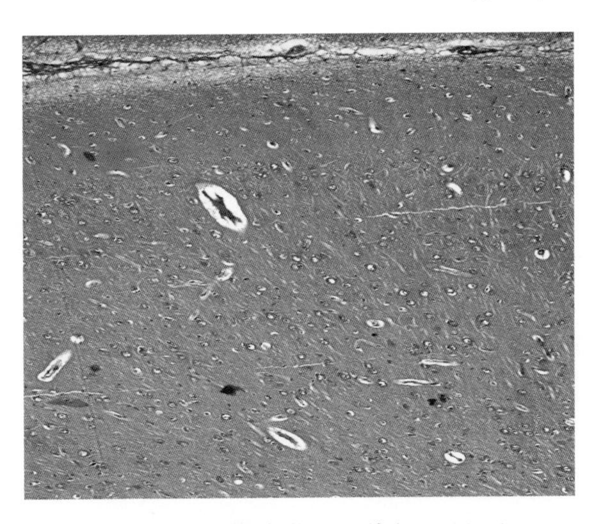

图 2-5-15　**大脑皮质**（HE 染色，100×）

2．镀银染色

（1）肉眼观察：其结构与上一张大脑切片相仿。

（2）低倍镜观察：其结构与上一张大脑切片相仿。

（3）高倍镜观察：神经元和神经胶质细胞的胞体和突起均被染成棕褐色。锥体细胞主要位于大脑皮质的内锥体细胞层和外锥体细胞层，胞体呈三角形，主树突较粗，从胞体顶端发出，沿途发出许多较细的分支。轴突从胞体基底部发出，胞体向四周发出数条基树突，呈水平方向扩展，并发出较细的分支（图 2-5-16）。原浆性星形胶质细胞主要位于大脑皮质，其胞体不规则，从胞体发出许多突起，突起短而分支多，有些突起末端膨大，附于毛细血管表面（图 2-5-17）。

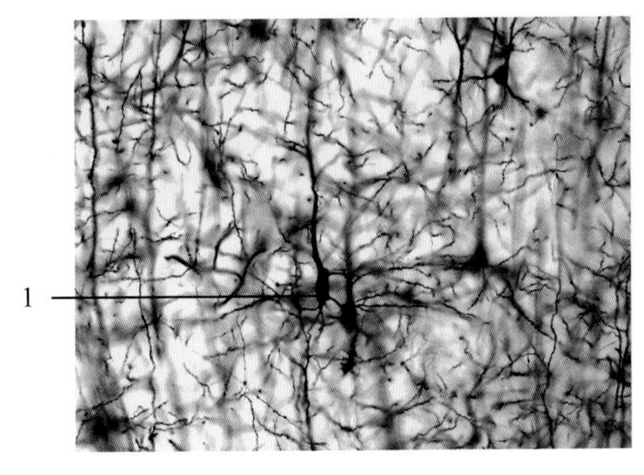

图 2-5-16　**大脑锥体细胞**（镀银染色，10×40）

1. 锥体细胞

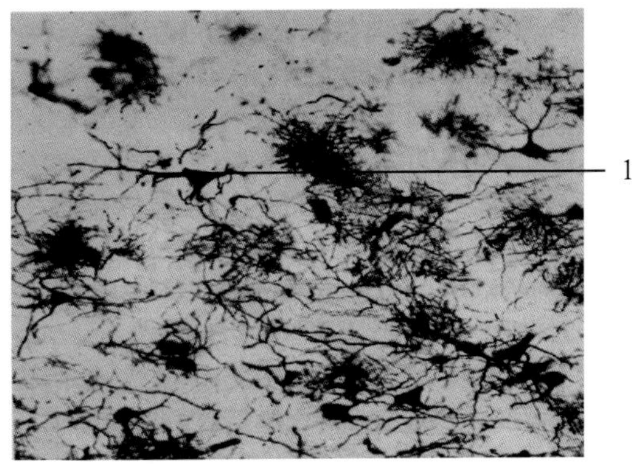

图 2-5-17　**大脑原浆性星形胶质细胞**（镀银染色，400×）（引自成令忠等，2003）

1. 原浆性星形胶质细胞

（七）脊神经节

切片：动物的脊神经节，石蜡切片，HE 染色。

（1）肉眼观察：脊神经节呈椭圆形。

（2）低倍镜观察：表面有薄层结缔组织被膜，节内可见大小不等、聚集成群的神经节细胞胞体，细胞群之间有平行排列的有髓神经纤维束。

（3）高倍镜观察：神经节细胞呈圆形或椭圆形，大小不一。细胞核大，圆形，居中，染色浅，核仁清楚。胞质嗜酸性，内含细小分散、颗粒状的尼氏体，神经元的突起很难看到。每个节细胞的周围环绕一层扁平或立方形的卫星细胞，该细胞核小而圆，着色较浅，胞质不明显（图 2-5-18）。

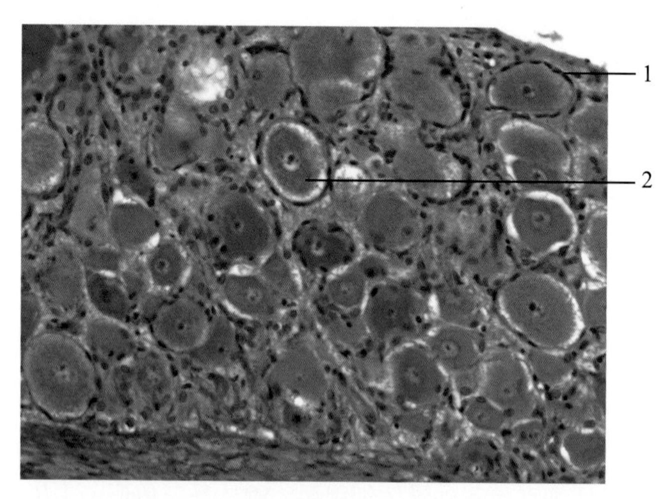

图 2-5-18　脊神经节（HE 染色，400×）

1. 卫星细胞　2. 节细胞

三、作业

1．高倍镜下绘图：示多极神经元的构造。

2．高倍镜下绘图：示环层小体和运动终板的构造。

3．绘图：示大脑或小脑皮质的结构。

（华中农业大学　宋卉）

第六章　循环系统

一、实验目的

（1）通过组织切片观察，掌握心壁在高倍镜和低倍下的组织结构。

（2）通过组织切片观察，掌握中动脉的结构，并比较各级动脉、毛细血管和各级静脉的组织结构特点。

二、实验内容

（一）心壁

切片：心壁横切面，HE 染色。

（1）肉眼观察：心壁横切面较厚，染成较深的红色，切面中较不光滑的一面是心内膜，其深面分别为心肌膜和心外膜，心外膜较光滑。

（2）低倍镜下观察：移动切片，找到组织，寻找不光滑的一侧即腔面，向外观察心壁结构，心内膜紧靠腔面呈淡红色，较薄，心肌膜位于心内膜深面，很厚，着深红色，最外层是心外膜，有较多的空泡样脂肪细胞和较大的血管（图 2-6-1）。

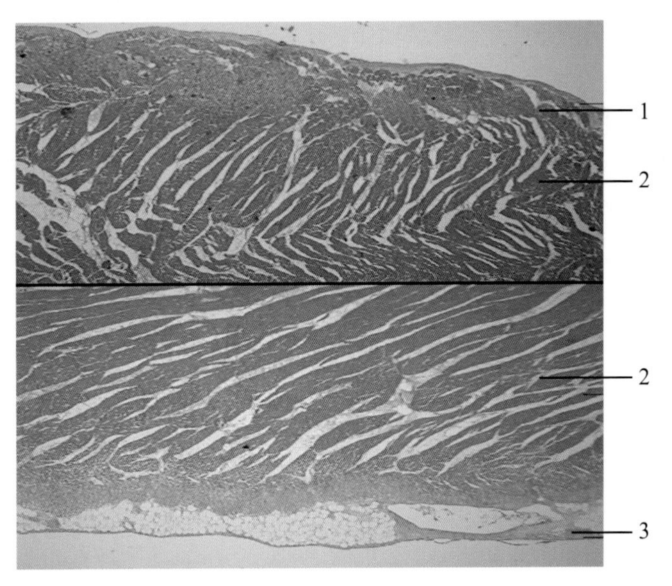

图 2-6-1　心壁（HE 染色，40×）

1. 心内膜　2. 心肌膜　3. 心外膜

(3) 高倍镜下观察:

①心内膜：心内膜位于心壁最内层，在高倍镜下又分为三层，分别是内皮，内皮下层和心内膜下层（图 2-6-2)。

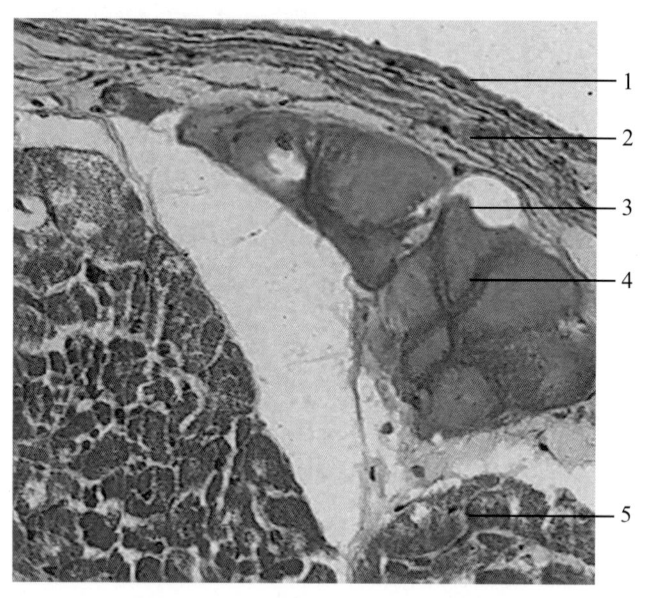

图 2-6-2 心内膜（HE 染色，400×）

1. 内皮 2. 内皮下层 3. 心内膜下层 4. 浦金野氏纤维 5. 心肌膜

内皮：高倍镜下内皮衬于腔面，属于单层扁平上皮，常呈横切面，细胞呈梭形。

内皮下层：位于内皮深面，可见较致密的结缔组织，并含有少量的平滑肌，没有血管分布，其营养物质可直接从心腔血液获得。

心内膜下层：位于心内膜最深层，与内皮下层无明显分界线。主要由疏松结缔组织组成。在心内膜下层内，分布着单个或成群的浦金野氏纤维，其横切面呈圆形或椭圆形，比心肌纤维大，胞质呈嗜酸性，胞核较小（偶见双核），圆形，染色较浅，核仁明显。

②心肌膜：心壁的主要成分是心肌膜，构成心壁厚度的大部分。心肌膜主要由心肌纤维构成，心肌纤维以螺旋状分布，所以切片中常常见到心肌纤维的纵、横及斜等各种切面。

③心外膜：心壁最外层，可见到一层由疏松结缔组织和间皮构成的膜，该层很薄。有时可见，心外膜的结缔组织中有成群的脂肪细胞和较大的血管（图 2-6-3)。

（二）中动脉

切片：中动脉横切面、HE 染色。

(1) 肉眼观察：动脉横切面呈圆形，管壁较厚。

(2) 低倍镜下观察：可见中动脉呈圆形，管壁厚、管腔小而圆。从内向外观察管壁，分别观察内膜、中膜和外膜。把视野聚焦于内膜，并仔细观察内弹性膜和外弹性膜的位置（图 2-6-4)。

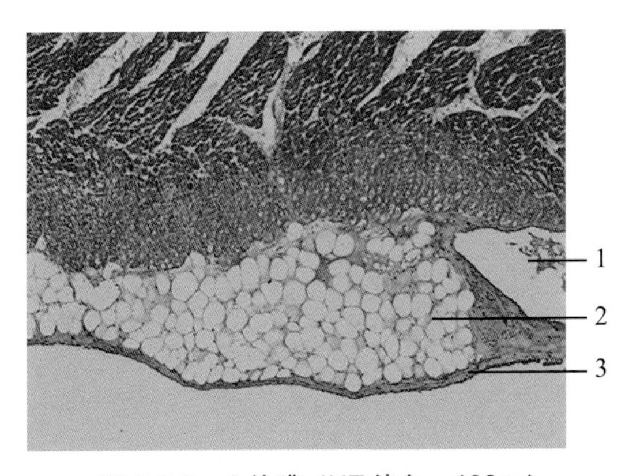

图 2-6-3　心外膜（HE 染色，100×）

1. 大血管　2. 脂肪　3. 外膜

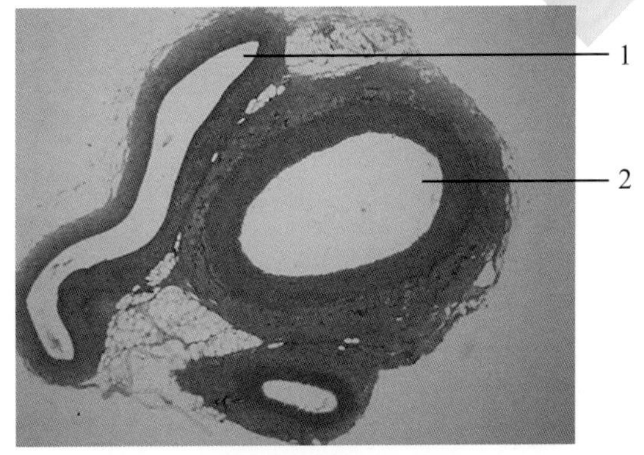

图 2-6-4　中动、静脉（HE 染色，40×）

1. 中静脉　2. 中动脉

（3）高倍镜下观察：重点观察高倍镜下的内膜结构。

①内膜：中动脉内膜分为三层，分别内皮，内皮下层和内弹性膜。在组织固定过程中容易使内弹性膜收缩，所以在切片上可见内膜切面呈波纹状（图 2-6-5）。

内皮：是一层单层扁平上皮，位于中动脉腔面。在中动脉横切的切片中，内皮主要表现为梭形，细胞细长，细胞质嗜酸性，细胞核椭圆形，嗜碱性，有核的位置向腔面凸出。

内皮下层：在内皮和内弹性膜之间有一层结缔组织。有的血管较明显，有的不明显。

内弹性膜：中动脉内弹性膜明显，表现为波纹状，嗜酸性。它是内膜与中膜的分界限。内弹性膜由弹性纤维构成。

②中膜：在中动脉管壁结构中，中膜与外膜厚度相近。中膜是肌性膜，主要由环行排列的平滑肌纤维构成，平滑肌纤维间有淡红色的弹性纤维和胶原纤维。在中膜与外膜交界处有弹性纤维构成的外弹性膜。

③外膜：外膜厚度和中膜厚度相近。高倍镜下可见外膜由疏松结缔组织构成，并有自养血管分布。

（三）大动脉

切片：大动脉横切面，HE 染色。

（1）肉眼观察：大动脉为一较大管径的圆形结构。

（2）低倍镜下观察：大动脉也是由内膜、中膜和外膜组成。中膜最厚，由 40 ~ 70 层弹性膜组成，平滑肌纤维少。内弹性膜与外弹性膜均不明显。外膜比中膜薄，主要是由疏松结缔组织组成，内有自养血管（图 2-6-6）。

（四）毛细血管

切片：毛细血管纵、横切面，HE 染色。

（1）低倍镜下观察：在纵切部位（图 2-6-7），移动视野可见，管径最细的管道为毛细血管，只有少数血细胞，一般毛细血管管径只能容纳一个血细胞通过。

（2）高倍镜观察：在横切（图 2-6-8）部位观察，毛细血管管壁由一到两个单层扁平细胞构成，此为内皮细胞，细胞两端细长，核梭形或圆形，凸向管腔。在内皮细胞围成的管壁外，移动视野可见一种扁平细胞的周细胞，细胞核呈圆形，嗜碱性。最外有一薄层基膜。纵切可见，毛细血管管径很细，只容一个细胞通过。

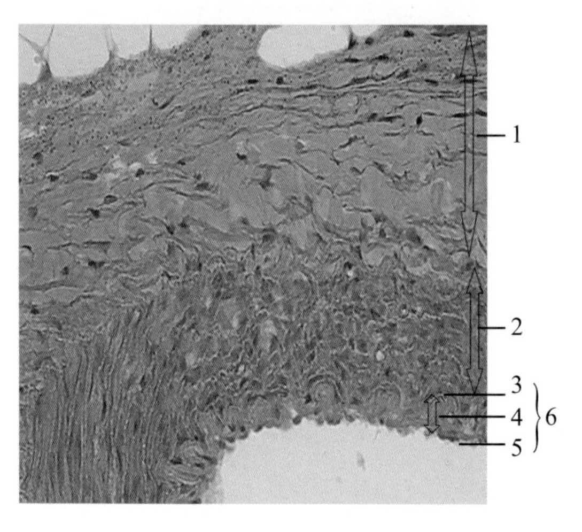

图 2-6-5　中动脉（HE 染色，400×）

1. 外膜　2. 中膜　3. 内弹性膜
4. 内皮下层　5. 内皮　6. 内膜

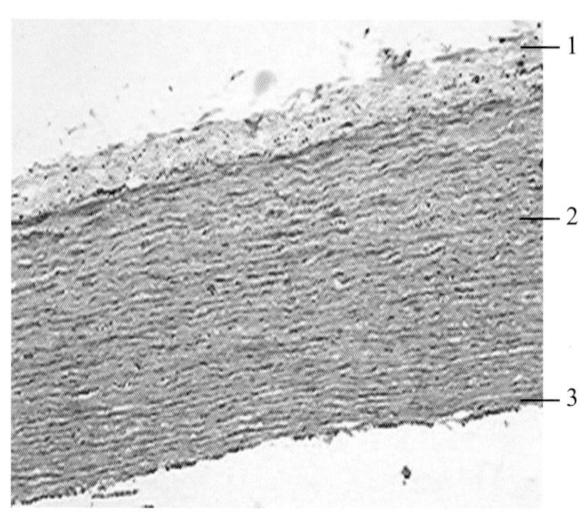

图 2-6-6　大动脉（HE 染色，100×）

1. 外膜　2. 中膜　3. 内膜

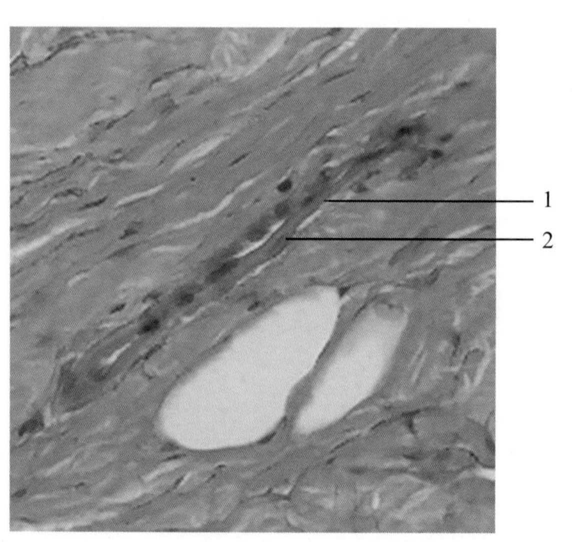

图 2-6-7　毛细血管纵切（HE 染色，400×）

1. 毛细血管　2. 血细胞

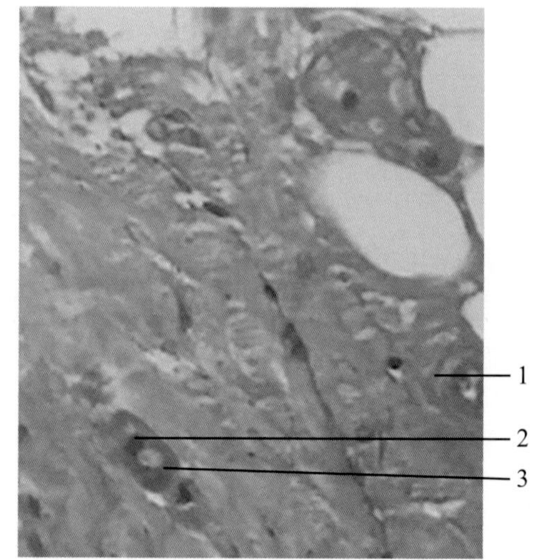

图 2-6-8　毛细血管横切（HE 染色，400×）

1. 毛细血管　2. 周细胞　3. 内皮

（五）中静脉

切片：中静脉横切，HE 染色。

（1）肉眼观察：呈扁圆形或不规则形。

（2）低倍镜下观察：注意与中动脉的区别，中静脉管壁薄、管腔大，常塌陷而呈不规则形（图 2-6-4）。

(3) 高倍镜下观察：与中动脉比较有下列特点（图 2-6-9，图 2-6-10）。

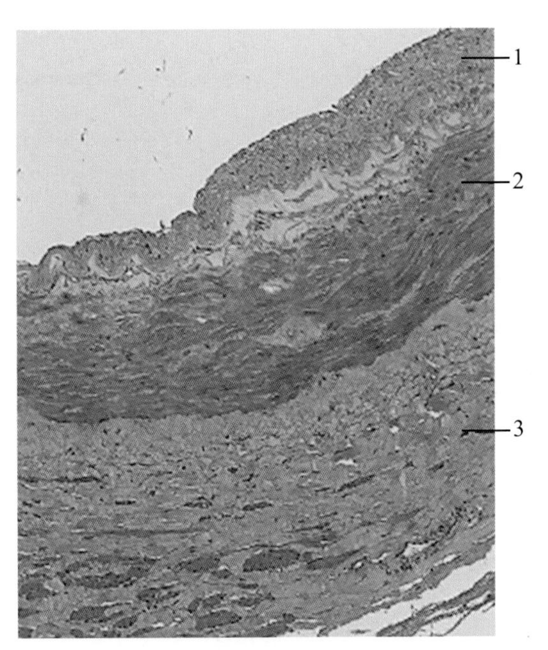

图 2-6-9　中静脉（HE 染色，100×）

1. 内膜　2. 中膜　3. 外膜

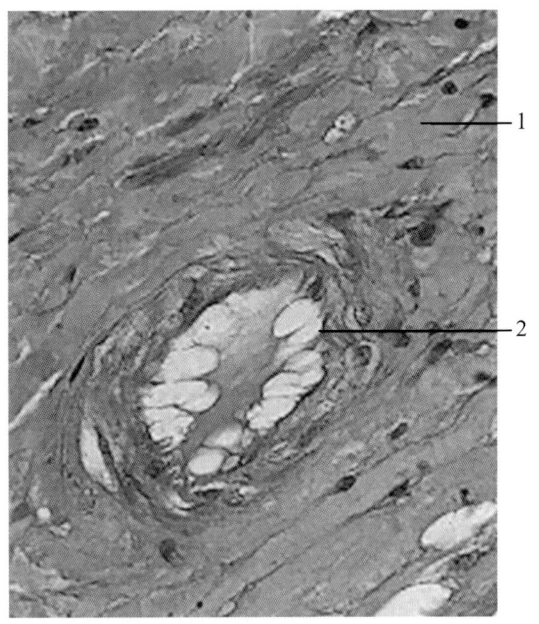

图 2-6-10　中静脉（HE 染色，400×）

1. 外膜　2. 自养血管

①内膜不发达，由内皮和内皮下层构成，未见内弹性膜。

②中膜较薄，平滑肌层数少。

③外膜比中膜厚，由疏松结缔组织构成。内有散在的纵行平滑肌束和自养血管。

三、作业

绘制高倍镜下心壁、中动脉组织结构。

（福建农林大学　王全溪，许丽惠）

第七章　免疫系统

一、实验目的

（1）通过切片观察，掌握中枢免疫器官（胸腺，腔上囊）的组织结构。

（2）通过切片观察，掌握外周免疫器官（淋巴结、脾）的组织结构。

二、实验内容

（一）腔上囊

标本：鸡腔上囊横切，HE 染色。

（1）肉眼观察：鸡腔上囊横切为不规则的圆形，中间有一空白的管腔。

（2）低倍镜下观察：鸡腔上囊囊壁可分为黏膜层、黏膜下层、肌层、外膜四层结构。黏膜层向管腔伸入，形成多个纵行的皱襞。皱襞的腔面是上皮，内为固有层，固有层中有密集的腔上囊小结，染色较深（图 2-7-1）。

（3）高倍镜下观察：

①黏膜：上皮是假复层柱状上皮，有的位置是单层柱状上皮。固有层内有密集排列的腔上囊小结，小结外周是皮质，着色较深，中央为浅染的髓质。皮质由上皮性网状细胞和网状纤维构成网状支架，网孔内分布着密集的淋巴细胞和少量的巨噬细胞。髓质由上皮性网状细胞构成支架，结构较为疏松，网孔内有大中淋巴细胞和少量巨噬细胞。皮质和髓质间有一层上皮细胞。腔上囊无黏膜肌层（图 2-7-2）。

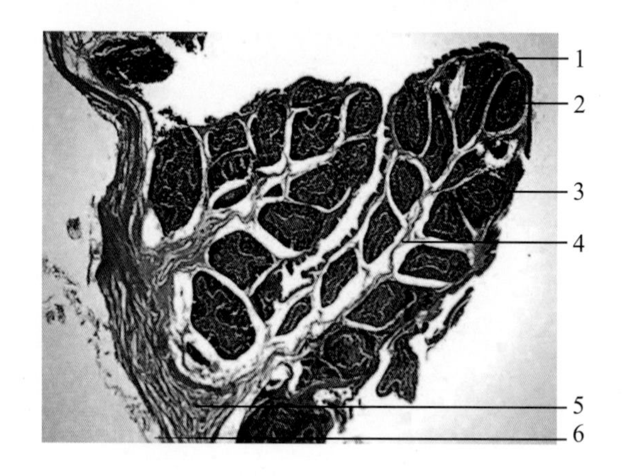

图 2-7-1　腔上囊（HE 染色，40×）

1. 上皮　2. 固有层　3. 腔上囊小结　4. 黏膜下层　5. 肌层　6. 外膜

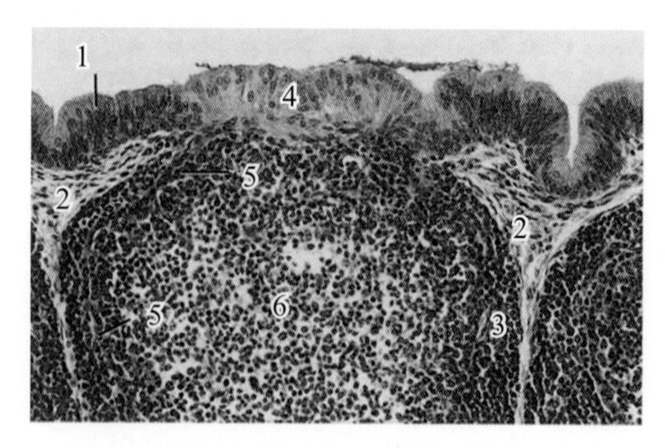

图 2-7-2　腔上囊（HE 染色，125×）

1. 假复层柱状上皮　2. 固有层　3. 皮质　4. 小结相关上皮　5. 上皮细胞层

②黏膜下层：由薄层的疏松结缔组织构成，在皱襞中央构成中轴。

③肌层：由平滑肌构成，内纵外环。

④外膜：是一薄层的浆膜。

（二）胸腺

标本：胸腺，HE 染色。

（1）肉眼观察：胸腺表面覆盖被膜，实质可见许多不完全分隔的胸腺小叶。

（2）低倍镜下观察：被膜为嗜酸性的结缔组织，伸入实质，把实质分成胸腺小叶，有的小叶独立，有的两个小叶不完全分隔，主要是髓质部相连。小叶周边是皮质，淋巴细胞密集，常常染成较深的蓝紫色；小叶中间是髓质，染色较浅（图 2-7-3）。选择一个结构清楚的胸腺小叶，转到高倍镜观察。

（3）高倍镜观察：重点观察胸腺小叶的结构。

①皮质：胸腺皮质主要有上皮细胞和胸腺细胞。上皮性网状细胞形态呈星形，表面有突起，细胞核呈卵圆形，浅染。上皮性网状细胞构成网状组织的支架，间隙内有大量的各级发育状态的胸腺细胞和少量巨噬细胞。胸腺细胞密集，细胞核较大，嗜碱性，因此皮质着色呈深的蓝紫色（图 2-7-4）。

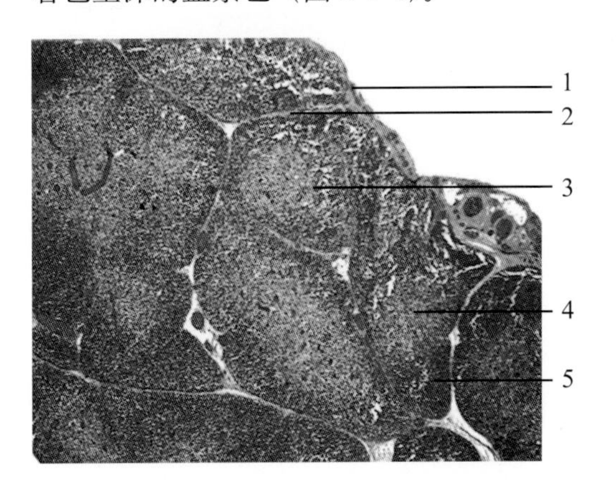

图 2-7-3 胸腺（HE 染色，40×）

1. 被膜 2. 小叶间隔 3. 胸腺小叶 4. 髓质 5. 皮质

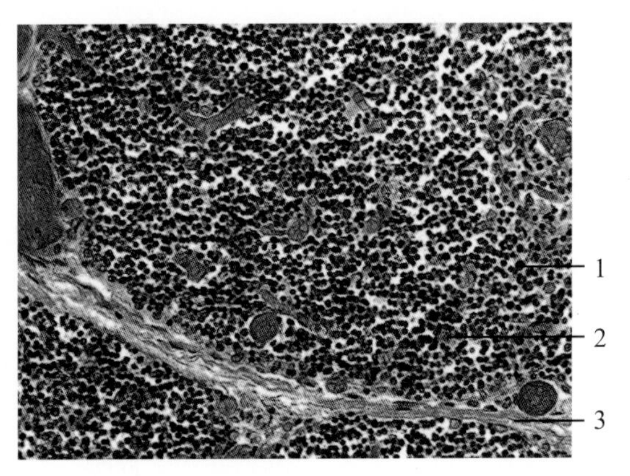

图 2-7-4 胸腺皮质（HE 染色，400×）

1. 胸腺细胞 2. 上皮网状细胞 3. 小叶间隔

②髓质：由于胸腺细胞在发育过程中，能够与自身蛋白发生反应的胸腺细胞不断发生凋亡，所以在胸腺髓质内细胞分布较为稀疏，髓质上皮性网状细胞较多，胸腺细胞和巨噬细胞较少。移动视野，可见胸腺髓质内有扁平的上皮性网状细胞呈同心圆排列结构，称为胸腺小体，染成粉红色，呈圆形，大小不等。小体周围的细胞结构清楚，胞质呈粉红色，形态呈月牙形，核明显，靠近中间的细胞常退化，染成深红色，核固缩或消失。胸腺髓质中有毛细血管后微静脉，有时可见正在进入血管的成熟 T 淋巴细胞（图 2-7-5）。

（三）淋巴结

标本：牛淋巴结（图 2-7-6）和猪淋巴结（图 2-7-7），HE 染色。

（1）肉眼观察：淋巴结呈豆形，一侧有一凹陷结构为门部，是神经、血管和淋巴管进出淋巴结的地方。

（2）低倍镜下观察：表面覆盖有粉红色的被膜，是致密的结缔组织，浅层是皮质，颜色较深，中央颜色较浅的是髓质。表面被膜延伸入淋巴结实质中形成小梁结构。小梁是淋巴结重要的支架，两个小梁之间是皮质区。皮质主要由浅层皮质、皮质淋巴窦和副皮质区组成。淋巴结的中央是髓质。

猪淋巴结：仔猪时，皮质位于中央，髓质位于四周，而长大后猪淋巴结表现为淋巴小结错综分布在整个淋巴结内，皮质与髓质的界线难以区别。（图 2-7-7）

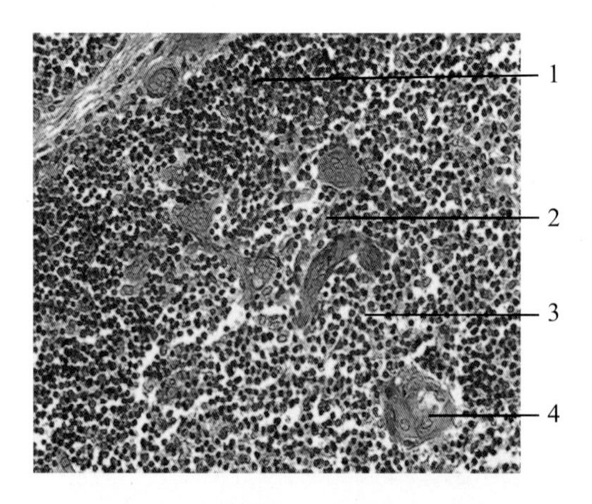

图 2-7-5　胸腺髓质（HE 染色，400×）

1. 胸腺细胞　2. 小皮网状细胞　3. 巨噬细胞
4. 胸腺小体

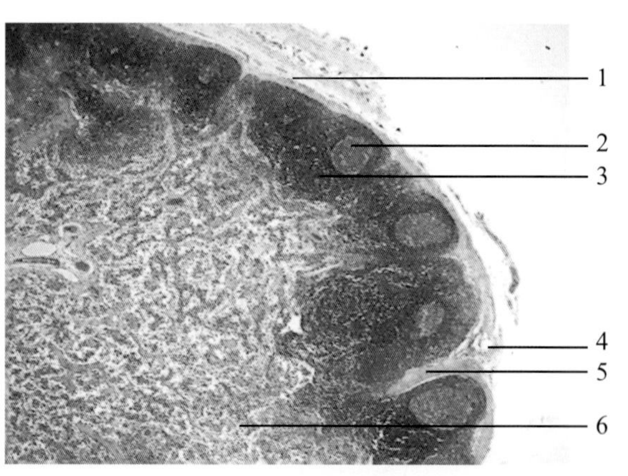

图 2-7-6　牛淋巴结（HE 染色，40×）

1. 被膜　2. 淋巴小结　3. 皮质
4. 输入淋巴管　5. 小梁　6. 髓质

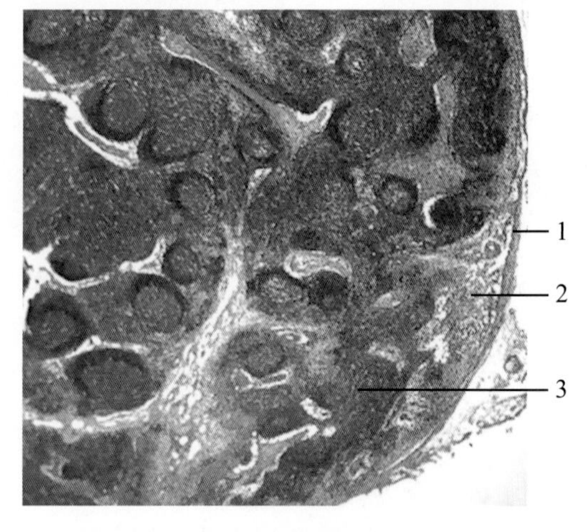

图 2-7-7　猪淋巴结（HE 染色，40×）

1. 被膜　2. 髓质　3. 皮质

（3）高倍镜下观察：

①皮质：浅层皮质中有大量的淋巴小结。淋巴小结是淋巴细胞集中的地方，周围密集小淋巴细胞，呈深紫色。淋巴小结中间主要是由中、大型淋巴细胞和网状细胞构成生发中心，该中心是抗原抗体反应的主要部位。生发中心在抗原的刺激下，数量增加体积增大，染色较深的一侧，淋巴细胞较多称为暗区，染色较浅一侧称为明区，而在明区的上

方有染成深色的帽状结构称为帽区，帽区的淋巴细胞一般是能够与抗原反应的小淋巴细胞，由浆细胞的前身和一些记忆性淋巴细胞构成。淋巴细胞为圆形，核多呈圆形，染色深，细胞质少。网状细胞核呈椭圆形或不规则形的圆形，染色淡，细胞质较多，有突起（图 2-7-8）。

皮质淋巴窦：主要包括被膜下窦和小梁周窦，是淋巴小结与被膜或小梁之间的网状空隙，周边是内皮细胞，网状细胞构成支架，网孔内有少量的巨噬细胞和淋巴细胞（图 2-7-9）。

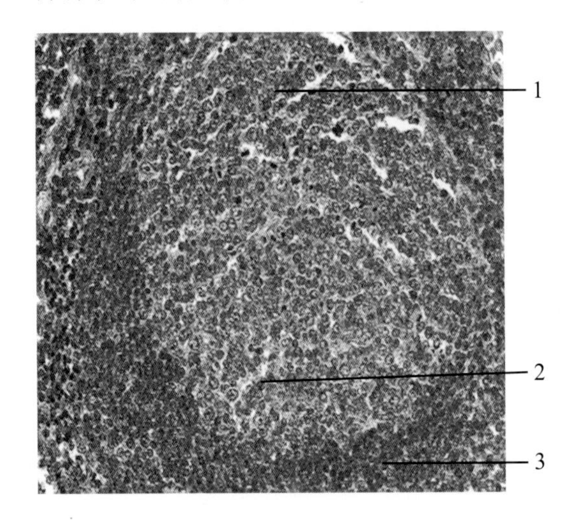

图 2-7-8　牛淋巴结生发中心（HE 染色，400×）

1. 暗区　2. 明区　3. 帽区

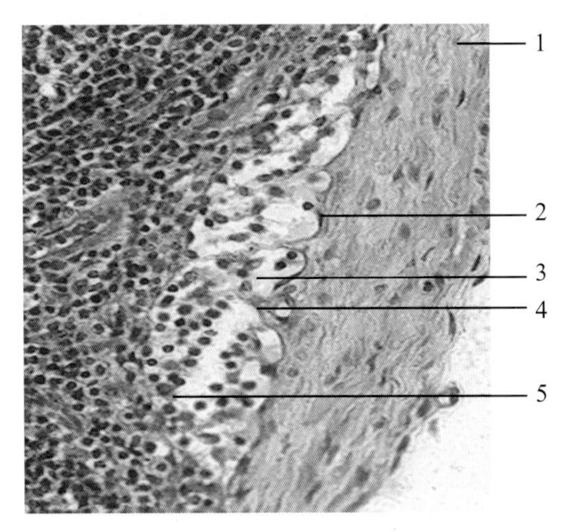

图 2-7-9　牛淋巴结（HE 染色，400×）

1. 被膜　2. 窦内皮　3. 被膜下窦　4. 网状细胞　5. 巨噬细胞

副皮质区：位于深层皮质部，又称为深层皮质，在浅层皮质的深面，是皮质和髓质交界处。副皮质区为较疏松的淋巴组织。其淋巴细胞主要是 T 细胞。

②髓质：位于淋巴结的中央，由髓索和髓窦组成。髓索主要包含 B 淋巴细胞以及少量的 T 淋巴细胞、浆细胞及巨噬细胞等。髓窦位于髓索之间，结构与淋巴窦相似，窦内巨噬细胞较多（图 2-7-10）。

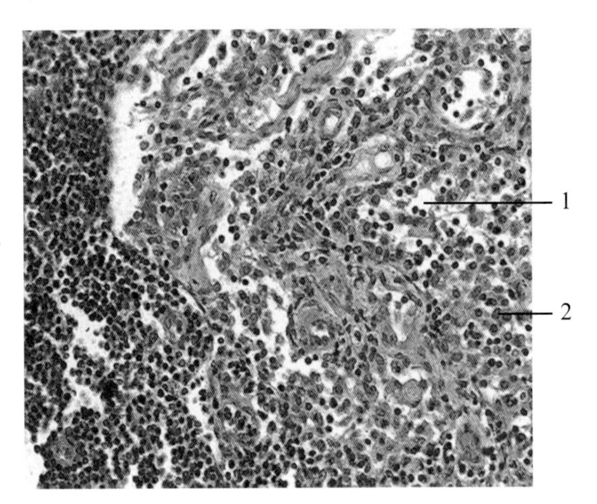

图 2-7-10　牛淋巴结髓质（HE 染色，400×）

1. 髓窦　2. 髓索

（四）脾

标本：脾脏，HE 染色。

（1）低倍镜下观察：脾实质外被覆较厚的结缔组织被膜，被膜伸进实质形成条索状的小梁，小梁中有平滑肌纤维、小梁动脉和小梁静脉（图 2-7-11）。脾实质包括散在分布的呈圆形团块状的白髓和条索状的红髓（图 2-7-12），白髓与红髓之间的淋巴组织称为边缘区（图 2-7-13）。

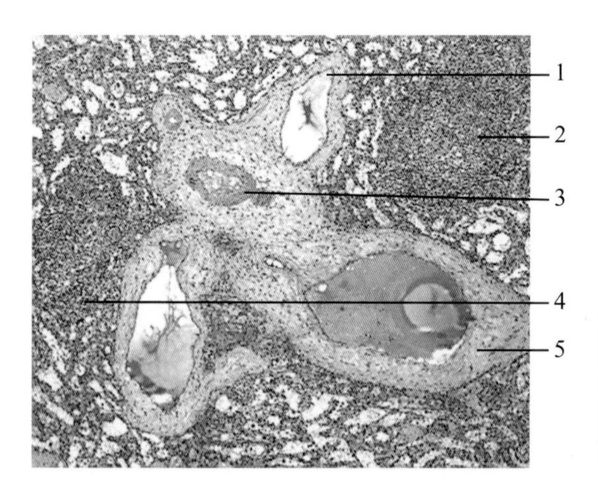

图 2-7-11 脾脏（HE 染色，100×）

1. 小梁静脉 2. 脾小结 3. 小梁动脉 4. 边缘区 5. 小梁

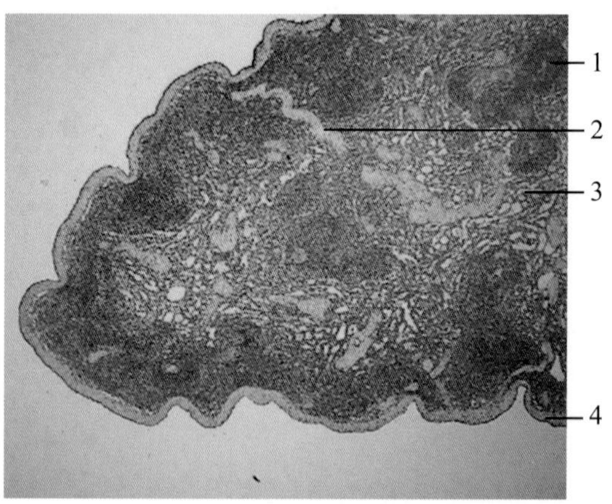

图 2-7-12 脾脏（HE 染色，40×）

1. 白髓 2. 小梁 3. 红髓 4. 被膜

（2）高倍镜下观察：

①白髓：含有密集淋巴组织，包括动脉周围淋巴鞘和脾小结两个结构。

动脉周围淋巴鞘：可见中间有一圆形的中央动脉（横切），围绕动脉形成一密集的淋巴组织，主要含有 T 细胞和少量巨噬细胞，中央动脉旁傍行一小淋巴管。

脾小结：与淋巴结的淋巴小结相似，在抗原刺激时也会形成生发中心，呈现明区、暗区和帽区。一般位于动脉周围淋巴鞘旁，但其中间一般没有明显的中央动脉，有一些动脉分支。细胞主要成分是 B 淋巴细胞。

②边缘区：在白髓与红髓之间，细胞排列比红髓密比白髓疏，由白髓的外周较致密的淋巴组织构成，其中分布有丰富的毛细血管。

③红髓：位于白髓之间。由脾索和脾窦两部分组成。脾索表现为不规则的条索状，由富含血细胞的淋巴组织构成，主要含有 B 细胞、网状细胞、巨噬细胞和浆细胞。而脾窦则位于脾索之间，脾窦内充满血细胞（图 2-7-14）。

三、课堂作业

绘制高倍镜下腔上囊、胸腺、淋巴结和脾脏显微组织结构。

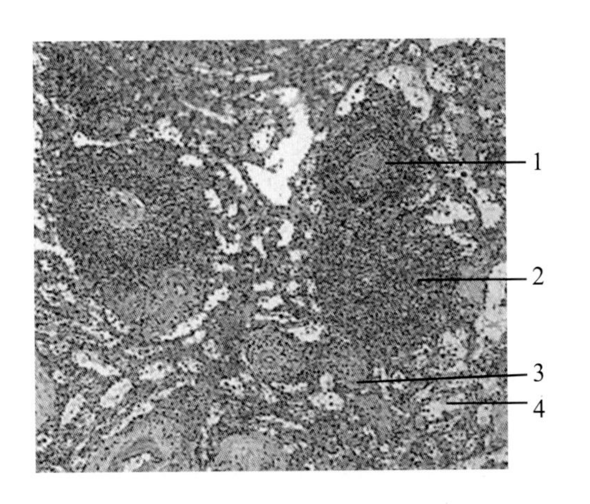

图 2-7-13　脾脏（HE 染色，100×）

1. 动脉周围淋巴鞘　2. 脾小结　3. 边缘区　4. 红髓

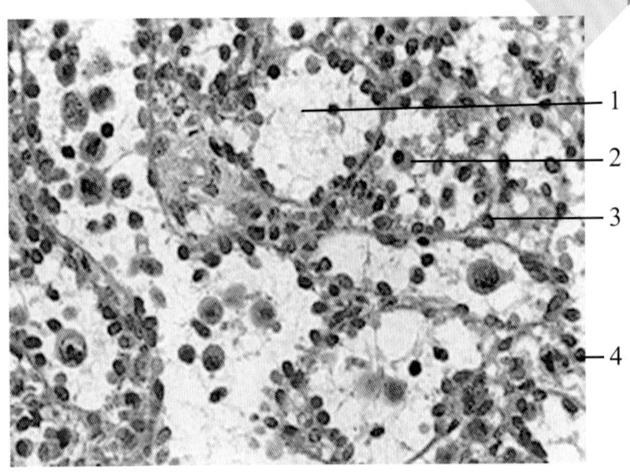

图 2-7-14　脾脏（HE 染色，400×）

1. 髓窦　2. 浆细胞　3. 髓索　4. 淋巴细胞

（福建农林大学　王全溪，许丽惠）

第八章　被皮系统

一、实验目的

（1）掌握有毛皮肤和无毛皮肤的结构。

（2）掌握皮肤衍生物——毛、汗腺、皮脂腺和乳腺的结构。

（3）了解不同生理状态乳腺的组织结构差异。

二、实验内容

（一）无毛皮肤

切片：猫足底皮肤，HE 染色

（1）肉眼观察：切片一侧较厚的嗜酸性深染部分和其下方的嗜碱性着色部分为表皮；其下方染色较浅的部分为真皮和皮下组织。

（2）低倍镜下观察（图 2-8-1）：

表皮：很厚，为复层扁平上皮。

真皮：与表皮相互凹凸嵌合，分为乳头层和网状层。汗腺发达。真皮乳头层染色较浅，内含丰富的毛细血管。网状层染色较深，含粗大的胶原纤维束和弹性纤维，彼此交错成网，成纤维细胞分散在纤维之间。

皮下组织：由疏松结缔组织构成，含大量空泡状的脂肪组织和汗腺。

图 2-8-1　猫足底皮肤 (HE 染色，100×)

1. 表皮　2. 真皮　3. 皮下组织　4. 汗腺　5. 真皮乳头层

（3）高倍镜下观察：重点观察表皮的分层和真皮的结构。（图 2-8-2，图 2-8-3）

表皮：由表面至基底可明显区分为角质层、透明层、颗粒层、棘细胞层和基底层。

角质层：为多层无核角质化的扁平细胞，切片上呈粉红色。

透明层：由几层细胞界限不清的扁平细胞构成，细胞核与细胞器已退化分解，胞质呈均质状，HE 染色时被伊红着色。

颗粒层：位于角质层的深面，由 2 ～ 3 层扁平细胞构成。

棘细胞层：由数层多边形细胞构成，细胞较大，细胞核为圆形，染色浅。

基底层：由一层矮柱状或立方细胞构成，细胞界限不清，核呈椭圆形或圆形，胞质少。

真皮：乳头层向表皮突出形成真皮乳头，细胞成分较多，纤维细。网状层纤维交织成网（图 2-8-2）。

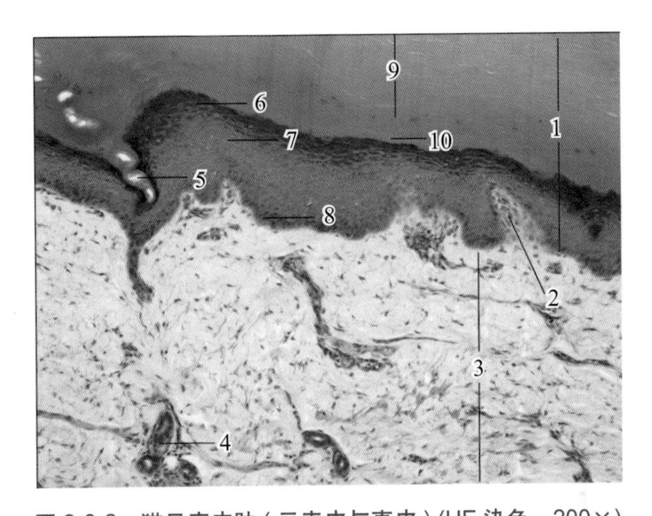

图 2-8-2　猫足底皮肤（示表皮与真皮）(HE 染色，200×)

1. 表皮　2. 真皮乳头层　3. 真皮网状层　4. 汗腺　5. 汗腺导管　6. 颗粒层　7. 棘细胞层　8. 基底层　9. 角质层　10. 透明层

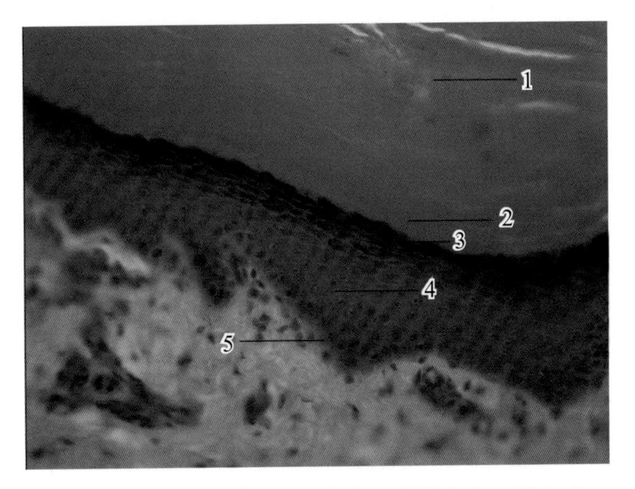

图 2-8-3　猫足底皮肤（示表皮）(HE 染色，400×)

1. 角质层　2. 透明层　3. 颗粒层　4. 棘细胞层　5. 基底层

（二）有毛皮肤

切片：人头皮（或绵羊皮肤），HE 染色

（1）肉眼观察：切片一侧较薄但染色较深的部分为表皮，其下方较厚染成红色的部分为真皮和皮下组织。

（2）低倍镜下观察（图 2-8-4，图 2-8-5）：

表皮：为角质化的复层扁平上皮，基底部凹凸不平，与真皮分界清晰。

真皮：分乳头层和网状层。乳头层位于表皮下方，较薄，由疏松结缔组织构成，真皮乳头凸入表皮，其内可见毛细血管。网状层很厚，位于乳头层深部，由不规则的致密结缔组织构成，可见血管、神经束、毛和毛囊、皮脂腺及汗腺等。

皮下组织：同真皮分界不明显，主要由脂肪组织构成，可见疏松结缔组织将其分隔成脂肪小叶。

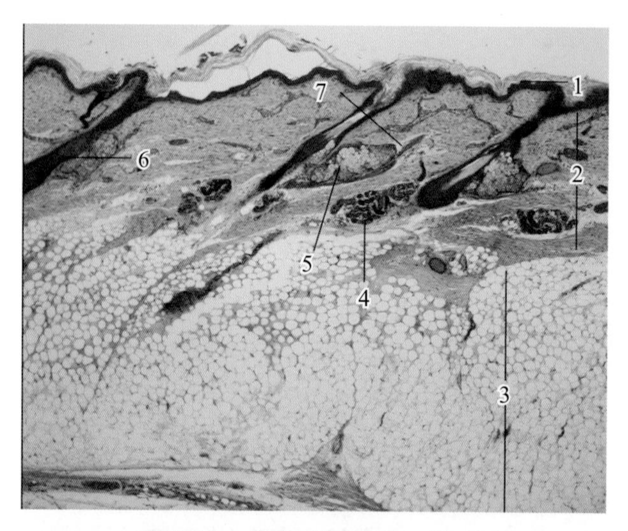

图 2-8-4　头皮（HE 染色，40×）

1. 表皮　2. 真皮　3. 皮下组织　4. 汗腺　5. 皮脂腺　6. 毛囊　7. 立毛肌

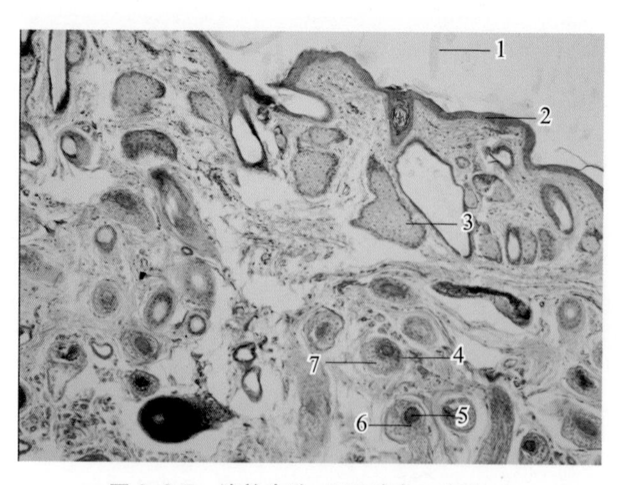

图 2-8-5　绵羊皮肤（HE 染色，100×）

1. 毛干　2. 表皮　3. 皮脂腺　4. 毛囊（横断面）　5. 毛皮质　6. 内根鞘　7. 外根鞘

(3) 高倍镜下观察：重点观察毛囊、皮脂腺、汗腺和立毛肌。

毛根和毛囊（图 2-8-6）：毛干露于皮肤外，毛根埋在皮肤内。毛根外裹毛囊，其内层与表皮深层连续，由多层上皮细胞构成，为毛根鞘；其外层由结缔组织鞘构成。有时标本上还见到毛及毛囊的横切面和斜切面，有的切面中毛已脱落，仅留有单个毛囊。毛根末端膨大称毛球，毛球底部内陷，内有结缔组织、毛细血管和神经，称为毛乳头。

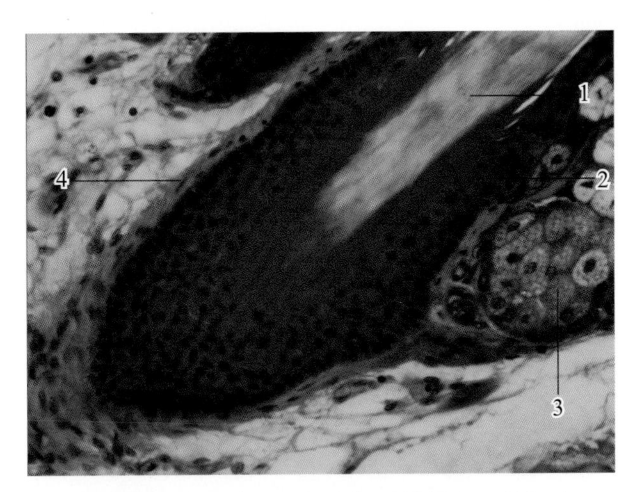

图 2-8-6 人头皮示毛和毛囊（HE 染色，400×）

1. 毛根 2. 毛根鞘 3. 皮脂腺 4. 结缔组织鞘

汗腺：由分泌部和导管部组成（图 2-8-7）。

分泌部：位于网状层及皮下组织内，由于盘曲成团，故切片上呈成群的分泌部切面，管腔较大（牛、羊呈囊状），由单层矮柱状或立方形细胞围成。细胞底部与基膜之间有深染的肌上皮细胞，核呈长杆状。有时因切面关系直观上似乎不止一层。

导管部：由两层立方细胞围成，管腔窄，其向上穿行于真皮及表皮各层内。

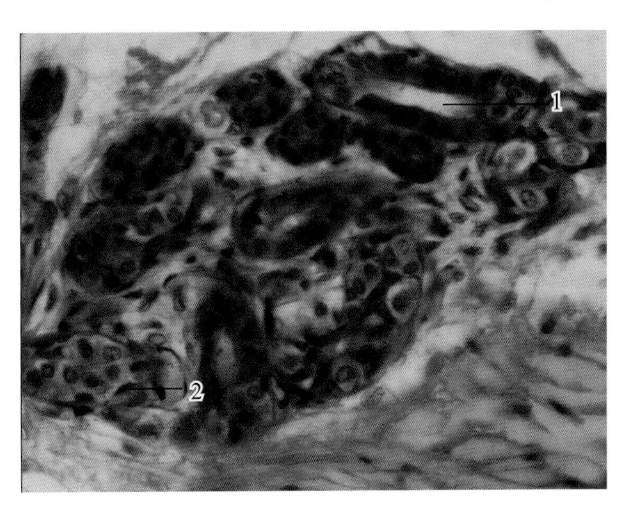

图 2-8-7 人头皮示汗腺（HE 染色，400×）

1. 汗腺分泌部 2. 肌上皮细胞核

皮脂腺：位于毛囊的一侧，分泌部细胞染色淡，其周边部腺细胞小，呈立方形。中央的腺细胞大，呈多边形，胞质富含脂滴，故染色较淡，导管很短，开口于毛囊。因切面关系未必能看到导管与毛囊相连。

立毛肌：在毛发与皮肤表面成钝角侧分布有一束斜行平滑肌，呈红色，一端与真皮浅层的结缔组织相连，另一端与毛囊相连，有时切面不完整。

（三）泌乳期乳腺

切片：牛乳腺横切，HE 染色

（1）肉眼观察：标本为乳腺的一小部分，被分隔成若干小叶。

（2）低倍镜下观察（图 2-8-8）：可见大量腺小叶和少量结缔组织，腺小叶内含大量不同分泌周期的腺泡，腺泡腔内不含或含有染成红色的乳汁。

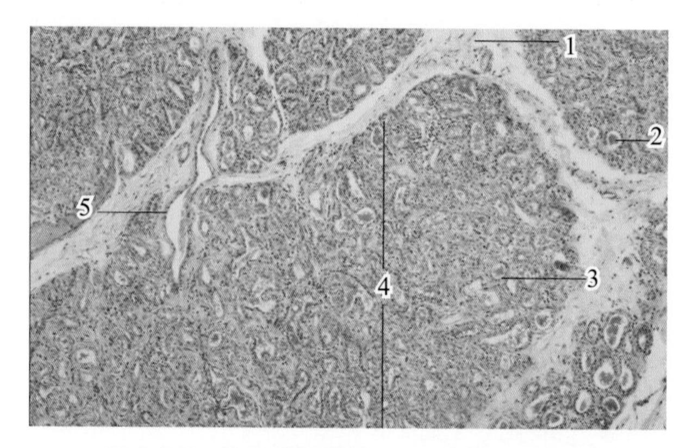

图 2-8-8　牛泌乳期乳腺（HE 染色，100×）

1. 小叶间结缔组织　2. 分泌物　3. 腺泡　4. 小叶　5. 小叶间导管

（3）高倍镜下观察（图 2-8-9）：腺泡上皮细胞因所处的机能状态不同，而呈现扁平、立方、柱状及高柱状。腺泡基部有梭形肌上皮细胞。在腺泡之间可见到一些没有腺腔的细胞团，这是由于仅切到腺泡壁的缘故。有的腺泡腔内有大量染成红色的分泌物，有的分泌物较少。小叶内导管上皮与腺泡上皮相同，小叶间导管上皮由立方上皮或柱状上皮构成，管腔较大。

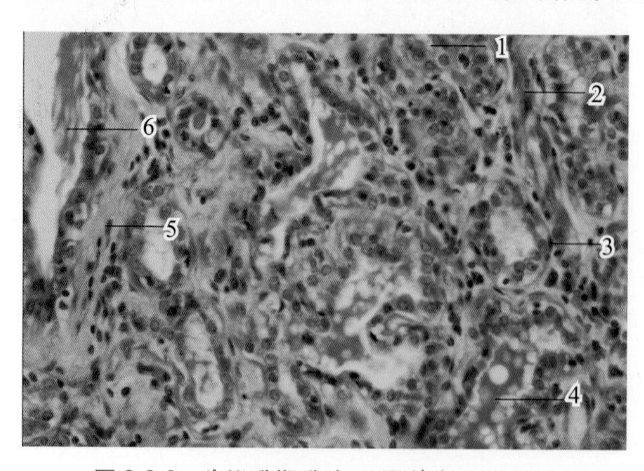

图 2-8-9　牛泌乳期乳腺（HE 染色，400×）

1. 腺泡　2. 小叶内结缔组织　3. 肌上皮细胞核　4. 分泌物　5. 小叶间结缔组织　6. 小叶间导管

（四）静止期乳腺

切片：牛乳腺横切，HE 染色。

（1）肉眼观察：标本为乳腺的一小部分，着蓝紫色的小团是乳腺小叶，着色浅的是脂肪组织。

（2）低倍镜下观察：大部分是结缔组织，内含脂肪组织或脂肪细胞。乳腺小叶较分散，小叶由腺泡、导管及结缔组织构成（图 2-8-10）。

（3）高倍镜下观察：同泌乳期乳腺相比较，有以下特点：只有少量腺泡和导管，分散在大量的腺间结缔组织中。腺泡小，腺腔狭窄或不明显，与小叶内导管难以分辨(图 2-8-11)。

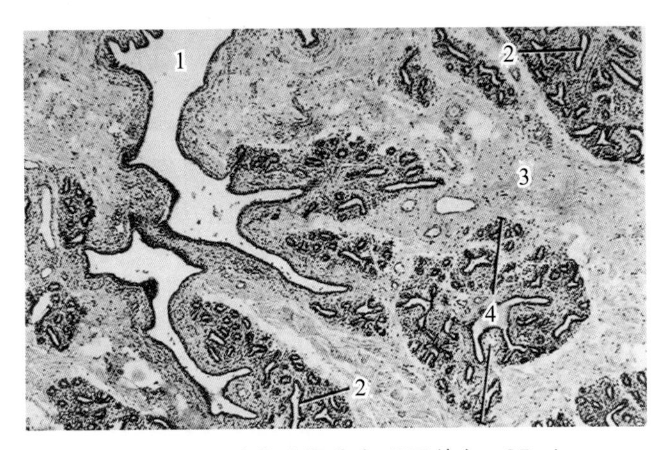

图 2-8-10　牛静止期乳腺（HE 染色，25×）

1. 小叶间小管　2. 小叶内导管　3. 小叶间结缔组织　4. 小叶（引自陈耀星，2007）

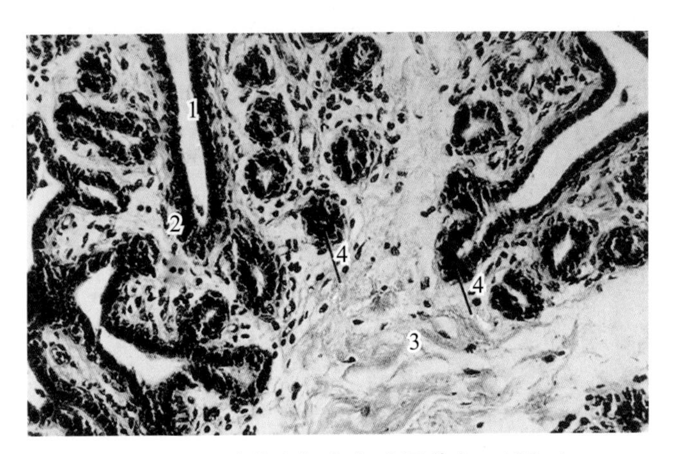

图 2-8-11　牛静止期乳腺（HE 染色，125×）

1. 小叶内导管　2. 小叶内结缔组织　3. 小叶间结缔组织　4. 腺上皮（引自陈耀星，2007）

三、作业

1．绘制有毛皮肤及毛、汗腺和皮脂腺结构的低倍镜图。

2．绘制泌乳期乳腺结构的高倍镜图。

（安徽农业大学　方富贵）

第九章　内分泌系统

一、实验目的

（1）掌握甲状腺的组织结构。

（2）掌握肾上腺皮质和髓质组织结构的特点

（3）掌握脑垂体远侧部各种细胞的形态特点。

二、实验内容

（一）甲状腺

切片：犬甲状腺，HE 染色。

（1）低倍镜观察：表面有薄层致密结缔组织构成的被膜，结缔组织伸入腺内将腺体分为不明显的小叶。实质内可见许多大小不等的圆形、卵圆形或不规则形的滤泡（图 2-9-1）。滤泡大小不一，滤泡壁多为单层立方上皮，滤泡腔内有均质状的胶状物（胶质），染成粉红色。胶质与滤泡上皮之间常见有空隙，此乃制片时胶质收缩所造成的。滤泡间的结缔组织中有丰富的毛细血管。

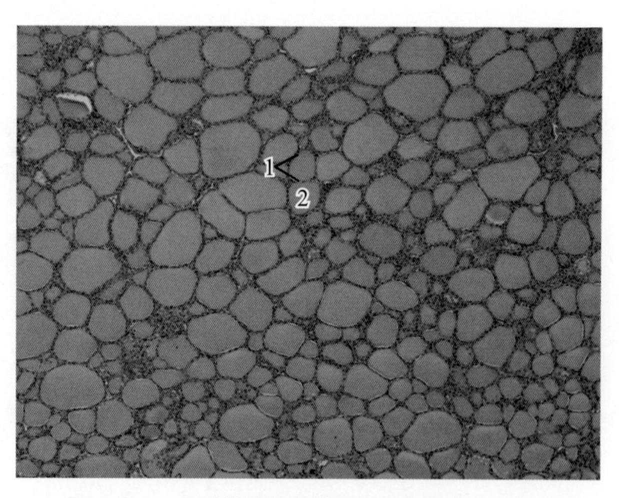

图 2-9-1　犬甲状腺低倍镜观（HE 染色，40×）

1. 滤泡　2. 胶质

（2）高倍镜观察：

①滤泡上皮细胞：一般为立方形，核圆，位于细胞中央。胞质呈弱嗜碱性，淡蓝色（图 2-9-2）。有时可见滤泡上皮呈单层扁平或低柱状。

②滤泡旁细胞：散在分布于滤泡上皮细胞之间或滤泡之间。细胞较大，多为卵圆形或圆形，胞质淡染。胞核呈圆形，色淡。

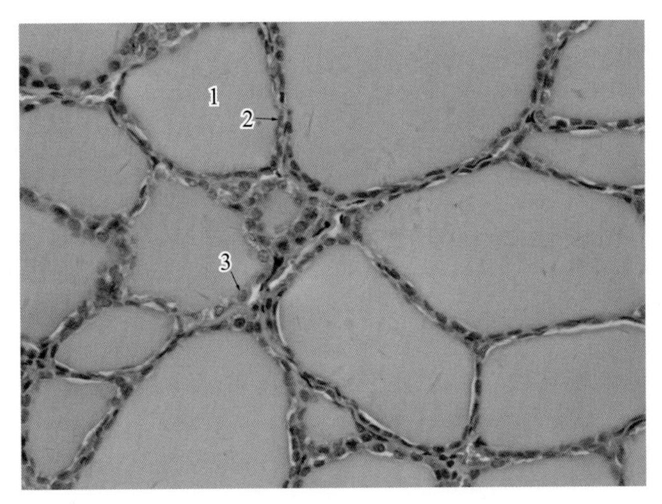

图 2-9-2　犬甲状腺高倍镜观（HE 染色，400×）

1. 胶质　2. 滤泡　3. 滤泡旁细胞

（二）肾上腺

切片：羊肾上腺，HE 染色。

（1）低倍镜观察：腺体外围深红色的为皮质，中间呈空隙状而染成蓝紫色的为髓质（图 2-9-3）。

①被膜：薄层致密结缔组织。

②皮质：位于被膜下面，很厚，根据皮质细胞排列方式的不同，从内向外可区分三个带：球状带最薄，细胞聚集呈球团状，马此区的细胞排列成弓状，故又名弓状带。束状带最厚，细胞染色最浅，排列成单行或双行的细胞索，呈放射状伸向髓质。网状带较薄，细胞着红色。

③髓质：腺体的中央部分，细胞排列成索团状，其间有血窦和少量结缔组织。中央有一条较大的中央静脉。

比较：马肾上腺球状带细胞排成弓形结构（图 2-9-4）。

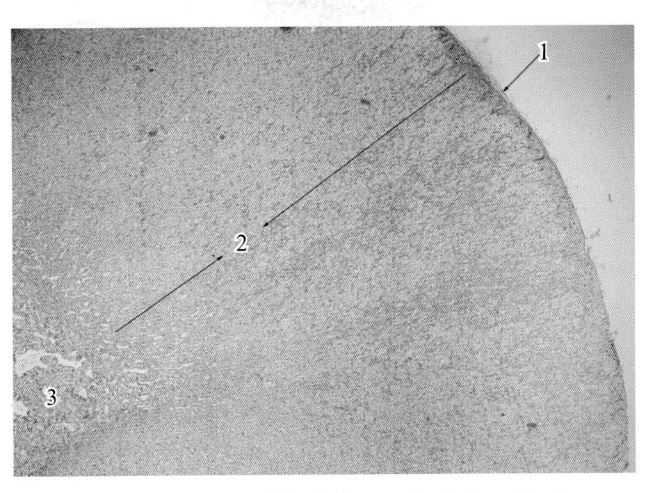

图 2-9-3　羊肾上腺低倍镜观（HE 染色，40×）

1. 被膜　2. 皮质　3. 髓质

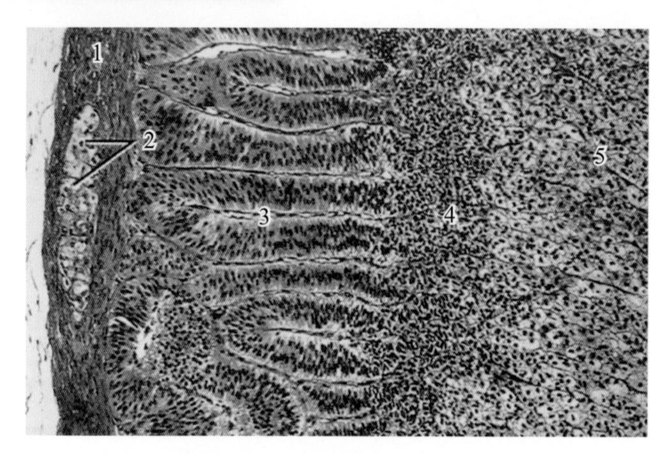

图 2-9-4 马肾上腺低倍镜观（HE 染色，62.5×） 引自陈耀星，2007

1. 被膜 2. 上皮样细胞 3. 球状带（弓状带） 4. 中间带 5. 束状带

（2）高倍镜观察：

①球状带：细胞较小，呈柱状，核小染色深，胞质少（图 2-9-5）。

②束状带：细胞较大，呈多边形或立方形，胞核圆形淡染，位于中央，胞质内含有较多类脂质颗粒，制片过程中溶解，形成许多空泡。细胞索间有血窦（图 2-9-5）。

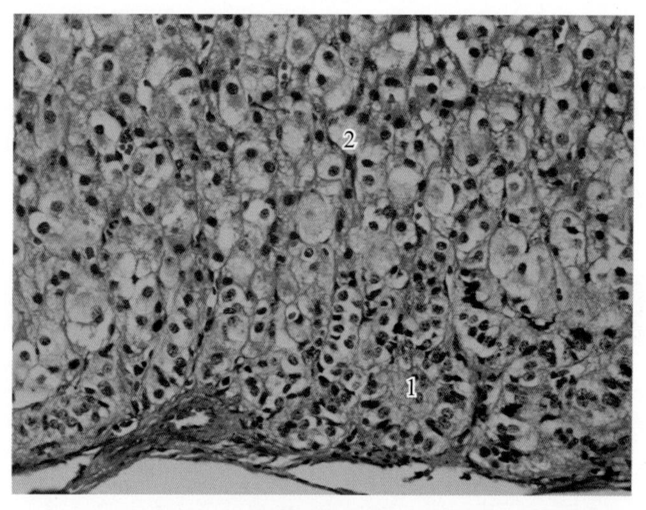

图 2-9-5 羊肾上腺球状带和束状带（HE 染色，400×）

1. 球状带 2. 束状带

③网状带：细胞呈多边形，胞核较小，着色深。胞质呈嗜酸性。细胞索相互吻合成网，网眼内为血窦。

④髓质：髓质细胞排列成索，并相互连接成网。细胞较大，呈多边形，细胞界限不清。胞核大而圆，着色浅。胞质着淡蓝紫色。细胞团索之间有血窦（图 2-9-6）。

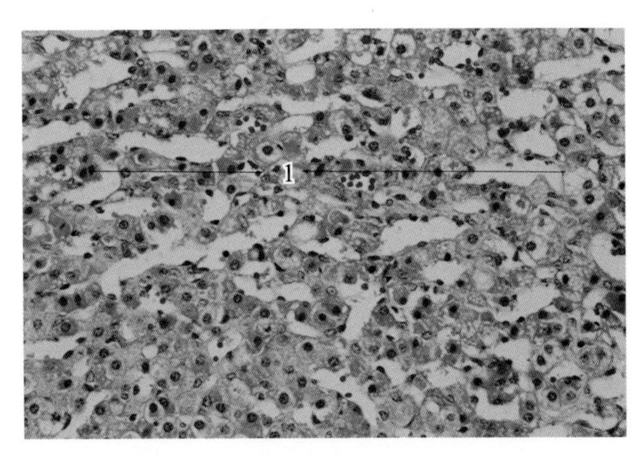

图 2-9-6　髓质（HE 染色，400×）

1. 血窦

（三）脑垂体

切片：猪脑垂体，HE 染色。

（1）肉眼观察：染色较深的为远侧部，染色较浅的为神经部，二者之间为中间部。

（2）低倍镜观察：外有薄层结缔组织被膜。

①远侧部：腺细胞密集排列成团索状，细胞间有丰富的血窦和稀疏的结缔组织。根据细胞着色的不同可分为嗜酸性细胞、嗜碱性细胞和嫌色细胞。

②神经部：染色浅，细胞成分少，主要是无髓神经纤维。此外，还有神经胶质细胞核、毛细血管和赫令氏体。

③中间部：较狭窄，可见大小不等的滤泡，滤泡腔内充满粉红色的胶状物（胶质）。

（3）高倍镜观察：

①远侧部：

嗜酸性细胞：数量较多，胞体较大，细胞界限清楚，胞质内有染成鲜红色的嗜酸性颗粒，胞核圆，常偏位，着淡蓝色。

嗜碱性细胞：数量最少，多位于远侧部的边缘部分。体积较嗜酸性细胞大，胞质内有染成蓝紫色的嗜碱性颗粒，胞核圆形，染色较浅（图 2-9-7）。

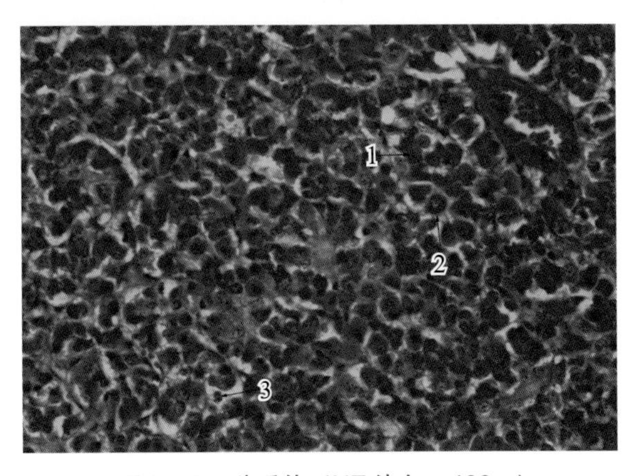

图 2-9-7　猪垂体（HE 染色，400×）

1. 嗜酸性细胞　2. 嗜碱性细胞　3. 嫌色细胞

嫌色细胞：数量最多，细胞较前两种细胞小，细胞界限不清楚，分散或成群分布。胞质少，无颗粒，着色淡或不着色。胞核呈圆形。

②神经部：主要由无髓神经纤维和神经胶质细胞核组成，并分布有丰富的毛细血管。无髓神经纤维着淡粉红色。有的神经胶质细胞质内含棕黄色的色素颗粒。神经部位还可见均质的大小不等的圆形或椭圆形团块，称赫令氏体，淡粉红色（图 2-9-8）。

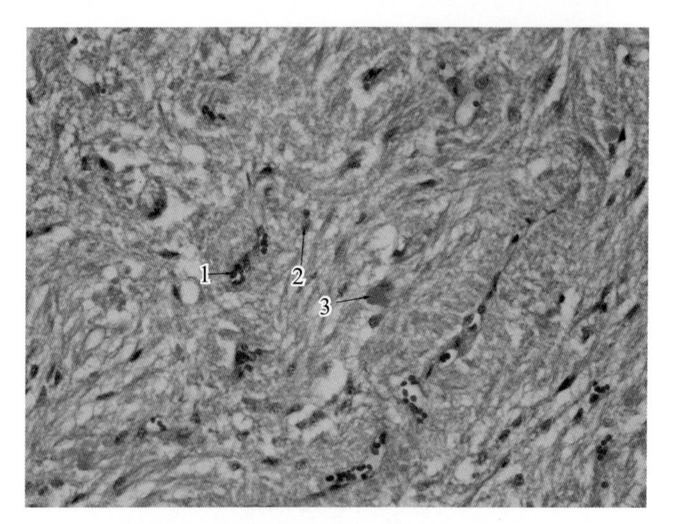

图 2-9-8　猪垂体神经部（HE 染色，400×）

1. 窦状毛细血管　2. 垂体细胞　3. 赫令氏体

三、作业

1．绘制高倍镜甲状腺滤泡的组织结构。

2．绘制高倍镜部分垂体远侧部的组织结构。

（山东农业大学　侯衍猛）

第十章　消化系统

一、目的要求

(1) 了解消化管的一般结构，掌握胃、十二指肠的组织结构特点。

(2) 掌握肝脏的组织结构。

二、实验内容

(一) 胃

切片：猪胃底部切片，HE 染色。

低倍镜下，可见胃壁由内向外依次为黏膜层、黏膜下层、肌层和浆膜四层。转换高倍镜进行观察。

(1) 黏膜层：由黏膜上皮、固有层和黏膜肌层构成。黏膜上皮为由类黏液细胞构成的单层柱状上皮。固有层为疏松结缔组织，内有大量管状腺，分为胃底腺、贲门腺和幽门腺。其中胃底腺由主细胞、壁细胞、颈黏液细胞和嗜银细胞共同构成。主细胞呈低柱状，数量最多，分布于胃腺各部；壁细胞很大，散在于其他细胞之间，胞质嗜酸性，染成红色；颈黏液细胞呈矮柱状，胞质内含有黏原颗粒，不易与主细胞相区别；黏膜肌层由内环、外纵两薄层平滑肌构成。

(2) 黏膜下层：为富含弹性纤维的疏松结缔组织，内含血管、神经、淋巴管和脂肪细胞，有时还可看见黏膜下神经丛。

(3) 肌层：较发达，排列不规则，大致可分为内斜、中环和外纵三层平滑肌。

(4) 浆膜：为一薄层疏松结缔组织，外被覆一层间皮（图 2-10-1，图 2-10-2）。

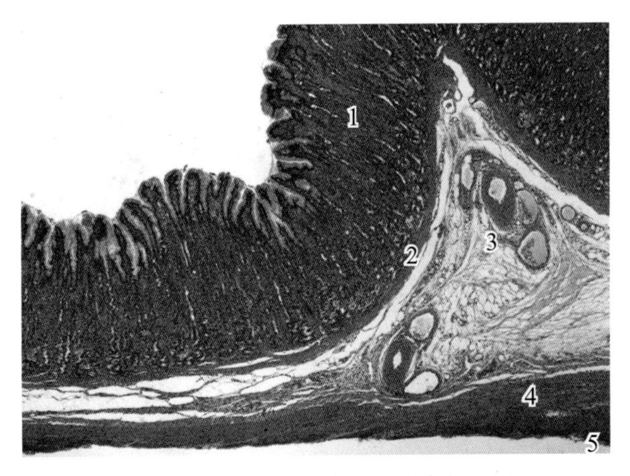

图 2-10-1　猪胃底部切片（HE 染色，40×）

1. 黏膜层　2. 黏膜肌层　3. 黏膜下层　4. 肌层　5. 浆膜

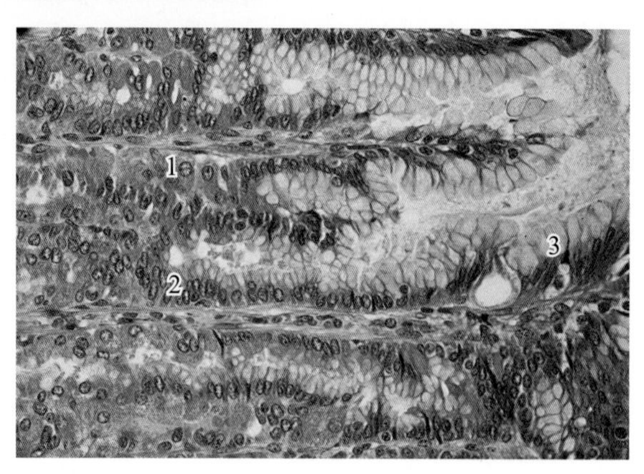

图 2-10-2　猪胃底部切片（HE 染色，400×）

1. 壁细胞　2. 主细胞　3. 颈黏液细胞

（二）十二指肠

切片：猪十二指肠横切，HE 染色。

低倍镜下，可见十二指肠壁由内向外依次为黏膜层、黏膜下层、肌层和浆膜四层。转换高倍镜进行观察。

（1）黏膜层：依次分为黏膜上皮、固有层、黏膜肌层三层结构。黏膜上皮为单层柱状上皮，上皮的游离缘具有由微绒毛构成的纹状缘。固有层由疏松结缔组织构成，内含血管、淋巴管、神经和肠腺；此外，常含有大量的淋巴细胞、浆细胞和巨噬细胞。肠绒毛是由黏膜上皮和固有层向肠腔突出形成的指状突起，表面为单层柱状上皮，内面为固有层；固有层的中央有一条中央乳糜管，中央乳糜管周围为丰富的毛细血管网。肠腺位于固有层内，其组成与黏膜上皮相同，所不同的是小肠腺无纹状缘，基底部有潘氏细胞。黏膜肌层由内环、外纵两层平滑肌构成。

（2）黏膜下层：为疏松结缔组织，其内充满十二指肠腺，十二指肠腺为混合腺，其导管穿越黏膜肌层和固有层直接开口于黏膜表面。在黏膜下层内，有时亦可看到黏膜下神经丛。

（3）肌层：由内环、外纵两层平滑肌构成。两层平滑肌之间含有肌间神经丛。

（4）浆膜：为一薄层疏松结缔组织，外被覆一层间皮（图 2-10-3）。

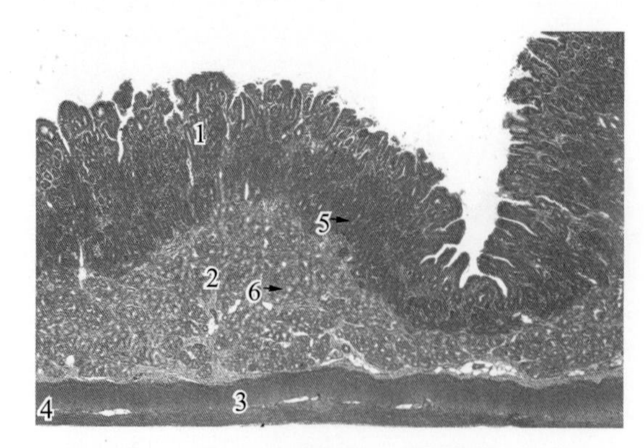

图 2-10-3　猪十二指肠切片（HE 染色，40×）

1. 黏膜层　2. 黏膜下层　3. 肌层　4. 浆膜　5. 小肠腺　6. 十二指肠腺

（三）肝脏

切片：猪肝脏切片，HE 染色。

低倍镜下，找到肝小叶，对其进行全面观察，然后转换高倍镜观察。

（1）肝小叶：在肝小叶的横断面上，中央静脉位于肝小叶的中央。中央静脉由内皮和少量结缔组织构成，无平滑肌层，管壁上有许多肝血窦的开口，故其管壁不完整。肝细胞索呈条索状，与肝血窦相间排列，以中央静脉为中心向四周呈放射状排列。

（2）肝板：肝板由肝细胞彼此连接成凸凹不平的板状结构，相邻肝板之间有分支吻合，形成迷路样立体结构网络。

（3）肝血窦：肝血窦为位于肝板之间的不连续性毛细血管，形态不规则，内含内皮细胞、肝巨噬细胞（又称枯否氏细胞）、大颗粒淋巴细胞和贮脂细胞。

（4）门管区：为多个肝小叶相邻接的区域，由结缔组织构成，其中含有小叶间动脉、小叶间静脉和小叶间胆管。小叶间胆管由单层立方或单层柱状上皮构成。在小叶间结缔组织不发达，肝小叶分界不清的动物，可借助门管区来识别肝小叶的大体轮廓（图 2-10-4，图 2-10-5）。

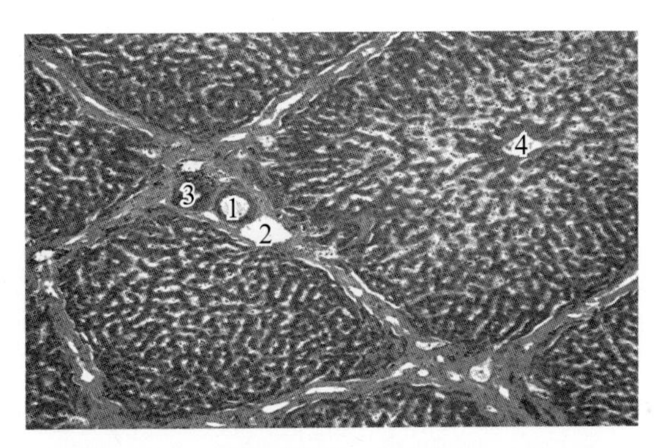

图 2-10-4　猪肝脏切片（HE 染色，100×）

1. 小叶间动脉　2. 小叶间静脉　3. 小叶间胆管　4. 中央静脉

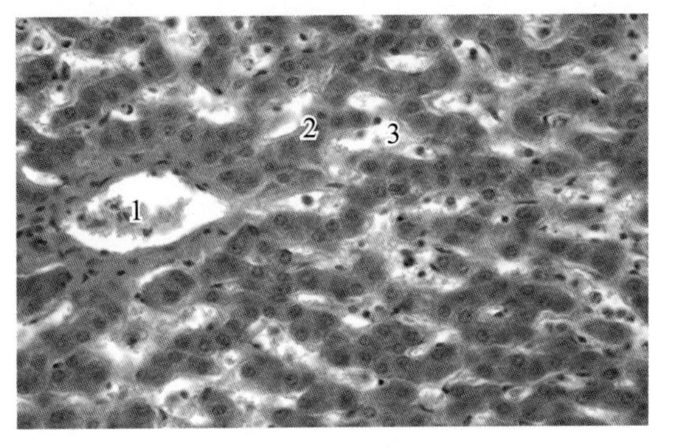

图 2-10-5　猪肝脏切片（HE 染色，400×）

1. 中央静脉　2. 肝索　3. 肝血窦

三、作业

高倍镜下绘制胃、十二指肠或肝脏组织结构图并标注。

（河南科技学院　余燕）

第十一章　呼吸系统

一、实验目的

（1）掌握气管的组织结构。

（2）观察肺的切片，联系功能，掌握肺内导气部和呼吸部各段管壁结构的变化规律。

二、实验内容

（一）气管

切片：兔气管（横切），HE 染色。

1. 低倍镜观察

区分管壁的三层结构，由内至外依次为黏膜、黏膜下层和外膜，三层之间无明显分界（图 2-11-1）。

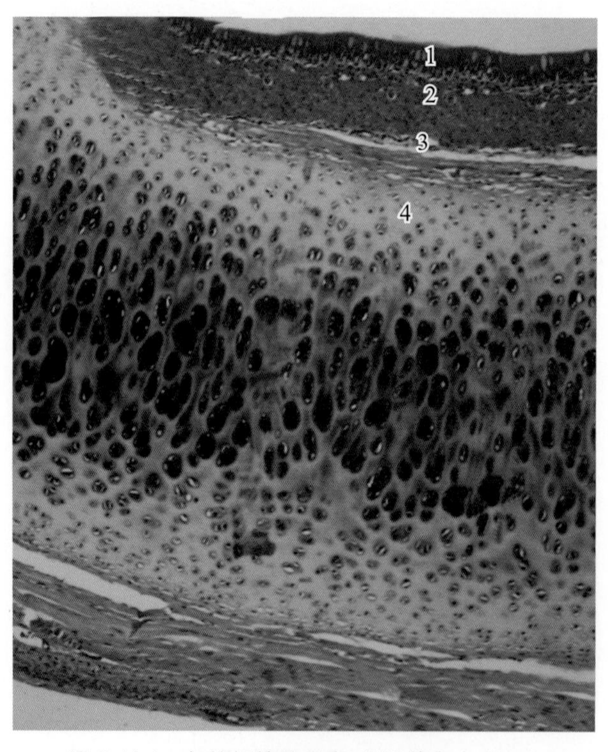

图 2-11-1　气管低倍镜观察（HE 染色，40×）

1. 黏膜上皮　2. 固有层　3. 黏膜下层　4. 外膜中的透明软骨

2．高倍镜观察

（1）黏膜：由上皮和固有层组成。

①上皮：为假复层柱状纤毛上皮，衬于腔面（图 2-11-2）。纤毛细胞数量多，呈柱状，其游离面有纤毛。核椭圆形，位于细胞的中央。杯状细胞散在于纤毛细胞之间，细胞顶部膨大，呈空泡状。基细胞位于上皮的深层，呈锥体形。核圆形，深染。上皮基部有明显的基膜，着紫红色。

②固有层：位于上皮深面，较薄，与黏膜下层分界不明显。此层由较细密的结缔组织构成，其内分布有气管腺的导管、小血管、神经和淋巴组织等。

（2）黏膜下层：位于固有层深面，为着色较浅的疏松结缔组织，内有较大的血管、神经、淋巴组织以及较多的气管腺（混合腺）。

（3）外膜：最厚，由“C”字形透明软骨环、结缔组织以及脂肪细胞所构成。在软骨环的缺口处，填充有平滑肌纤维和结缔组织。

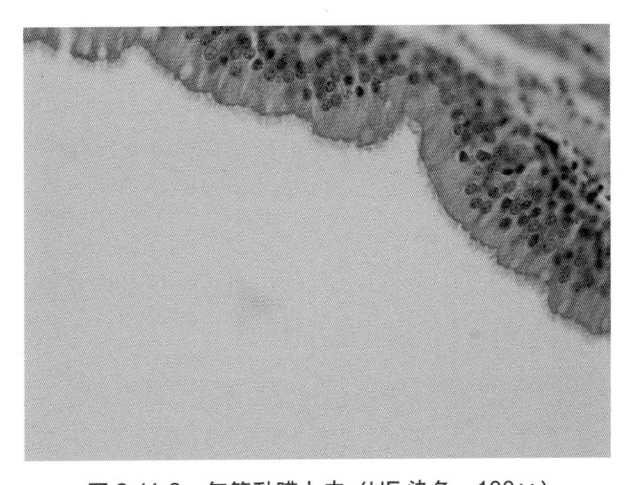

图 2-11-2　气管黏膜上皮（HE 染色，100×）

（二）肺

切片：犬肺切片，HE 染色。

1．肉眼观察

呈海绵状。

2．低倍镜观察

肺表面有浆膜为胸膜脏层（肺胸膜）。实质内可见有大小不等、形态不规则的管腔及空泡。根据管腔的大小、管壁的厚薄和管壁的结构，区分小支气管、细支气管、终末性细支气管、呼吸性细支气管、肺泡管、肺泡囊以及小动脉和小静脉。

（1）导气部：管腔较大、管壁完整，腔面有皱襞的，为肺的导气部，包括小支气管、细支气管和终末性细支气管。

（2）呼吸部：管腔较小且不规则、管壁薄而有肺泡开口的为呼吸性细支气管。肺泡管和肺泡囊均由肺泡所围成，但前者在相邻肺泡开口处有结节状膨大，而后者无结节状膨大。其余空泡状结构均为肺泡。由呼吸性细支气管、肺泡管、肺泡囊和肺泡组成肺的呼吸部。

3．高倍镜观察

（1）肺内小支气管：管壁较厚，管腔较大。黏膜表面为假复层柱状纤毛上皮，其中夹有杯状细胞。黏膜下层内可见散在的混合腺，外膜内的软骨片较大且不规则，黏膜和黏膜下层之间分布有散在的平滑肌束（图 2-11-3）。

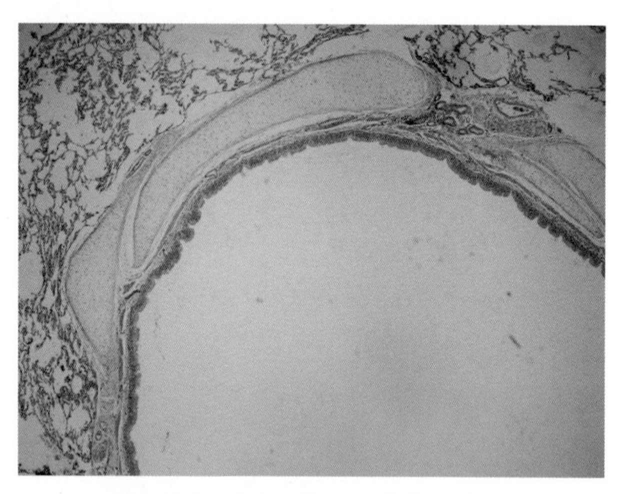

图 2-11-3　小支气管（HE 染色，40×）

（2）细支气管：管壁较薄，管腔较小，黏膜向管腔内突出形成皱襞。黏膜上皮为假复层柱状纤毛上皮或单层柱状纤毛上皮，杯状细胞极少。固有层深部的平滑肌束增多，形成较完整的一层。腺体和软骨片基本消失（图 2-11-4）。

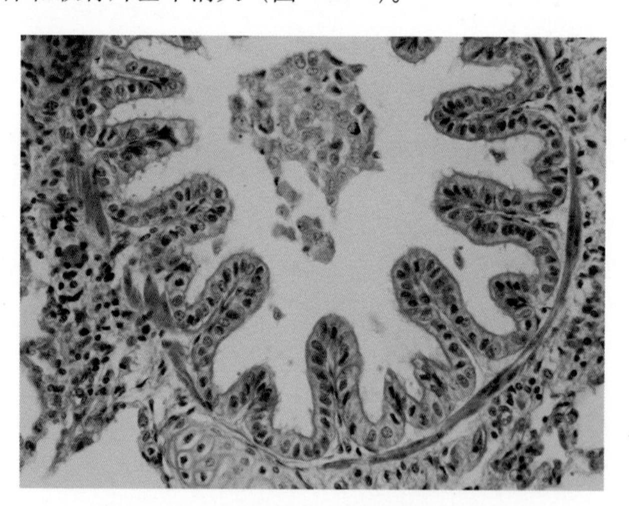

图 2-11-4　细支气管（HE 染色，400×）

（3）终末细支气管：管壁很薄，管腔更小，无皱襞。上皮为单层柱状或单层立方，平滑肌形成薄而完整的一层，杯状细胞、腺体和软骨片完全消失。

（4）呼吸性细支气管：管壁上有肺泡的开口，因而管壁不完整。上皮为单层柱状或立方上皮，在肺泡开口处为单层扁平状。上皮深面有少许的结缔组织和散在的平滑肌纤维。

（5）肺泡管：由多个肺泡所围成，无完整的管壁。相邻肺泡开口处，肺泡隔末端平滑肌纤维呈结节状膨大，着粉红色。

（6）肺泡囊：亦由肺泡围成，但相邻肺泡处无结节状膨大（图 2-11-5）。

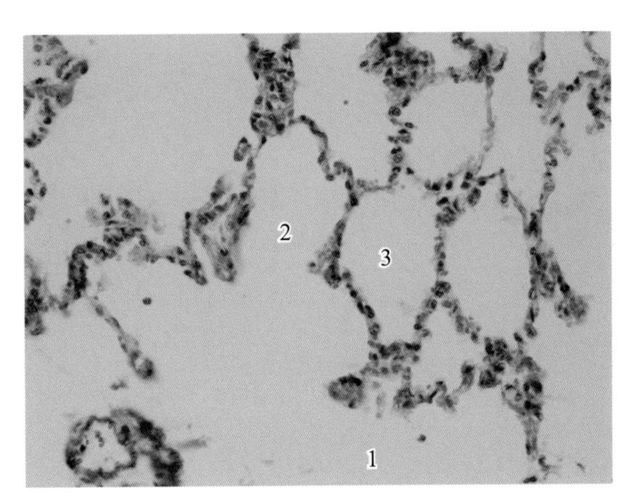

图 2-11-5　肺呼吸部（HE 染色，400×）

1. 肺泡管　2. 肺泡囊　3. 肺泡

（7）肺泡：大小不等、半球形的薄壁囊泡，开口于呼吸性细支气管、肺泡管或肺泡囊。肺泡上皮分 I 型肺泡细胞和 II 型肺泡细胞，I 型肺泡细胞呈扁平形，核扁而深染，II 型肺泡细胞立方形，核圆，质淡（图 2-11-6）。

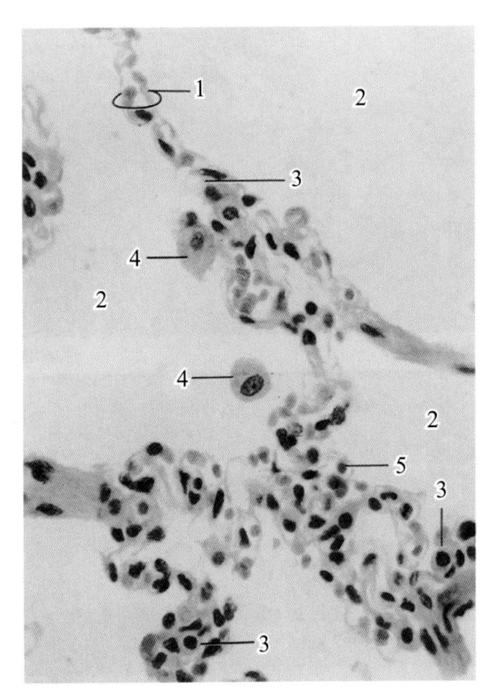

图 2-11-6　猫的肺泡（HE 染色，360×）

1. 肺泡隔（含 I 型肺泡细胞）　2. 肺泡　3. II 型肺泡细胞　4. 巨噬细胞　5. 毛细血管内的红细胞

（8）肺泡隔：系相邻肺泡之间的薄层结缔组织，内有丰富的毛细血管。血管内皮难以与Ⅰ型肺泡细胞区分，可根据毛细血管内有无血细胞来区别二者。

（9）尘细胞：位于肺泡腔内。细胞体积较大，形状不规则。核椭圆，多偏于细胞的一侧。胞质内有许多吞噬的棕黑色颗粒。

三、作业

1．绘制气管壁的部分低倍镜结构图。

2．绘制肺的部分高倍镜组织结构图。

（山东农业大学　侯衍猛）

第十二章　泌尿系统

一、实验目的

掌握肾脏和膀胱的组织学结构。

二、实验内容

（一） 肾脏

切片：羊肾，HE 染色。

1. 低倍镜观察

（1）被膜：低倍镜下可见被膜位于肾表面，外层为致密结缔组织，内层为疏松结缔组织，但常被剥离掉而观察不到。

（2）实质：实质分为皮质和髓质。皮质位于浅层，可见肾小体和肾小管，髓质位于深部，管道呈条纹状。

2. 高倍镜观察

肾单位由肾小体和肾小管组成。肾小体包括肾小球（血管球）和肾小囊 (图 2-12-1)。

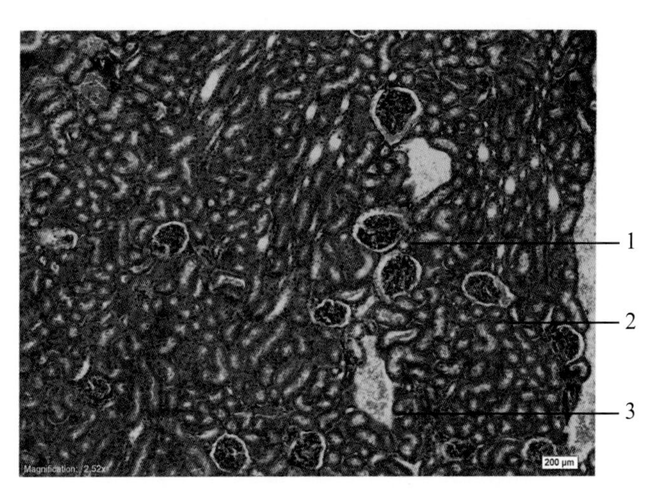

图 2-12-1　羊肾脏皮质（HE 染色，100×）

1. 肾小体　2. 肾小管　3. 血管

（1）肾小球：为毛细血管球，其外面为肾小囊，肾小囊壁层为单层扁平状细胞，脏层足细胞紧贴血管球，可见较大的细胞核。肾小球的尿极和血管极不一定同时被观察到 (图 2-12-2)。

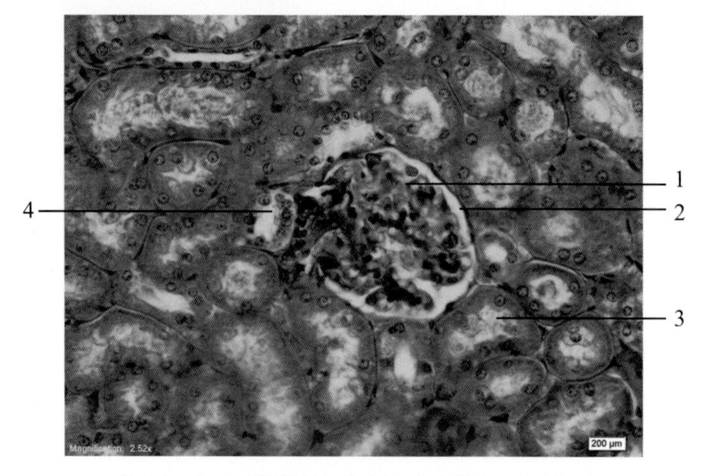

图 2-12-2 羊肾单位高倍图（HE 染色，400×）

1. 血管球 2. 肾小囊壁层 3. 近曲小管 4. 致密斑

（2）肾小管：被切成很多个断面，在皮质内的肾小体周围可见明显的近端小管和远端小管的曲部。

近端小管曲部管径较粗且不规则，管腔常常缩小，细胞为锥体形或立方形，细胞间界限不清，胞质强嗜酸性。细胞游离面有刷状缘。见图 2-12-2。

远端小管曲部短，故切片中断面较少。管径较细，管腔相对较大且较规则，上皮细胞呈立方形，细胞着色浅，胞质嗜酸性，但弱于近曲小管，细胞之间界限清晰，刷状缘不明显。

细段位于髓质及髓放线内，管径小，管壁由单层扁平上皮构成，胞质很少，着色淡，有核部分向管腔突出。

集合小管的管壁上皮由单层立方逐渐增高为单层柱状，上皮细胞较大，核圆形位于中央，胞质着色淡而明亮，细胞分界清晰。（图 2-12-3）

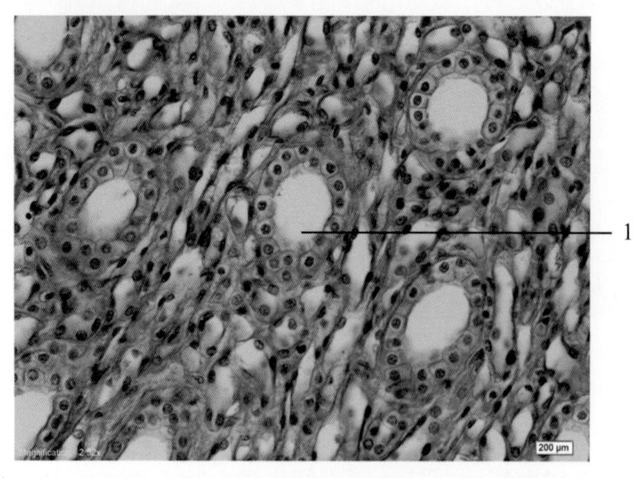

图 2-12-3 羊集合管高倍图（HE 染色，400×）

1. 集合管

(3) 球旁复合体：位于肾小体血管极处，由球旁细胞、致密斑和球外系膜细胞组成。

球旁细胞在入球小动脉进入肾小囊处，其管壁中膜的平滑肌细胞转变为上皮样细胞，细胞较大，呈立方形或多边形，核大而圆，着色浅，胞质丰富，弱嗜碱性。

致密斑为远曲小管的上皮细胞增高、变窄呈高柱状而形成的一个椭圆形的隆起。致密斑的细胞排列紧密、整齐，核椭圆形，互相紧密靠拢，位于细胞的顶部。见图 2-12-2。

球外系膜细胞，多分辨不明显，在入球小动脉、出球小动脉和致密斑三者构成的三角区内，细胞排列稀疏，有突起，胞质着色浅。

（二）观察膀胱

切片：羊膀胱，HE 染色。

1．低倍镜观察

横断面观由黏膜、肌层和外膜构成，无黏膜下层，肌层发达。

2．高倍镜观察

(1) 黏膜（图 2-12-4）：黏膜上皮为变移上皮，固有层为疏松结缔组织，马属动物此层内分布有较多的管泡状黏液腺。

(2) 肌层：均为平滑肌，一般为内纵、中环和外纵三层。

(3) 外膜：膀胱体部和膀胱顶部为浆膜，其他各部为纤维膜。

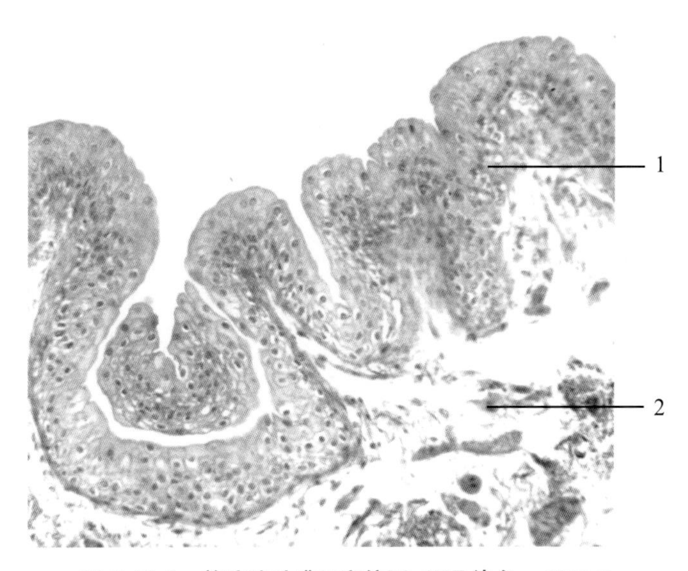

图 2-12-4　羊膀胱黏膜层高倍图（HE 染色，400×）

1. 膀胱黏膜上皮　2. 固有层的疏松结缔组织

三、作业

绘制肾小体或膀胱的组织学结构图。

（山东农业大学　黄丽波）

第十三章　生殖系统

第一节　雌性生殖系统

一、实验目的

（1）掌握卵巢和子宫的组织学结构。

（2）了解输卵管的组织学结构。

二、实验内容

（一）卵巢

切片：兔卵巢、羊卵巢、猪卵巢，HE 染色。

1．肉眼观察

外周是皮质部分，可见不同发育阶段卵泡突出卵巢表面。

2．低倍镜下观察

皮质在外周，占大部分，有不同发育阶段卵泡；髓质在内，有许多血管分布（图 2-13-1）。

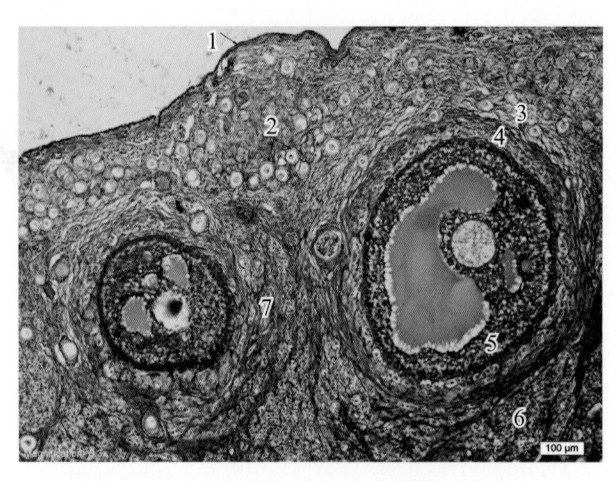

图 2-13-1　兔卵巢低倍图（HE 染色，100×）

1. 生殖上皮　2. 原始卵泡　3. 卵泡外膜　4. 卵泡内膜　5. 颗粒层　6. 基质细胞　7. 血管

3．高倍镜下观察

在皮质内分布着许多处于不同发育阶段的卵泡。

（1）原始卵泡：位于皮质浅部，数量多。卵泡的中央有一个初级卵母细胞，初级卵母细胞体积较大，胞核大而圆，核内染色质细小、分散，着色浅，呈空泡状，核仁大而明显；胞质嗜酸性。围绕其周围的卵泡细胞为单层扁平状，细胞较小，核椭圆形，卵泡细胞外面有薄层基膜（图 2-13-2）。

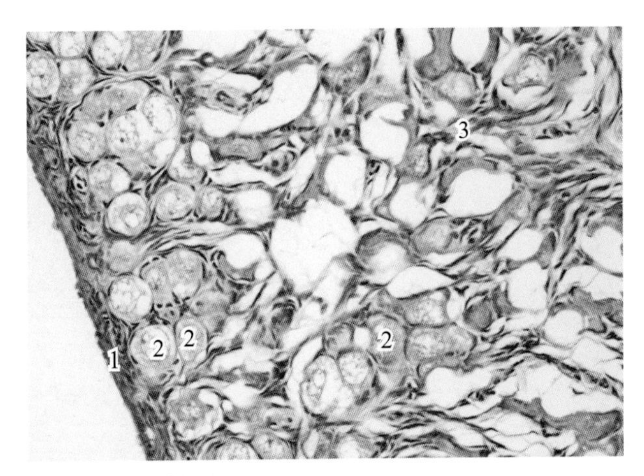

图 2-13-2　仔猪原始卵泡（HE 染色，400×）

1 生殖上皮　2 原始卵泡　3. 基质细胞

（2）初级（生长）卵泡：初级卵母细胞体积增大，卵泡细胞变为单层立方或柱状，或多层(5 ～ 6 层)。在卵母细胞和颗粒细胞之间可见嗜酸性的透明带，染成粉红色，但无卵泡腔。在初级卵泡的周围可见卵泡膜（图 2-13-3）。

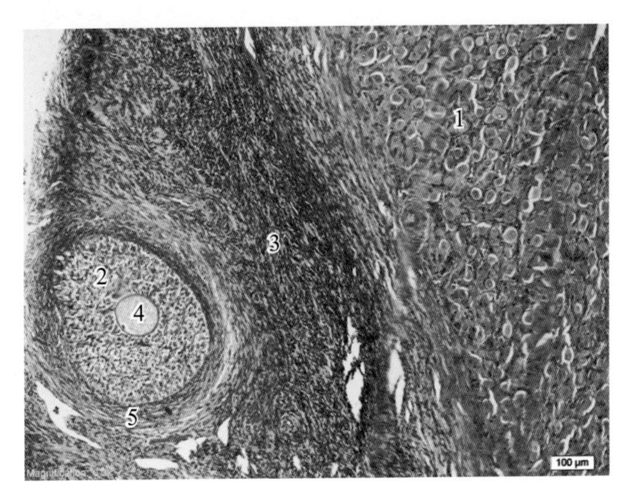

图 2-13-3　羊初级生长卵泡和黄体（HE 染色，100×）

1. 黄体　2. 初级卵泡的卵泡细胞　3. 基质细胞　4. 初级卵母细胞　5. 卵泡膜

（3）次级（生长）卵泡（图 2-13-4）：出现卵泡腔，腔内充满卵泡液，呈嗜酸性。卵泡腔内的隆起称卵丘。卵丘上紧靠卵母细胞的一层颗粒细胞增高成为放射冠。构成卵泡壁的颗粒细胞则称为颗粒层。卵泡膜分化为内、外两层。内层含丰富的毛细血管，外层为结缔组织膜，血管也较少，有少量平滑肌纤维，与周围结缔组织分界不明显。

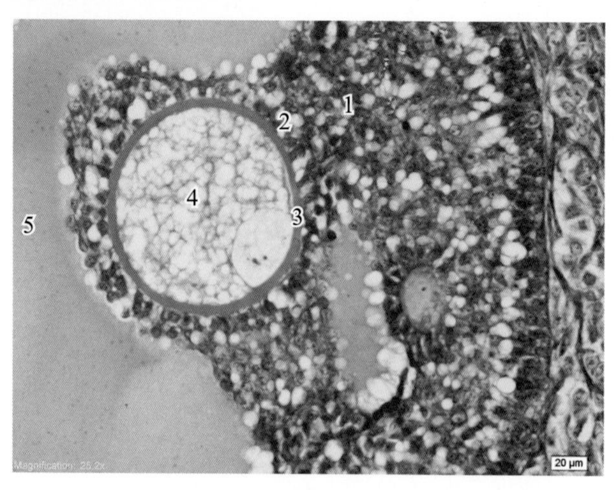

图 2-13-4　兔次级生长卵泡（HE 染色，400×）

1. 卵丘颗粒细胞　2. 放射冠　3. 透明带　4. 初级卵母细胞　5. 卵泡液

（4）黄体：粒黄体细胞体积较大，多角形，染色较浅，细胞数量多；膜黄体细胞体积较小，胞质和核染色均较深，数量少，多位于黄体的周边部，有黄体存在的卵巢皮质内则无成熟卵泡存在，次级生长卵泡也较少（图 2-13-5）。

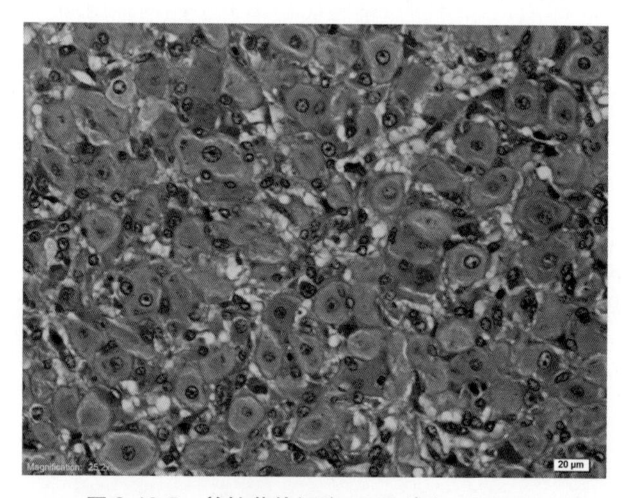

图 2-13-5　羊粒黄体细胞（HE 染色，400×）

（二）输卵管

切片：羊输卵管，HE 染色。

1．肉眼观察

黏膜面形成许多皱褶。

2．低倍镜下观察

分为黏膜层、肌层和浆膜三层。肌层发达。漏斗部有许多不规则的褶状突起，形成输卵管伞；壶腹部的管壁薄，皱褶丰富，高大而分支多，管腔极不规则；峡部的管壁厚而直，肌层最发达（图 2-13-6 至图 2-13-8）。

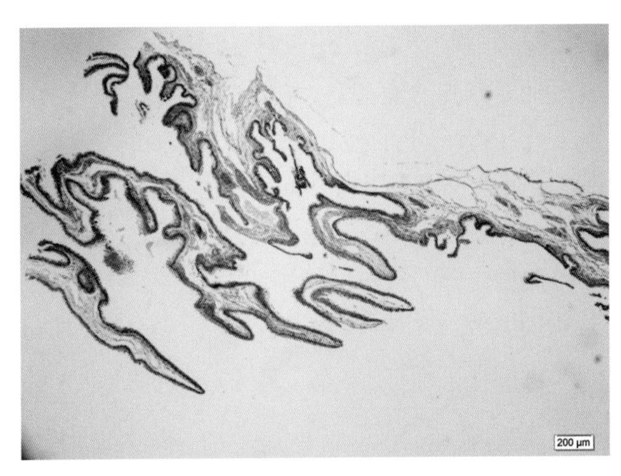

图 2-13-6　羊输卵管伞（HE 染色，40×）

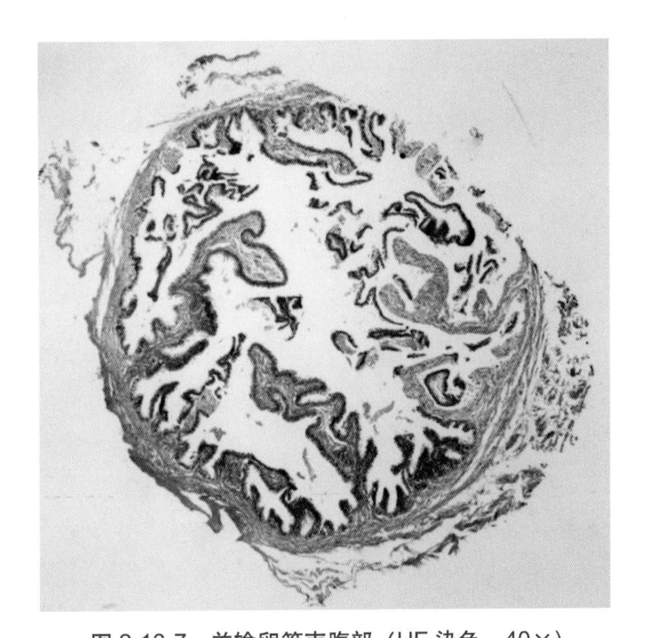

图 2-13-7　羊输卵管壶腹部（HE 染色，40×）

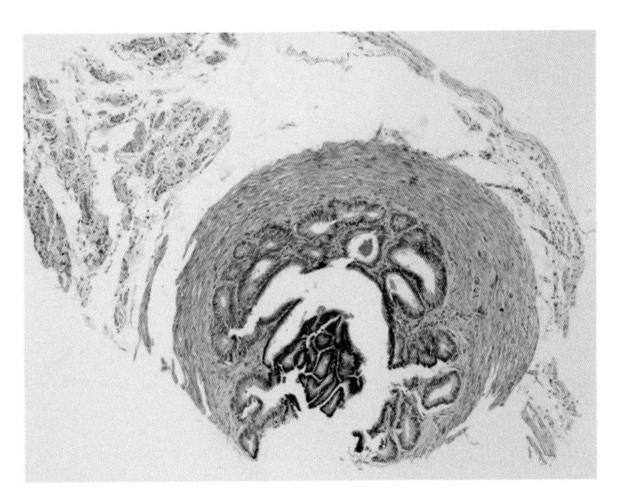

图 2-13-8　羊输卵管峡部（HE 染色，40×）

3．高倍镜下观察

（1）黏膜：有许多纵行而分支的皱褶，大部分黏膜上皮为单层柱状（猪和反刍动物有的部分是假复层柱状上皮），由有纤毛的柱状细胞和无纤毛的分泌细胞组成。

（2）肌层：为平滑肌，漏斗部肌层最薄，峡部最厚，分内环（或螺旋衫）和外纵两层，但无明显分界。

（3）浆膜：为间皮和富含血管的疏松结缔组织。

（三）子宫

切片：羊子宫，HE 染色。

1．低倍镜下观察

分为子宫内膜、肌层和子宫外膜三层。肌层发达。见图 2-13-9。

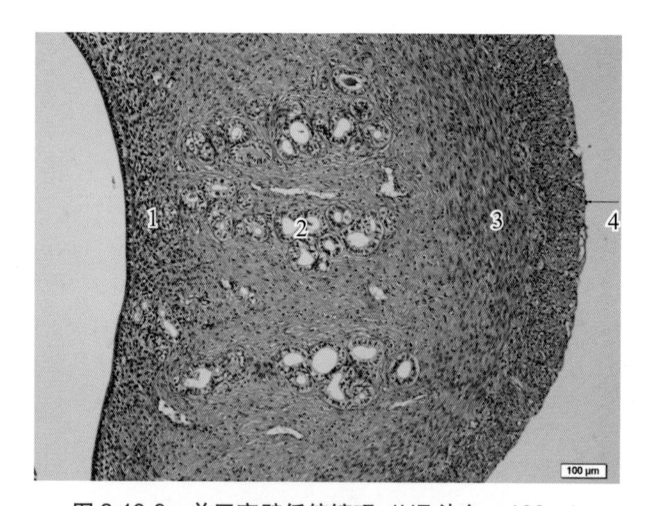

图 2-13-9　羊子宫壁低倍镜观（HE 染色，100×）

1. 子宫内膜浅层　2. 子宫内膜深层的子宫腺　3. 肌层　4. 浆膜

2．高倍镜下观察

（1）子宫内膜：由上皮和固有层组成，无黏膜下层。黏膜上皮为有纤毛细胞和分泌细胞两种，并随动物发情周期而有变化，一般为单层柱状。

固有层由富有血管的胚性结缔组织构成，其浅层的细胞较多，主要是一种呈星形的胚性结缔组织细胞，血管丰富。固有层的深层细胞成分少，有子宫腺，子宫腺为弯曲的分支管状腺，腺上皮与子宫表面上皮相似，胞质充满黏原颗粒。

（2）肌层：很厚，由许多平滑肌束和结缔组织组成。平滑肌分内环行和外纵行肌。内层薄、外层厚，两层之间为血管层，分布着特别丰富的血管和神经。

（3）子宫外膜：子宫外膜为浆膜，由疏松结缔组织和间皮构成。

犬发情期子宫角见图 2-13-10。

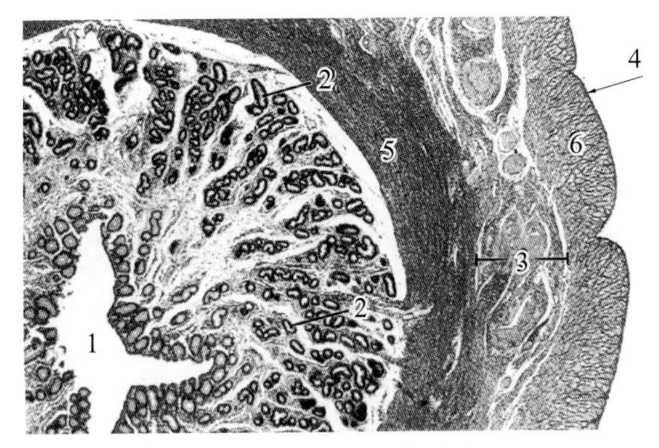

图 2-13-10　犬发情期子宫角（HE 染色，40×）

1. 子宫腔　2. 子宫内膜腺　3. 血管层　4. 外膜　5. 子宫肌层，环行肌　6. 子宫肌层，纵行肌

三、作业

绘制次级生长卵泡或子宫内膜的组织学结构图。

（山东农业大学　黄丽波）

第二节　雄性生殖系统

一、实验目的

（1）掌握睾丸和附睾的组织结构。

（2）了解精囊腺及阴茎的组织结构。

二、实验内容

（一）睾丸

切片：羊睾丸，HE 染色。

1. 低倍镜下观察（图 2-13-11）

（1）被膜：睾丸表面被覆一层浆膜。浆膜下方是由致密结缔组织形成的白膜，浆膜、白膜构成睾丸的被膜，又称为固有鞘膜。白膜在睾丸头处向睾丸实质伸入，由睾丸头向睾丸尾延伸，形成睾丸纵隔。睾丸纵隔的结缔组织分出呈放射状排列的睾丸小隔，将睾丸分成许多睾丸小叶。

（2）实质：睾丸实质由生精小管、睾丸网和睾丸间质组成。

2. 高倍镜下观察（图 2-13-12）

（1）生精小管　分为曲精小管和直精小管。

①曲精小管：是一种特殊的复层生精上皮，细胞分两类，即生精细胞和支持细胞。上皮外有一薄层基膜，基膜外为一层肌样细胞。

A. 生精细胞：可分为精原细胞、初级精母细胞、次级精母细胞、精子细胞和精子。

精原细胞：多紧贴基膜分布，为圆形，较小。

初级精母细胞：位于精原细胞内侧，有 2 ～ 3 层，是生精细胞中最大的细胞，呈圆形，细胞核大而圆。

次级精母细胞：位于初级精母细胞的内侧。细胞体积较初级精母细胞小，呈圆形，细胞核为圆形，染色质呈细粒状，不见核仁。

精子细胞：精子细胞的体积更小，呈圆形，位置靠近曲细精管的管腔，常排成数层。细胞核小而圆，染色深，有清晰的核仁。

精子：形似蝌蚪。

B. 支持细胞：不规则的高柱状或锥形细胞，细胞底部附着在曲细精管的基膜上。游离端朝向管腔，在相邻支持细胞的侧面之间，镶嵌有许多各级生精细胞，游离端常有多个精子的头部嵌附其上。

②直精小管：短而细，管壁衬以单层立方上皮或扁平上皮。

（2）睾丸网：是位于睾丸纵隔内的网状细管，管周围由睾丸纵隔的结缔组织包裹。睾丸网的管壁是单层立方或扁平上皮。公牛睾丸网的管壁上皮呈两层排列的立方上皮。

（3）睾丸间质：睾丸的间质指填充在曲细精管之间的结缔组织。其中含有血管、淋巴管、神经纤维和睾丸间质细胞。睾丸间质细胞多呈卵圆形或多角形，体积较大，常成群分布或排列在间质内的小血管周围，细胞核大而圆。细胞质呈嗜酸性，含有类脂和脂褐素颗粒。

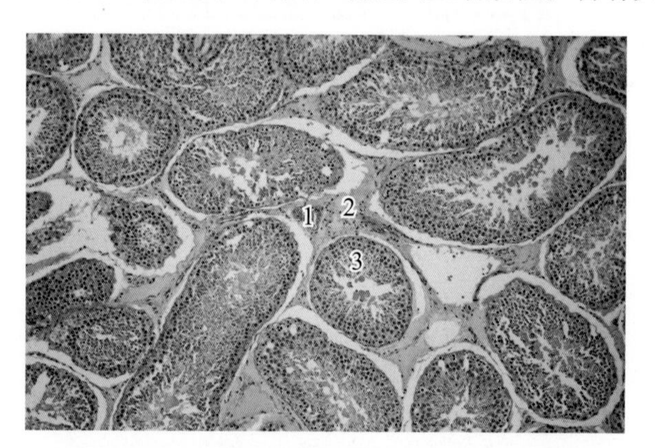

图 2-13-11　羊睾丸低倍镜观（HE 染色，40×）

1. 间质内血管　2. 间质　3. 生精小管

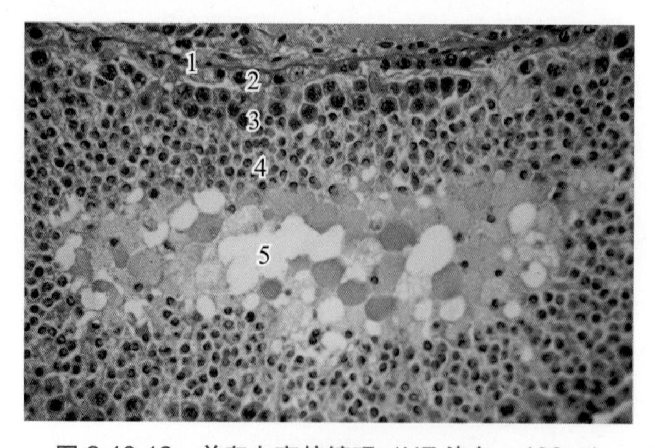

图 2-13-12　羊睾丸高倍镜观（HE 染色，400×）

1. 生精小管基膜　2. 精原细胞　3. 精母细胞　4. 精子细胞　5. 生精小管管腔

（二）附睾

切片：羊附睾头，HE 染色。

头部：睾丸输出管（12 ～ 25 条），高柱状纤毛细胞与低柱状细胞相间排列，管腔不规则，有分泌和吸收功能；体尾部：附睾管（1 条，蟠曲状），假复层纤毛柱状上皮，管腔规则，有主细胞、基细胞（图 2-13-13）。

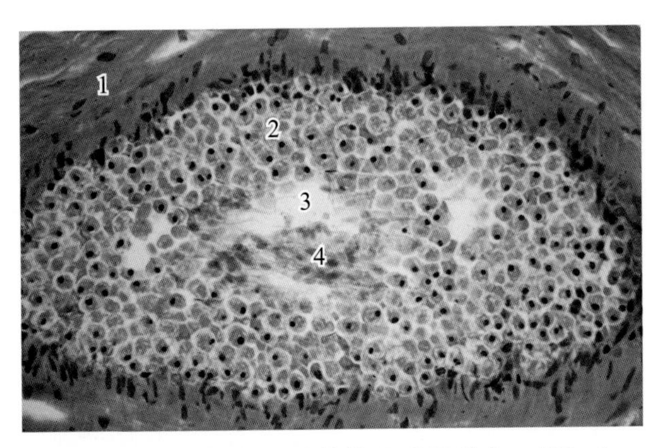

图 2-13-13 羊附睾头高倍镜观（HE 染色，400×）

1. 管壁 2. 管壁上皮 3. 管腔 4. 精子

（三）精囊腺

切片：羊精囊腺，HE 染色。

外膜为疏松结缔组织，腺泡为分支管状腺或复管泡状腺，覆有假复层柱状上皮，无纤毛，胞浆含有分泌颗粒和黄脂色素。腺泡间富有弹性纤维，肌层薄、由内环外纵平滑肌构成（图 2-13-14）。

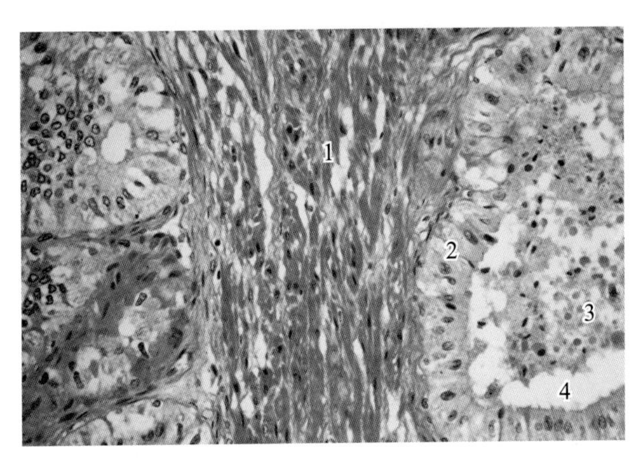

图 2-13-14 羊精囊腺高倍镜观（HE 染色，400×）

1. 间质 2. 腺泡上皮 3. 分泌物 4. 腺泡管腔

（四）阴茎

切片：羊阴茎，HE 染色。

阴茎外为致密结缔组织构成的白膜，白膜深入实质形成小梁，并在阴茎海绵体间形成中隔，小梁相互连接成小梁网，内有丰富的平滑肌、血管、神经及脂肪组织。在阴茎腹侧有尿道海绵体，其内有尿道通过（图 2-13-15）。

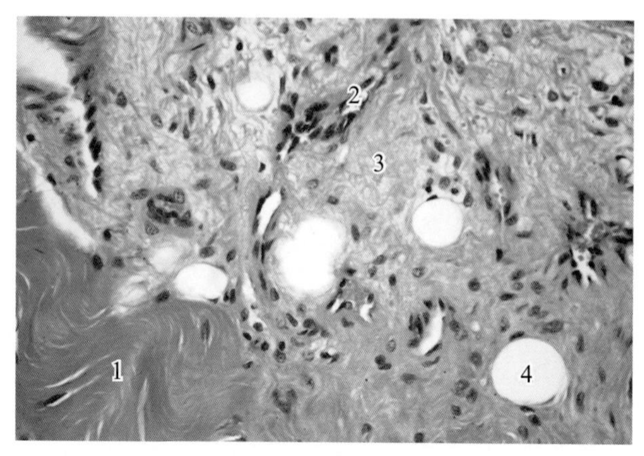

图 2-13-15　羊阴茎高倍镜观（HE 染色，400×）

1. 白膜　2. 血管　3. 海绵体　4. 淋巴管

三、作业

1．绘制睾丸生精小管的生殖上皮结构。

2．简述各级生精细胞的结构特点。

（河南科技大学　李健）

第十四章　感觉系统

一、实验目的

（1）了解眼球壁的组织结构。

（2）了解内耳的组织结构。

二、实验内容

（一）眼球

切片：眼球切片，HE 染色。

1．肉眼观察

眼球近似球形，由眼球壁和眼球内容物组成（图 2-14-1）。

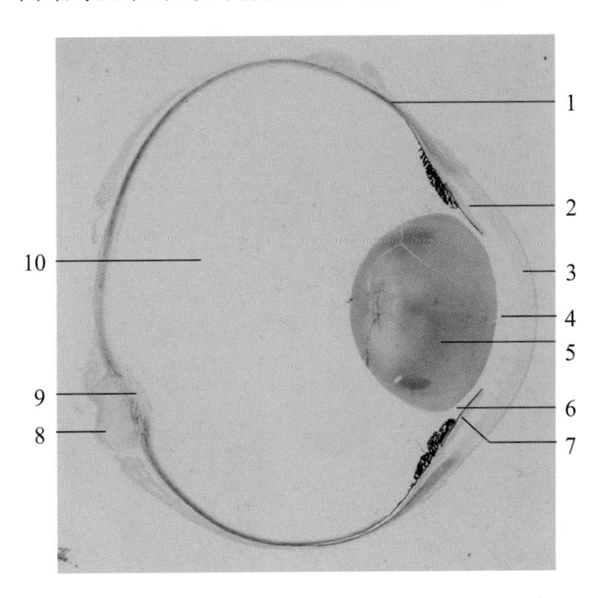

图 2-14-1　眼球纵切面（HE 染色）

1. 巩膜　2. 眼前房　3. 角膜　4. 瞳孔　5. 晶状体　6. 眼后房　7. 虹膜　8. 视神经　9. 视神经乳头　10. 玻璃体

2．低倍镜下观察

眼球壁从外向内由纤维膜、血管膜和视网膜 3 层构成（图 2-14-1）。

纤维膜位于眼球壁外层，由致密结缔组织构成，厚而坚韧，分为后部的巩膜和前部的角膜 2 部分。血管膜位于纤维膜与视网膜之间，富有血管和色素细胞，血管膜由后向前分为脉络膜、睫状体和虹膜 3 部分。视网膜位于眼球壁内层。

3．高倍镜下观察

（1）角膜：呈透明的圆盘状，略向前方突出，边缘与巩膜相连。角膜层次分明，从前至后共分 5 层，即角膜上皮、前界层、角膜基质、后界层和角膜内皮（图 2-14-2）。

①角膜上皮：为未角化的复层扁平上皮，细胞排列整齐，有 5 ～ 6 层。表层细胞游离面有许多短小的突起。上皮基部平坦，基底层细胞常见分裂相。上皮内有丰富的游离神经末梢。角膜边缘的上皮渐增厚，基部凹凸不平，与球结膜的复层扁平上皮相延续。

②前界层：为无细胞的均质层，含胶原原纤维和基质。

③角膜基质：约占整个角膜厚度的 9/10，由大量与表面平行的胶原板层组成。每一板层含大量平行排列的胶原原纤维，纤维直径一致；胶原原纤维之间充填糖胺多糖等成分。相邻板层的原纤维排列呈互相垂直的关系，板层之间的狭窄间隙中有扁平并具有细长分支突起的成纤维细胞。角膜基质不含血管。

④后界层：为一透明的均质膜，较前界层薄，由胶原原纤维和基质组成。后界层由角膜内皮分泌形成，随年龄增长而增厚。

⑤角膜内皮：为单层扁平上皮。上皮细胞具有合成和分泌蛋白质的超微结构特点，胞质内还含有大量的线粒体和吞饮小泡。

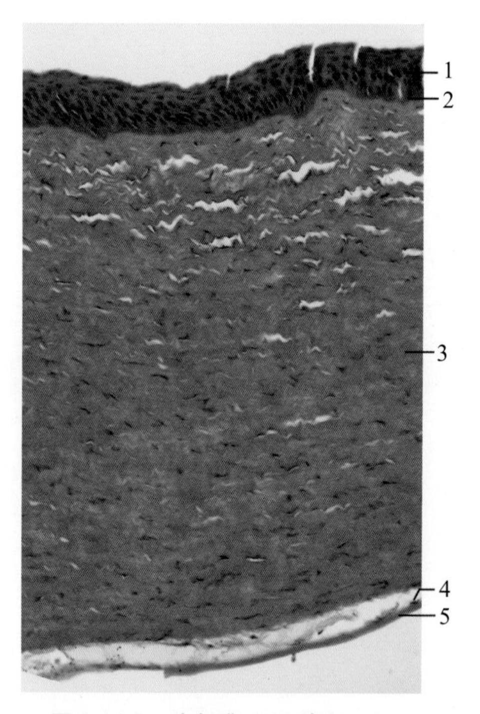

图 2-14-2　猪角膜（HE 染色，40×）

1. 角膜上皮　2. 前界层　3. 角膜基质　4. 角膜内皮　5. 后界层

（2）视网膜：由 4 层细胞构成，分别为色素上皮层、视锥和视杆细胞层、双极细胞层和视网膜神经节细胞层。在切片上，视网膜从内向外分为 10 层，分别为内界膜、神经纤维层、节细胞层、内网状层、内颗粒层、外网状层、外颗粒层、外界膜、视锥视杆细胞层和色素上皮层（图 2-14-3）。

①色素上皮层：为视网膜的最外层，为单层矮柱状上皮。色素上皮细胞的主要特点是胞质内含有大量粗大的圆形或卵圆形黑素颗粒，可防止强光对视细胞的损害。

②视杆细胞：胞体位于外颗粒层内侧，细胞核较小，染色较深。视杆分内节与外节两段，内节是合成蛋白质的部位；外节为感光部位，含有许多平行排列的膜盘。视杆细胞的内突伸入外网状层，内突末端膨大呈小球状，与双极细胞和水平细胞形成突触。

③视锥细胞：细胞形态与视杆细胞近似。视锥细胞胞体位于外颗粒层外侧，细胞核较大，染色较浅。视锥也分内节和外节。视锥细胞的内突末端膨大呈足状，可与一个或多个双极细胞的树突以及水平细胞形成突触。

④双极细胞：是连接视细胞和节细胞的纵向联络神经元，胞体位于内颗粒层。外侧的树突伸入外网状层，与视锥视杆细胞内侧突形成突触；内侧的轴突伸入内网状层，与节细胞的树突形成突触。

⑤水平细胞和无长突细胞：均为中间神经元。水平细胞的胞体位于内颗粒层的外侧，发出许多水平走向的分支伸入外网状层的内侧，与视杆细胞和双极细胞形成突触。无长突细胞的胞体较双极细胞大，在内颗粒层的内侧排成 2 ～ 3 行，其突起兼有树突和轴突的特点，在内网层内与双极细胞的轴突和节细胞的突起形成突触。

⑥节细胞：为长轴突的多极神经元。胞体较大，直径 10 ～ 30 μm，位于节细胞层，多排列成单行。树突伸入内网状层，与双极细胞和无长突细胞形成突触。其轴突构成视神经纤维层，并向眼球后极汇集形成视神经穿出眼球。

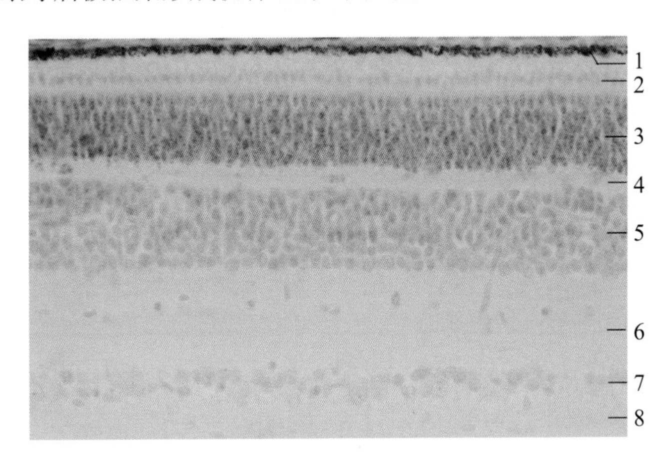

图 2-14-3　视网膜组织结构（HE 染色，200×）

1. 色素上皮层　2. 视锥和视杆层　3. 外颗粒层　4. 外网状层　5. 内颗粒层　6. 内网状层　7. 神经节细胞层　8. 神经纤维层

（二）内耳

切片：内耳切片，HE 染色。

1. 肉眼观察

内耳位于颞骨岩部内，由套叠的两组管道组成，因其走向弯曲，结构复杂，故称迷路。外部的为骨迷路，套在骨迷路内的为膜迷路。膜迷路腔内充满的液体称内淋巴，膜迷路与骨迷路之间的腔隙内充满外淋巴。内、外淋巴互不交通，有营养内耳和传递声波的作用。

2．低倍镜下观察

膜迷路分为膜半规管、膜前庭（椭圆囊和球囊）和膜蜗管三部分，管腔相互连通。膜半规管、椭圆囊和球囊的管壁黏膜一般由单层扁平上皮与上皮下的薄层结缔组织构成，但在半规管壶腹、椭圆囊外侧壁和球囊前壁的黏膜局部增厚呈嵴突状或斑块状，分别称壶腹嵴、椭圆囊斑和球囊斑，均为位觉感受器，其中椭圆囊斑和球囊斑合称为位觉斑（图 2-14-4），由支持细胞和毛细胞组成。支持细胞分泌胶状的糖蛋白，在位觉斑表面形成位砂膜，内有细小的碳酸钙结晶；毛细胞位于支持细胞之间，细胞顶部有几十根静纤毛和一根纤毛。

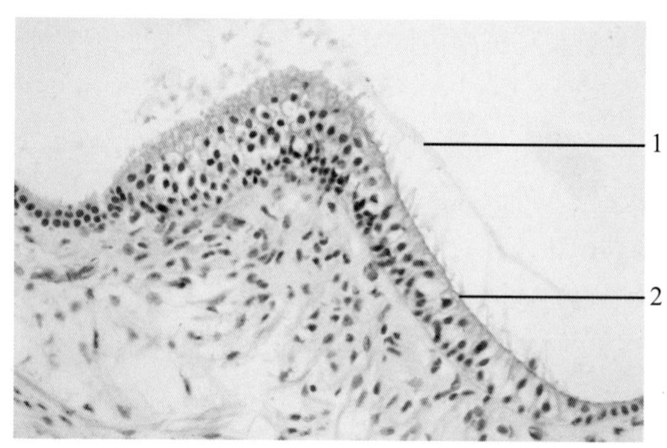

图 2-14-4　内耳（HE 染色，100×）

1. 位砂膜　2. 毛细胞

膜蜗管的顶壁为前庭膜，膜的中间是薄层结缔组织，两面均覆盖单层扁平上皮。膜蜗管的外侧壁上皮为复层柱状，因上皮含有血管故称血管纹，内淋巴由此处分泌而来。血管纹下方为增厚的骨膜，称螺旋韧带。膜蜗管的底壁由内侧的骨螺旋板和外侧的膜螺旋板构成。骨螺旋板是蜗轴骨组织向外侧延伸而成，其起始部骨膜增厚并突入膜蜗管形成螺旋缘。膜螺旋板又称基底膜，内侧与骨螺旋板相连，外侧与螺旋韧带相连。膜蜗管底壁的上皮增厚形成螺旋器，为听觉感受器（图 2-14-5）。

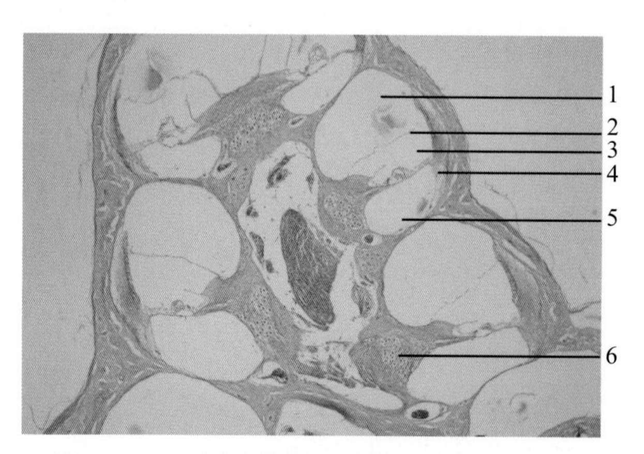

图 2-14-5　耳蜗螺旋器组织结构（HE 染色，40×）

1. 前庭阶　2. 前庭膜　3. 膜蜗管　4. 螺旋韧带　5. 鼓阶　6. 螺旋状神经节

3．高倍镜下观察

（1）壶腹嵴：局部黏膜增厚呈嵴状突入壶腹内，表面覆以高柱状上皮，内含支持细胞和毛细胞。支持细胞游离面有微绒毛，胞质顶部有分泌颗粒。毛细胞呈烧瓶状，位于嵴顶部的支持细胞之间，顶部有许多静纤毛，静纤毛一侧有一根较长的动纤毛，纤毛伸入圆顶状的壶腹帽内（图 2-14-6）。

（2）椭圆囊斑和球囊斑：斑的形态较壶腹嵴平坦，表面上皮的结构与壶腹嵴相似，但毛细胞的毛较短，斑顶覆盖的胶质膜称位砂膜，膜表面的位砂为碳酸钙结晶。

（3）螺旋器：又称 Corti 器，位于膜蜗管的基底膜上。螺旋器由支持细胞和毛细胞组成。

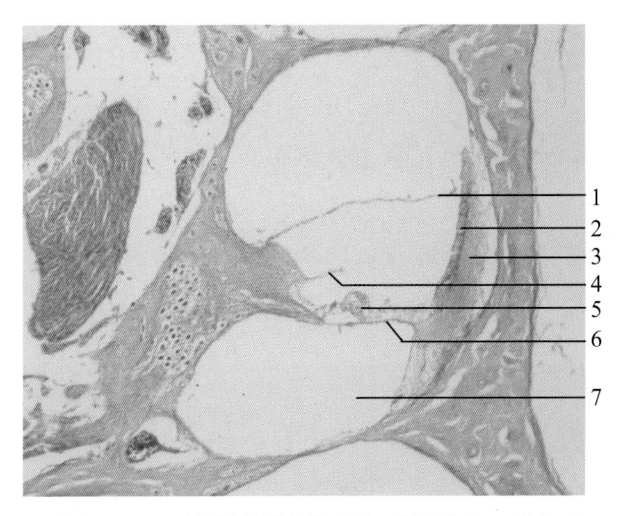

图 2-14-6　耳蜗螺旋器组织结构（HE 染色，100×）

1. 前庭膜　2. 血管纹　3. 螺旋韧带　4. 盖膜　5. 螺旋器　6. 基底膜　7. 鼓阶

三、作业

绘制视网膜结构。

（中国农业大学　曹静）

第十五章　畜禽胚胎学

一、实验目的

（1）了解鸡胚早期胚胎发育的主要过程。

（2）了解家畜早期胚胎发育的主要过程及各器官发生位置。

（3）了解家畜胎盘的构造及不同动物胎盘的类型。

二、实验内容

（一）鸡胚整装片（孵化 18 h），HE 染色

（1）肉眼观察：椭圆形的红色区域为胚盘。

（2）低倍镜下观察（40×）：呈深红色的细长条状结构为原条，其中央的浅沟为原沟，沟两侧深红色的隆起为原褶，原条前端膨大处为原结（图 2-15-1）。

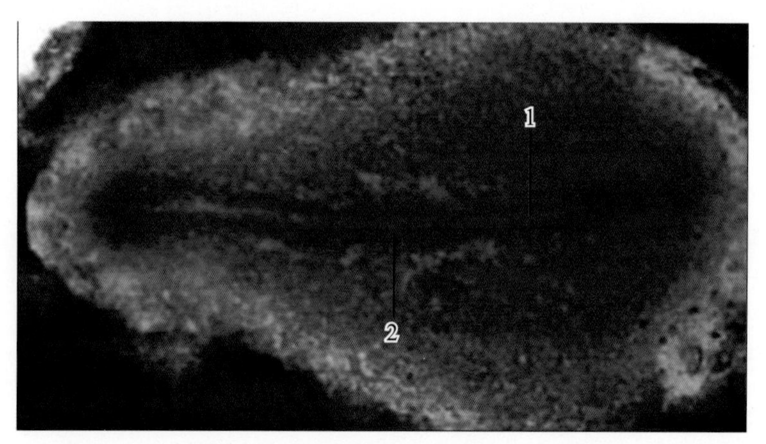

图 2-15-1　孵化 18 h 鸡胚整装片（示原条、HE 染色，40×）

1. 原沟　2. 原褶

（二）鸡胚整装片（孵化 21 h），HE 染色

（1）肉眼观察：长椭圆形红色区域为胚盘。中央深红色的条索状结构是鸡胚体。

（2）低倍镜下观察：胚胎已发生较大变化。染色较深的一端为头部，染色较浅的一端为尾部。主要观察体节、神经褶和原条等的形态结构（图 2-15-2）。

原条：在胚体后仍可观察到已缩短的原条，原结仍可见。

体节：胚盘中轴的中段。可见左右对称的方块形体节。体节外侧连间介中胚层，再外为侧板。

神经褶：在左右二排体节之间可见浅色的神经沟，沟中央调焦至下平面可见脊索。沟两旁为深红色的神经褶。

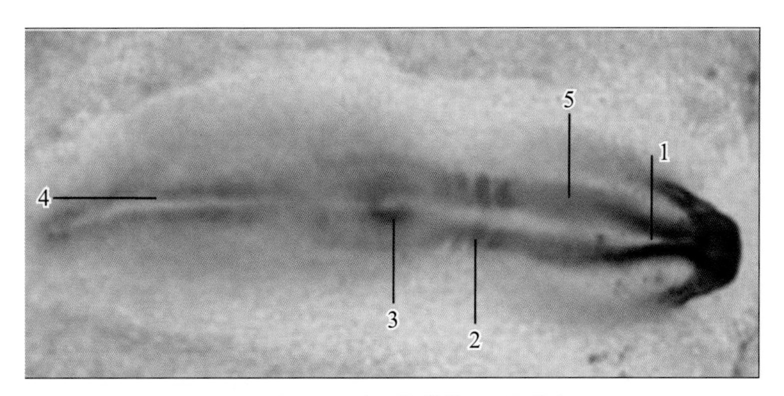

图 2-15-2　孵化 21 h 鸡胚整装片（HE 染色，40×）

1. 神经沟　2. 体节　3. 原结　4. 原条　5. 神经褶

（三）24 h 鸡胚横切片，HE 染色

（1）肉眼观察：切片上有几排细线样结构，即为鸡胚过原条的连续横切面。

（2）低倍镜下观察：原条中央凹陷处为原沟。胚盘由上下两胚层组成，两层细胞紧密贴在一起。（图 2-15-3）

（3）高倍镜下观察：上胚层是一层柱状细胞，下胚层是上胚层下方的一层立方细胞。（图 2-15-4）

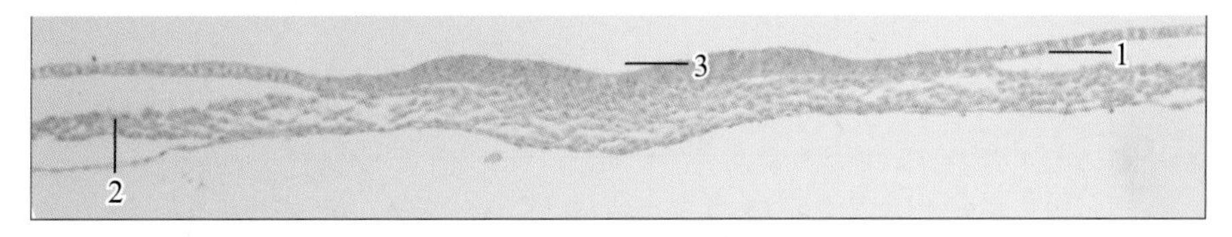

图 2-15-3　鸡胚 24 h 横切片（HE 染色，100×）

1. 上胚层　2. 下胚层　3. 原沟

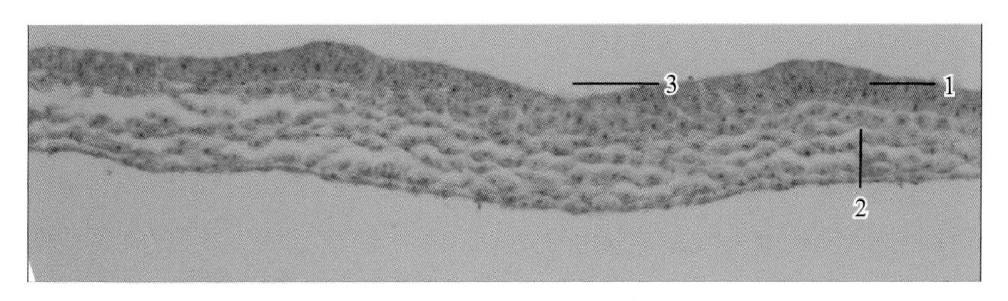

图 2-15-4　鸡胚 24 h 横切片（HE 染色，200×）

1. 上胚层柱状细胞　2. 下胚层立方细胞　3. 原沟

（四）鸡胚整装片（孵化 33 ~ 38 h），HE 染色

（1）肉眼观察：胚体长度增长。

（2）低倍镜下观察：染色较深的一端为头部，染色较浅的一端为尾部。体节增多，脑已分化为端脑、前脑、中脑、后脑和末脑，但界限不清，视泡和心脏出现。（图 2-15-5）

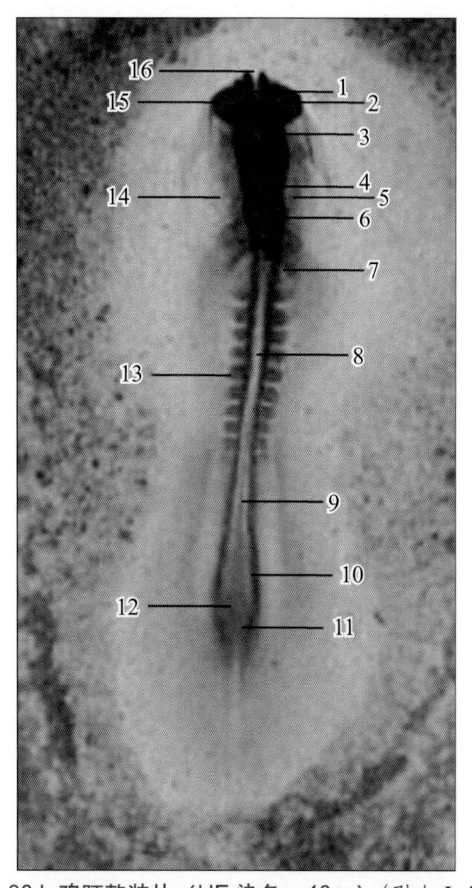

图 2-15-5 孵化 33 ～ 38 h 鸡胚整装片（HE 染色，40×）（引自 Judy Cebra Thomas, 1951）

1. 端脑 2. 间脑 3. 中脑 4. 后脑 5. 心室 6. 末脑 7. 前肠门 8. 脊髓 9. 脊索 10. 神经褶 11. 原条 12. 原结 13. 体节 14. 前肠 15. 视泡 16. 前神经孔

（五）鸡胚整装片（孵化 48 h），HE 染色

（1）肉眼观察：胚体长度增加，已产生颈曲与背曲。

（2）低倍镜下观察：产生颈曲与背曲，体节已发展到 16 ～ 23 对；视囊、听囊出现，心脏开始搏动；胚盘血管已形成并与体内建立了联系；胚体长度达 9 ～ 12 mm。

（六）鸡胚整装片（孵化 72 h），HE 染色

（1）肉眼观察：胚体进一步弯曲，头部增大。

（2）低倍镜下观察（40 ×）：脑已清楚地分为端脑、前脑、中脑、后脑和末脑 5 个部分；体节数达 33 对左右；翅芽、肢芽和尾芽出现，鳃弓 5 对；尿囊出现。（图 2-15-6）

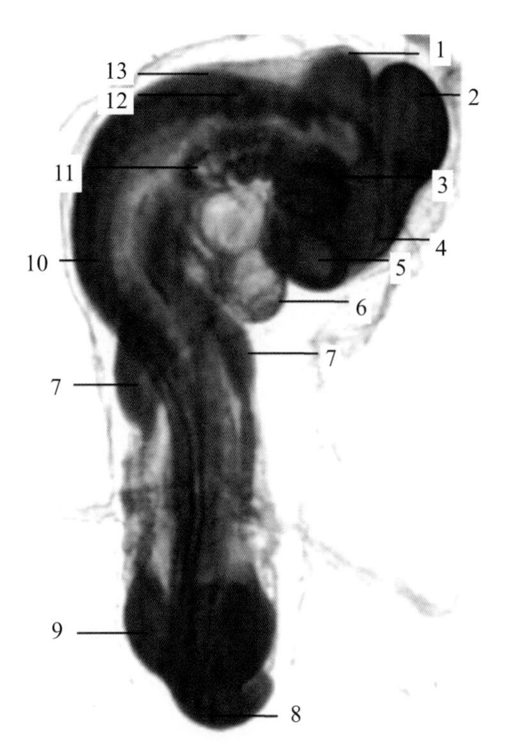

图 2-15-6　孵化 72 h 鸡胚整装片（HE 染色，40×）（引自 Judy Cebra Thomas, 1951）

1. 后脑　2. 中脑　3. 眼　4. 间脑　5. 前脑　6. 心脏　7. 翅芽　8. 尾芽　9. 肢芽　10. 体节　11. 咽囊　12. 听囊　13. 末脑

（七）鸡胚整装片（孵化 96 h），HE 染色

（1）肉眼观察：胚体已极度弯曲，头部显著增大。

（2）低倍镜下观察：头部大脑半球明显；眼发育极快，眼内色素沉着，眼球明显；鳃弓和鳃囊开始模糊不清，全部体节约 50 对；心脏发育已近似成体心脏；大脑半球与前肢芽几乎和尿囊接触。

三、作业

任选一鸡胚整装片绘图。

（安徽农业大学　方富贵）

第三篇

附　录

FULU

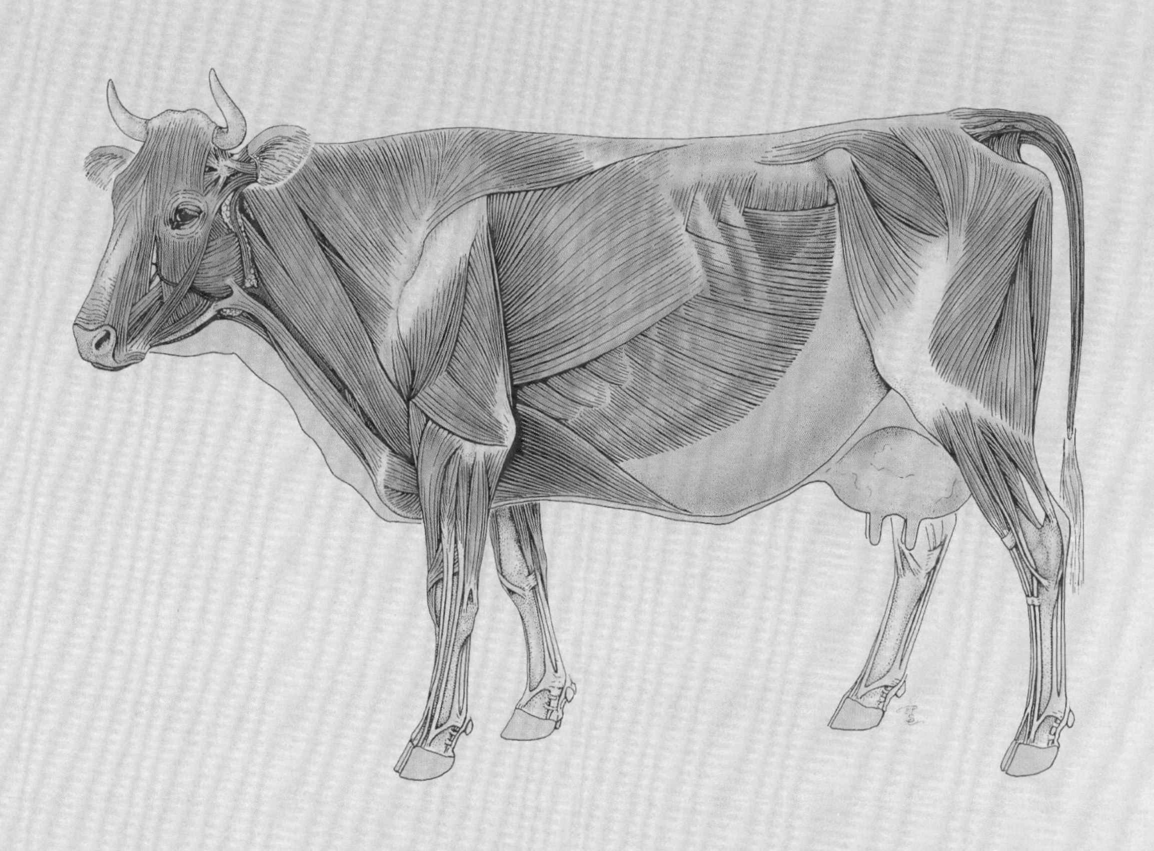

附录 1　实验动物的灌流固定

一、基本原理

灌流固定动物标本的基本要求是，尽可能完整地保存生物活体状态下的微细结构。灌流固定不仅要求固定液本身能较好地保存生物结构，而且要求固定液能迅速地作用于细胞和组织。血管灌流固定方法可使固定液流经血管直接到达各种器官之内，并迅速地对预定研究的各种细胞进行原位固定。大动物诸如牛、羊、犬等多采用颈动脉灌流固定方法，啮齿类动物多采用心脏灌流固定方法。

二、所用材料

实验动物、解剖台、注射器、灌流针、麻醉剂、棉线、动脉插管、抗凝生理盐水、10% 福尔马林溶液、手术刀、剪、止血钳等解剖器械。

三、操作步骤

（一）大动物的灌流固定步骤

（1）将实验动物麻醉后固定于手术台上，颈部脱毛，同时准备好插管及灌流液。

（2）自动物左颈部气管旁边做一长 6 ～ 8 cm 的纵形切口达皮下，分离出颈外静脉并穿线标记，继而沿胸锁乳突肌（犬为胸头肌）前缘向深层分离，显露出颈总动脉。

（3）将颈总动脉与迷走神经分开，在颈总动脉近、远心端各置一线，以备结扎颈总动脉近心端和固定插管。

（4）用食指勾起已充盈的动脉，用眼科剪顺着动脉长轴在其表面剪开一楔形切口，然后将事先准备好的动脉插管自切口由远心端向近心端方向插入 1 ～ 2 cm 后用线扎紧，即完成动脉插管。

（5）剪开颈外静脉放血，同时由插管输入 37℃抗凝生理盐水，吊瓶应高出插管部位 1.5 ～ 2 cm，才可能使动脉血不倒流回插管内。

（6）待静脉中观察到有清亮的液体流出后改用固定液（10% 甲醛），视动物大小确定固定液体积（一般等到动物的四肢末梢、尾巴变得坚硬即可）。

（7）灌注完毕后用止血钳将动脉和静脉一并夹住后，数小时后即可取材，或进行其他操作。

注意事项：①准确定位颈静脉和颈动脉是灌流固定的关键。②动脉插管时应由远心端向近心端方向插入。

（二）啮齿动物的灌流固定步骤

（1）将动物用乙醚麻醉，数分钟后，待其前后肢放松，即可准备灌注。

（2）将已麻醉的动物仰卧在解剖木板上，固定四肢，用左手持镊子夹起腹部皮肤，右手持剪刀自腹部剪一小口，由此沿腹中线和胸骨剑突中线向上将皮肤剪至下颌，分离皮下组织，将皮肤翻向两侧，再沿腹中线和胸骨中线向上剪开胸骨，沿膈肌向两侧剪开，并用止血钳将胸骨和胸部的皮肤钳紧，将止血钳翻向外侧以充分暴露心脏。

（3）小心用镊子将心包打开，滴一些生理盐水保持湿润。灌注针自心尖插入左心室（大鼠的话要将灌流针穿入主动脉，小鼠则将输液器针头磨钝，穿入左心室即可），用止血钳固定灌注针，开始灌注生理盐水，同时剪开右心耳，冲洗体循环血液，（若观察到液体从口鼻渗出或肺脏很快由红变白，则说明针头位置错误进入了右心室，灌注液进行的是肺循环）。

（4）待肝脏逐渐变为白色，打开灌流器，再灌注 4% 多聚甲醛。

（5）多聚甲醛固定液进入动物血管后，逐渐出现四肢抽动，表明固定液进入大脑，待抽动完全停止，全身组织器官变硬后即可取材。

注意事项：

①出血过多：打开胸腹腔时沿着胸腹腔的正中线打开，切开后的胸骨和胸部皮肤分别用两把止血钳夹住断端，这样能最大限度地减少出血。速度要快，动作干净利落。

②插灌注针不准确：针对大鼠而言，将灌注针插入主动脉内是灌注固定的关键，也是难点。首先准确找到主动脉，这是此步骤的要点。可用温生理盐水将胸腔内的血液冲洗干净，用眼科镊子轻轻夹住心外膜（夹得越少越好，以免影响取材）将心脏向左上方提起，即可看清主动脉，又可使灌注针很容易地插入主动脉内。插入时动作要慢，针尖方向不要偏向右侧，以免刺入右心房，如果感到有阻力，则将针退后、调整方向重新进针，直到进入主动脉，灌注针进入主动脉后可在心脏的上方看到其位置，灌注针进入主动脉的长度最好为 3 ~ 5 mm，然后用止血钳扎紧。针对小鼠而言，其心脏较小，灌流针通过心尖正确进入左心室即可。不能偏右使灌注针插入右心室。

③灌流液出口：灌注针插入成功后，一定要用剪刀剪开右心耳而不是右心室，这是灌流液的出口。

④灌注速度：灌生理盐水时速度可稍快些，多聚甲醛速度一定要慢。

附录 2 冻干标本的制作

一、基本原理

冻干标本是一种早已有之的标本制作方法，东北地区的猎民很早就懂得用这种办法保存皮张，它的基本原理是通过低温保存，使得标本内部的水分被抽出，从而使蛋白质失去活性，在一定程度上起到长时间不腐烂的效果。冻干标本能真实地保持整个家畜或器官系统的形态结构、位置及相互关系，可长期保存在实验室内，也可根据教学需要随意搬动，无任何刺激味道、干净、逼真。

二、所用材料

实验动物、抗凝生理盐水、10% 福尔马林溶液、照相机、手术刀、剪等解剖器械。

三、操作步骤

（1）宰前处理：选择体型正常较好的活家畜来制作标本，宰杀前要观察家畜的正常姿态或神态，进行记录或照相，宰前一天停止喂食，但可饮水，防止死后发生胃肠胀气，影响灌注效果。

（2）灌流固定：参考附录 1。

（3）剥皮分离：经过 7 ～ 10 d 固定后，开始分离制作标本。整体标本要仰卧分离，为了防止标本干燥，剥皮分离时应局部剥一点分离一点，要先分离四肢、蹄部，然后分离头部、颈部和躯干。为了便于操作，仰卧分离可按常规方法剥皮，可从蹄冠处环形切开皮肤，由四肢内侧自下而上切开皮肤剥离，躯干肌肉或左右侧内脏器官可左右侧交替进行剥离，剥到天然孔时要环切，保留一部分皮肤，同时保留皮神经和皮下浅层静脉，在分离过程中已经剥离的皮肤要保留，每次操作结束时，要将标本盖好，并洒 5% 福尔马林溶液，以防干燥。

（4）冻前处理和冷冻：将分离好的标本，按照原设计仔细检查一遍，再做些修整，即可进行冻前处理。将标本上的血污和污物用清水冲洗干净，再用大头针固定血管神经的位置，移至 −20℃冷冻室冰冻，按照要求摆好姿势。标本在冷冻期间要定期将标本放在热室内蒸发掉冻在其表面上的冰，多次反复交替进行，可加速冻干的速度，提高冻干的质量。

（5）整修与安装：将已经干燥好的标本移入工作室内，对冻干标本进行除尘、洗尾、修补、着色、涂漆、安装底座、防霉防虫的整修工作。

附录 3　铸型标本的制作

一、基本原理

铸型标本又称腐蚀标本，通过向动物尸体的管腔（血管、器官或排泄管道）灌注有塑性能力的填充剂，使其在管腔内塑模成型，然后用强酸、强碱等化学药品或自然腐蚀等方法将器官组织除掉，仅留下成型填充物。它能清楚地反映器官内腔或其血管和分泌管的分支和分布，具有三维立体感、构型美观、直观形象、层次鲜明等特点，可大大提高学生学习解剖学的兴趣。

二、所用材料

实验动物、填充剂（过氯乙烯溶液、自凝牙托材料、有机玻璃单体、环氧树脂）、玻璃插管、强酸（盐酸或硫酸）、强碱、甲醛、橡胶管、玻璃缸等。

三、操作步骤

（1）标本选材与前期处理：所用的材料，一般应选新鲜、无破损、管道通畅的材料，越新鲜越好。但是脑室、内耳等部分铸型标本的制作却需选用经防腐固定或干燥颅骨等材料。制作动脉铸型标本时不需专门冲洗，而制作静脉铸型标本时则需要加压冲洗管道（多用 5% 枸橼酸钠生理盐水冲洗，然后再用加压自来水冲洗）。

（2）铸型标本的插管：冲洗完管道后选择合适的导管进行插管。一般会将导管做特殊处理，采用高温烧制而成。结扎时要牢固，避免在灌注过程中滑脱。

（3）铸型标本的灌注：灌注是铸型标本制作过程中最关键的步骤。操作时利用注射器将填充剂缓慢地通过导管注入脏器内腔或管道内。制作全身整体血管铸型时，血管分布广泛，各部血管承受压力不同，因此选用多位点插管，灌注，一次性成型填充剂效果为佳。

（4）铸型标本的腐蚀：标本在灌注填充剂后，利用物理或化学的方法去除不必要的组织，使管道的铸型充分显示出来。3 种常用的腐蚀方法：自然腐蚀法——适用于头颈部血管铸型，经此法处理后的标本质量较好，但腐蚀周期长。酸腐蚀法——用盐酸（或硫酸）将不必要的组织腐蚀掉，适用于实质性器官（如心、肺等）铸型及制作不需要保留骨骼的头颈部、四肢血管铸型。碱腐蚀法——适用于关节和骨块较多的部位。一般以 20% 碱液为宜。此法腐蚀速度快于盐酸腐蚀。

（5）冲洗：铸型标本腐蚀后需彻底冲洗，将一端接有玻璃管的橡胶管接在水龙头下，利用前端玻璃管形成纤细的高压水柱。冲洗时根据铸型标本的粗细程度调节水压，控制水柱，使得易于冲掉已腐蚀的组织而不损坏标本。

（6）修整：经过洗涤后的管道铸型标本，一般需要进行修整，诸如摘除填充剂溢出管道形成的凝块等；针对腐蚀、冲洗过程中出现的分支断裂现象进行断枝再植等。

（7）铸型标本的封装与维护：一般采用湿保存法，将标本浸泡在盛有 5% 甲醛溶液的有机玻璃盒中，保持其色泽鲜艳、不易褪色及发霉变质。

目前常用的填充剂有以下 4 种：①过氯乙烯溶液——属于溶液挥发后凝固成型类填充剂。优点是溶液爽滑、流动性好、价格低廉、成型美观、性能稳定；但其收缩率大，需多次补充灌注才能饱满美观。适用于灌注管道细小、流程较长的管道（如四肢、头颈部或全身血管等）。②自凝牙托材料——属于化学反应成型类填充剂。优点是支撑力强，一次灌注即可，收缩率小，管道铸型饱满；但其流动性不强，凝固速度较快。适用于灌注管径粗大、灌注流程短的内脏器官管道（如肺动脉、肺静脉、门静脉及肝静脉等）。③有机玻璃单体——属于化学反应成型类填充剂。优点是流动性好，比较容易灌注到微细管道。多用于制作扫描电镜用的铸型标本。④环氧树脂——属于化学反应成型类新型填充剂。优点是支撑力强、收缩率低、成型饱和；但柔韧性差、易脆。适用于细小管道，一般采用改良配方进行灌注。

附录 4 塑化标本的制作

一、基本原理

塑化标本是一种由水溶性塑料聚乙二醇处理的标本。经该方法制作处理的标本没有其他防腐剂如甲醛、苯酚等溶液浸泡，不仅能防霉、防虫，还能按动物原生活姿态完整保存。这种方法所制标本不仅可作为教学、科研材料，而且由于是无毒处理，还可用于家居装饰之用。

二、所用材料

实验动物、聚乙二醇、丙酮、甲醛、乙醚、玻璃真空干燥器、台式循环水真空泵、温箱、手术剪刀等解剖器械。

三、操作步骤

（1）标本固定。首先用分析纯甲醛配制成 8%~10% 的福尔马林液对新鲜组织进行防腐固定。对组织的防腐固定时间不能少于 1 个月。

（2）标本的解剖与剥制。组织器官防腐固定好以后要仔细解剖、修整和修洁，组织外面的膜性结构要仔细剥离掉，不能伤害到组织的结构，且要显示全面。组织内的神经血管结构要做着色处理，血管要进行灌注或涂色。制作的塑化标本必须保证外观美观、自然，接近其在体内的自然状态。

（3）标本的脱水、脱脂。标本脱水有 3 种方式：其一是丙酮可作为很好的塑化浸渍的中间剂，既能用于脱水也能用于脱脂。在脱水过程中注意控制丙酮的浓度，逐级脱水（丙酮的浓度梯度：50% → 55% → 60% → 65% → 70% → 75% → 80% → 85% → 90% → 95% → 100%），每周更换一级梯度，最后一级丙酮的脱水浓度不能低于 98%。采用丙酮脱水的同时也对标本进行了脱脂。脱水过程要在−25℃以下的低温环境中进行，这样才能保证标本不会收缩，因为丙酮替代组织细胞中的水分是以取代方式进行的。其二是采用逐级浓度乙醇浸泡，直至 100% 的乙醇中。其三是用聚乙二醇脱水塑化。

（4）标本的塑化。将甲醛处理过的标本经丙酮脱水后，即刻放入聚乙二醇溶液中浸没，温度保持在 25 ~ 30℃。塑化全过程在玻璃真空干燥器密闭和间歇负压下完成。为保证聚乙二醇的充分渗入，需要隔天翻动标本，同时每天负压抽气两次，压强需梯度递增，最终保持负压 0.09 MPa 抽气直至无气泡产生。

新鲜标本的塑化，即直接采用不同分子量的聚乙二醇处理标本。处死后的标本，即刻注入 25% 分子量 600 的聚乙二醇，随即放入相应浓度的聚乙二醇中浸泡。室温下按照聚乙二醇梯度浓度（25% → 50% → 75% → 100%）每天更换直至 100%。2 d 后将分子量 600 以上的聚乙二醇放入 59℃的温箱内，待其溶化后，即可把标本转入其中并完全浸没。两周后取出标本，电吹风加热，同时吸去表面多余的聚乙二醇，待其未冷却时，及时定型。最后在标本表面涂一层分子量低于 600 的聚乙二醇，以保持湿润光泽感。

（5）标本的整型。经过塑化处理后的标本，内脏部分遇收缩时，可用石蜡填充。具体操作是：将塑化后的标本放入 60℃的保温箱，注射器抽取溶化的石蜡（60℃以上），注入干瘪部位填充即可。

（6）标本的存放。标本可摆成自然姿态放于树干上，或者固定在适当大小的有机玻璃板上，放入标本瓶中。如果沾染灰尘，用泡沫塑料蘸分子量低于 600 的聚乙二醇擦拭即可。

附录 5　剥制标本的制作

一、基本原理

动物剥制标本是一种利用动物皮张制成的标本，适用于大部分脊椎动物，尤其是鸟类和哺乳类，在动物学教学和科研中有着广泛的应用。

二、所用材料

实验动物；化学物品：樟脑精、硼酸防腐粉（硼酸：明矾：樟脑＝5：3：2）、三氧化二砷防腐膏（肥皂：三氧化二砷：樟脑＝5：4：1，加水 10 份，甘油少许）、乙醚、各色油漆、石膏粉等；材料器具：铁丝、义眼、填充物（棉花、棕丝、锯末等）、解剖器械（解剖刀、镊子、骨剪、钢锯等）、毛笔、针线等。

三、操作步骤

（1）选材要求：动物体要新鲜——宜选用活体或死后不久的动物；动物体型完整——皮肤应完整无损，四肢及其他外部结构要齐全。鱼类及爬行类要求体表鳞片完整，鸟类和哺乳类体表无大面积脱羽、脱毛现象。

（2）活体处死方法：鱼类、两栖类、蛇类可用乙醚麻醉致死。哺乳类如家兔可用乙醚麻醉处死，也可采用耳缘静脉注射空气法处死。动物处死后，放置 1 ～ 2 h，待血管内血液凝固后再进行剥皮，可减少血迹对毛皮的污染。

（3）测量和记录：剥制前需对动物各部位长度作测量，并记录动物的性别、体形、体重、姿势、体色（虹膜、脚、喙等颜色）采集地及采集时期等。以哺乳类为例，剥制前需要测量的主要项目：体长——动物仰卧伸直时，自吻端至肛门的距离。尾长——自肛门至尾端的距离（不包括尾末端的毛）。耳长——自耳基部至耳尖的距离（不包括耳尖的簇毛）。肩高——自耳后至肩峰的距离。颈围——头部后面和胸部前面颈的周长。胸围——前肢后端胸廓的最大周长。前肢周长：前肢最大部位的周长。后肢周长——后肢最大部位的周长。

（4）剥皮：哺乳类和鸟类一般采用胸开法和腹开法。夏天气温较高时，在剥制前最好在冰箱里冷却，有利于剥离。无论是哺乳类、鸟类还是其他脊椎动物，其头部、尾部和四肢一般都是剥离的关键。剥离时应非常小心谨慎，如兽类在尾部剥离时应左手持起尾椎骨，右手拇指、食指的指甲紧扣尾基部，逐渐剥下后取掉尾椎。有的种类可以用抽取尾椎的方法（如鼠类等），但都不能用力过猛。对于尾长而粗的种类，可在尾基部腹面向尾端剖开，剖线尽可能短一些。鸟类一般在尾椎骨切断，保留尾综骨。在剥离头部时注意耳部的结构，需用解剖刀紧贴耳道割离，在剥至眼球时更需小心谨慎，切不可割破眼睑。在剥至上下唇的前端时，一般只需保留少许唇皮与头骨相连即可。有些种类还需颈背面和茸角周围剖开，茸角周围的剖线切不可在角基剖，一般离基部 1 cm 左右，以便缝合。鸟类头部剥离方法跟哺乳类相似，剖线到能取出头为止。兽类四肢剥至趾（指）骨为止。

（5）去肉与脱脂：首先用手术刀刮去残留皮肌、头骨及四肢骨上的肌肉，去掉趾（指）部腱质。然后用刮脂机或用粗、细钢丝刷手动去除脂肪，直到眼观没有脂肪残留为止。

（6）防腐：将剥好的皮张用洗洁精洗干净后稍沥干水分，即刻浸泡入 75% 酒精中，刚浸时须多次翻动皮张，谨防皮张部分重叠而妨碍酒精的渗入造成皮张局部变质。4~6 d 移入 95% 的酒精中 1~2 h 后沥干便可制作。如浸泡时间过长，皮张过硬，则用清水漂，揿搓或刀铲至软，然后沥干水分，再浸入 95% 酒精 1~2 h，沥干便可制作。制作中需在皮内涂擦樟脑精或用硼酸防腐粉（硼酸：明矾：樟脑 = 5：3：2）。小型鸟类在皮张剥离后直接用三氧化二砷防腐膏（肥皂：三氧化二砷：樟脑 = 5：4：1，加水 10 份，甘油少许）。注意在涂防腐膏前，先用苯酚酒精饱和液在头骨、尺骨、肱骨、胫骨、脚爪等部位进行处理。如作展翅标本，则翼部无需剖开除去肌肉，只需注射适量的防腐液。

（7）填充：经过防腐处理后的皮张，应马上进行装填。一般选用棕丝、棉花进行填充，并用橡皮泥、泡沫塑料等材料进行补充。中、小型兽类可用一个适当躯体铅丝支架，并从头到尾按顺序进行填充，填充时务必均匀、协调，适当比实际形状丰满，待干燥后收缩至正常体型。同时要注意唇部、面部、眼眶、四肢、腿部这些较难充填的部位。如果头骨用作分类研究，可新采用泡沫板雕成的模型代替，然后用一根铅丝，长度为吻至股部两倍加尾长的支架铅丝，将其折成一长一短（长的做尾的支架），稍锉尖后沿头模吻部两侧插入模枕孔位伸出，抽紧铅丝顺绞数圈，然而用两根适当长度的铅丝做一个动物支架，然后再进行填充。

（8）缝合、安装义眼及整型：支架做好之后套上皮张，并填充饱满之后，进行缝合。安装大小合适的义眼。进一步检查标本的姿态，以及各部位的位置等。确保成型，待标本自然干燥后，稍做上色处理。制作完毕后，放入标本柜，并放入一些樟脑丸。

附录 6　显微镜的构造与使用方法

一、目的要求

（1）了解各种常用生物显微镜的结构和功能。

（2）熟练掌握显微镜的使用和保养技术。

二、实验内容

（一）显微镜的基本构造

常用生物显微镜由机械部分和光学部分两部分构成。

1．机械部分

（1）镜座：现代显微镜的镜座均呈长方形，位于显微镜的最下部，内装照明灯泡和反光镜，右侧装有电源开关和轨式亮度开关。

（2）镜臂：为一自镜座后方向前上方弯曲的长臂。

（3）粗调节器：位于镜臂内，左右两侧各有一个大的粗调手轮，转动手轮，可使物镜与标本间的距离迅速拉开或接近。

（4）细调节器：又称微调节器，两侧各有一个位于粗调手轮中央的细调手轮，在细调手轮的根部有刻度盘，盘上刻有 100 个小格，每小格等于 0.001 mm（1 μm），转动细手轮一周，等于上、下移动物镜 0.1 mm。

注意：油镜的工作距离极短，仅有 0.198 mm。因此使用油镜时不宜连续旋转细调手轮，以免压碎玻片标本和镜头。

（5）镜筒：为一金属圆筒，上端可装入目镜，下端连有转换器，一般显微镜的镜筒长为 160 mm 或 170 mm。

（6）转换器：连于镜筒下端，呈上凹下凸的双层重叠盘状，上层为固定板，下层为旋转板。旋转板上有 4 个孔。按顺时针方向依次装有 4×、10×、40×、100× 的物镜。转换器上有定位锁，当转换一个物镜进入工作位置时，均可听到“咔”，定位锁卡正的响声。

（7）镜台：也称载物台，是安放玻片标本的地方，有活动式和固定式两种。现代显微镜多为固定式，上面装有移动尺。

（8）移动尺：位于镜台边上，下边有一手轮，转动手轮可将标本前、后，左、右移动，使整个标本的任何部分都能进入视野。移动尺刻有尺度，能读出标本移动的准确距离。

（9）聚光镜升降器：位于镜台的下方，手轮位于左侧，上部支架上装有聚光镜，转动手轮可升高或下降聚光镜。

2．光学部分

（1）物镜：物镜是显微镜最贵重、最娇嫩的部分。它们都装着于转换器上，现代生物显微镜一般都有 4 个物镜，即 4×、10×（低倍镜）、40×（高倍物镜）和 100×（油浸物镜）。

一台显微镜性能的好坏，主要取决于物镜性能的优劣。故我们在使用时，应特别注意保护物镜，不要随便拆卸物镜，以防损坏或落入灰尘。

（2）目镜：因为它安装在镜筒的上端，用眼睛直接观察，所以又称接目镜。其作用是将物镜放大的实像进一步放大成虚像，以利于我们观察。目镜的放大倍数都刻在上端平面上，如：5×、10× 和 16× 字样。

（3）光源：为一个 8 W 小灯泡和一个反光镜，二者均藏于镜座内。可发出柔和而均匀的光。

（4）聚光镜：位于聚光器上，聚光镜可将灯泡发出的光汇聚到标本上，照亮标本。

（5）虹彩光圈：又称可变光栏。可变光栏可以改变光栏孔径，适当调节照明亮度，以便使用不同数值孔径的物镜观察时，获得清晰的物像。

在观察不染色的标本时，如血液压片和精液压片时，应关小光栏；否则，难以观察到物像。

3．物镜的标志

（1）物镜侧壁上数字的意义：如 40/0.65，表示此物镜的放大倍数为 40×；数值孔径为 0.65。160/0.17，表示该镜的光学镜筒长为 160 mm；此物镜下观察的标本，盖玻片的标准厚度为 0.17 mm，若盖玻片的厚度超过 0.17 mm，则该镜头无法转换和准焦。这也是玻片放反时无法调焦的原因。

（2）观察介质符号：干燥物镜（4×、10×、40×）的观察介质为空气，无符号；水浸物镜标有“W”或“Water”字样；油浸物镜标有“油”或“H.I”字样；水、油浸两用物镜则标有“W + oil”字样。荧光物镜的观察介质为缓冲甘油，则标有“甘油”字样。

（二）显微镜的使用方法

（1）观察标本前的准备工作：显微镜从箱内取出后，首先应根据使用卡填写的情况进行检查，看是否有损坏，若与填写情况不符，应报告指导教师。显微镜放妥后，首先将低倍镜转入工作位置。取待观察标本，使盖片向上放于镜台上，压片夹或移动尺夹住两端固定，转动移动尺手轮，使标本进入镜台中央孔正中，即可进行观察。

（2）低倍镜观察：自侧面注视低倍镜头，缓慢地顺时针方向转动粗调手轮，使镜台上升，直至镜头下端距离玻片约 6 mm 处为止。然后观察视野，两手缓慢地逆时针转动粗调手轮，使镜台徐徐下降，到视野中出现物相为止。再轻轻转动细调手轮，直至物像清晰为止。

（3）高倍镜观察：在低倍镜下，将需要进一步观察的部分移至视野中央，然后依顺时针方向转动转换器，将高倍物镜转入工作位置，自目镜观察视野，双手稍转细调手轮，即可看到清晰的物像。因为现代生物显微镜在设计和制造上，各倍率的物镜都可以进行等焦转换。所以各个物镜之间转换时不必再转动粗调手轮，并且细调手轮的调焦量也不会超过 0.03 mm。

（4）油镜观察：在高倍镜下将需要进一步观察的部分移至视野的中央，将高倍镜转开，在玻片标本位于光路正中的盖玻片上，滴加一小滴香柏油，然后将油镜转入工作位置，开大光栏，稍微转动细调手轮（5~10 个小格范围内），至物像清晰为止。

应强调的是油镜的工作距离极短，只有 0.198 mm。因此，调焦时要特别注意，以防损坏物镜和压碎标本。另外，在使用油镜时，聚光镜上面也应放香柏油，上升聚光镜，使油滴与玻片标本的底面相接触，这样可提高分辨率。否则，物镜的分辨率将会下降一半左右。但在实际操作中，为简便起见常将此步省去。

油镜观察结束后，应立即用擦镜纸蘸少量擦镜液将物镜、标本及聚光镜上的香柏油擦拭干净。否则，将影响下一次的使用。

（5）放大倍率的计算：物镜将标本作第一次放大，然后目镜再将物镜放大的实像作第二次放大，所以显微镜的实际放大倍数应为物镜和目镜放大倍数之乘积。

例如，使用的物镜是 40×，目镜是 10×，则总的放大倍率应为 40×10 ＝ 400×。

（三）显微镜使用注意事项和保养

（1）不论在何处，凡是移动显微镜，都应以右手握镜臂，左手托镜座，严禁单手握镜臂移动，以防滑脱。

（2）进行显微观察时，必须循序渐进。从低倍到高倍，最后到油镜，一步一步地深入观察，做到由浅入深，由整体到局部。这样我们可以建立起一个比较完整的概念。但是，初学者往往喜欢一开始就用高倍镜进行观察。其结果使视野局限于一小部分，造成只见树木不见森林的缺点；有时甚至找不到标本。

（3）向镜台上放置玻片标本时，盖玻片应向上。否则，高倍镜和油镜则无法调焦。

（4）各个显微镜因光学镜筒的长度不一致，系统的物像位置关系也各不相同。因此，各显微镜的物镜和目镜不要随意调换。否则，难以获得好的物像，有时甚至难以成像。

（5）不得任意拆卸显微镜的任何部件。所有镜头在出厂时均经严格校验，更不得自行拆卸。

（6）不得使药品、液体和手指接触镜头的透镜，以确保镜头的清洁，也不要让灰尘落入镜筒内。

（7）观察结束后，首先应将物镜转开，取下玻片标本放入标本盒内，然后将显微镜装入箱内，并填写使用卡片，送回保管室。

（8）显微镜使用卡，应按要求详细填写，对有故障的还应向指导教师说明。

附录 7 石蜡切片、HE 染色技术

一、取材

组织胚胎学标本，对材料的新鲜程度要求是极其严格的。因此，必须割取生活着的组织材料，最迟取材也应于动物死亡后 30 min 内完成。取材要用锋利的刀剪，动作要轻，快而准确；不可使用钝刀或用力挤压、揉，以免损伤生态结构。材料以 2 ~ 3 mm 厚为宜，不得过厚。否则固定不透，而影响结果。

二、固定

目的在于保存组织、细胞的生态组成及结构，不使其发生死后变化；同时使其易于染色。因此，固定要于取材后立即进行。否则，细胞和组织可因本身的酶或落入细菌的活动而发生明显的死后变化，甚至崩解，而失去原有的成分和结构。常用的固定剂有许多种，这里仅介绍如下几种。

（1）10% 福尔马林固定液

40% 甲醛 1 份　　　　蒸馏水 9 份

混合即成为 10% 福尔马林固定液。

使用方法：固定 24 ~ 48 h。常用作冰冻切片、石蜡切片的固定剂或组织贮藏液。

注：通常所谓的 10% 福尔马林，亦即 4% 甲醛。

（2）包恩氏（Bouin）固定液

饱和苦味酸 75.0 mL　　　　40% 甲醛 25.0 mL

冰醋酸 5.0 mL

将 3 种药液混合均匀而成。

使用方法：组织固定 24 ~ 48 h；也可在此液中长期保存，固定后的组织块可直接移入酒精中洗涤、脱水。

注：此固定液具有性能稳定，渗透速度快，材料收缩小，细胞着色好，不易引起组织变硬、变脆等优点，是组织胚胎学、组织病理学各实验室常用的良好固定剂。

（3）PPP（脱钙）固定液

饱和苦味酸 35.0 mL　　　　40% 甲醛 10.0 mL　95% 甲酸 5.0 mL

临用时混合而成。

使用方法：组织固定 24 ~ 30 h；此液具有固定兼脱钙作用，一般 24 h 左右可使含钙组织及小动物的松质骨脱钙。

三、浸洗

组织块中的固定剂如不洗净，常会污染脱水剂、石蜡等，使其使用寿命变短造成浪费。因此，固定后的组织块必须用自来水、酒精、氨 - 酒精等进行浸洗，析出多余的固定剂。

四、脱水

众所周知，水不能与石蜡相融合。所以洗涤后的组织块必须利用脱水剂脱去其中的水分。脱水要从低级到高级逐步进行，不能骤然将组织块放入高浓度的脱水剂中。否则，将使组织块剧烈收缩、变形、变脆，使切片无法进行。具体脱水过程如下：

（1）以酒精为脱水剂的脱水过程：组织块→ 35% → 50% → 70% → 80% → 90% → 95% → 100%（A）→ 100%（B）酒精，每级中各停留 2 h。

注：用酒精浸洗过的材料，可从 50% 的酒精开始脱水；预先安排好脱水时间，过夜应安排在低浓度酒精中。

（2）以正丁醇为脱水剂的脱水过程：浸洗后的组织块→ Ⅰ级→Ⅱ级→Ⅲ级→Ⅳ级→Ⅴ级→Ⅵ级（A）→Ⅵ级（B）正丁醇，每级中停留 2 ～ 3 h。

注：以酒精洗涤的材料，可从Ⅱ级正丁醇开始脱水。

五、透明

透明的目的在于使组织中的脱水剂（酒精或丙酮）为透明剂所代替，使石蜡能很顺利地进入组织中，常用的透明剂有苯、二甲苯、氯仿和丁香油等，方法如下：100% 酒精（B）→二甲苯（至透明）→二甲苯：石蜡（1 ： 1）→石蜡。

因正丁醇（或叔丁醇）为石蜡溶剂，所以用此两种脱水剂脱水的材料不需要透明，可直接移入正丁醇（叔丁醇）液中开始浸蜡。

六、浸蜡与包埋

浸蜡与包埋的目的在于以石蜡将透明剂置换出来。室温下，石蜡凝固成块，给材料以适当硬度，便于切片。

将已透明的材料→二甲苯：石蜡→纯石蜡（58 ～ 60℃条件下，3 h），使材料中充满石蜡；将包埋用的石蜡倒入瓷槽或金属框内，用镊子将浸过石蜡的材料放入倒有石蜡的瓷槽或金属框内（注意：待切面应向下），当表面冷却后，将瓷槽轻快地放入冷水中，使蜡块冷却，蜡块冷却变小后，脱离瓷槽，浮于水面，待蜡块彻底冷却后，即可收取、待切。

七、切片

首先将包埋于同一蜡块中的材料分开，使每一小蜡块中只含一块材料。然后，将蜡块修成四方形或长方形，并粘在木块上。修整时，一定要使蜡块的上、下两边平行，材料的四周留有 2 ～ 3 mm 宽的石蜡，切不可使组织材料暴露。否则，会导致切片、展片困难。

常用的切片机有轮转式和滑动式两种。切片的厚度以蜡块的质量、观察的需要、组织材料的种类而定，一般多为 4 ～ 6 μm。

八、展片与贴片

首先将蜡带斩为单片，再将单个蜡片放于 50℃的温水中，使其展开、展平，再取一张中央涂有甘油 - 蛋白胶的载片伸入温水中，将蜡片捞于载片中央，倾去多余的水分后，置干燥箱中，60℃条件下烘干，需 6 ～ 10 h。

九、脱蜡与复水

没有经过脱蜡、复水的组织切片，不能用水溶性染料染色。所以，石蜡切片在染色前必须进行脱蜡和复水。脱蜡和复水过程是在染色缸中完成的。因此，预先应准备洁净的染色缸，并放入二甲苯、各级浓度的酒精，贴上标签，依序排好。

具体步骤如下：切片→二甲苯（3 min）→二甲苯：无水酒精（1 ： 1）→ 100% 酒精（3 min）→ 95% 酒精→ 80% 酒精→ 70% 酒精→ 50% 酒精→ 30% 酒精→蒸馏水（以上各缸内停留 2 ～ 3 min）。

十、染色与脱水

切片复水后可根据不同要求进行不同的染色。切片染色后，可增加组织、细胞结构的对比度，使其易于识别和观察。

组织胚胎学标本常用的染色方法有单染色法，如 IH 染色法；对比染色法，如 HE 染色法；三重染色法，如 Mallory 三重染色法等，但以 HE 染色法使用最为普遍，其染色程序如下。

将已浸入水中的切片取出放入盛有苏木素染色液的染缸中（20 min）→常水（一过）→ 0.5% 盐酸酒精（分色，显微镜下观察，胞核应呈淡紫红色）→ 0.5% 氨水（返蓝 1 min）→常水（在显微镜下观察，胞核应呈鲜艳的蓝色）→ 50% 酒精→ 70% 酒精→ 80% 伊红酒精→ 90% 酒精→ 100% 酒精（A）→ 100% 酒精（B）（显微镜下观察，胞核呈蓝紫色，胞质呈粉红色）。

注意：苏木素染色后，分化应彻底，使嗜碱性结构得到充分显示。伊红染色宜淡，不得染色过浓。伊红染色过浓的组织学切片，用来拍摄显微照片时，反差常常偏低，层次较少，显得极平淡。并且这种标本易褪色，不能长期保存。

HE 染色法常用的染色液：

（1）Ehrilich 钾矾苏木素染液：

苏木素	6.0 g	无水酒精	300.0 mL
蒸馏水	300.0 mL	甘油	300.0 mL
冰醋酸	30.0 mL	钾明矾（过量）	

将苏木素溶解于无水酒精中，然后依次加入其余试剂。最后加入钾明矾，并强劲

搅拌，直到瓶底出现钾明矾结晶为止。此液需要 2 个月成熟后，才能使用。染色时间 15 ～ 20 min。

（2）Harris 钾矾苏木素染液：

苏木素	2.5 g	无水酒精	50.0 mL
钾明矾	50.0 g	蒸馏水	500.0 mL
冰醋酸	20.0 mL	氧化汞（HgO）	1.5 g

将苏木素溶解于无水酒精中，将钾明矾溶解于加热的蒸馏水中。将两液混合后加热至沸腾时加入氧化汞，将三角瓶放入冷水中迅速冷却，然后加入冰醋酸。氧化汞是促成熟剂，故配成后即可用于染色。染色时间 15 ～ 20 min。

（3）伊红染液：在脱水剂 80% 酒精 100 mL 中，加入水溶性伊红 0.5 g 即可。染色 1 min。

十一、透明与封存

透明的目的在于除去切片中的酒精，便于树胶的渗入，有利于光线的透过，便于显微观察。将已彻底脱水的切片依次通过二甲苯：无水酒精(1 ∶ 1)→二甲苯(A)→二甲苯(B)，以上各 3 min。将已经透明的切片从二甲苯（B）中取出，滴加树胶（或中性香胶），盖上盖玻片即可，烤干后制成永久性标本。

附录 8 血涂片的制作方法

1．准备

将洗净的玻片置于 75% 乙醇溶液中浸泡 2 h，烘干或擦干备用；准备抗凝血 2 mL；配制瑞氏染液。

2．推片

取抗凝血 1 滴，置于玻片的右侧，另取一玻片做为推片横着放在血滴前方，与载玻片呈 45° 夹角，慢慢向后移动推片接触血滴使血液沿着推片边缘散开，然后匀速向前推动推片至玻片的另一端，载玻片上便留下一薄层血膜。

3．染色

待新制作的血涂片干燥后滴几滴瑞氏染液，使染液完全覆盖血膜，染色 20 min，然后用水冲去血膜表面多余的染液。

4．镜检

在低倍镜下检查血涂片厚薄是否合适，染色是否合格，然后转入高倍镜或油镜进一步观察。

注意事项：

（1）血滴不宜过大，以免涂片过厚，影响观察。

（2）拿片角度和速度都要适中，推片时用力要均匀。

附录 9　PAS 染色

一、染色原理

PAS 染色全称为过碘酸雪夫氏染色（Periodic Acid-Schiff stain，PAS），又称糖原染色，主要用于检测组织中的糖类。组织中存在的糖原或多糖类物质中的乙二醇基经过碘酸氢化，转变为二醛基，与 Schiff 试剂中的无色品红结合，形成紫红色化合物。

二、染液配置

（1）Schiff 染液：100 mL 蒸馏水煮沸后，加入碱性品红 0.5 g，振荡数分钟使品红溶解，冷却至 50℃，加入 1 mol/L 盐酸 20 mL，混匀。待冷却至 25℃加入偏重亚硫酸钠 0.5 g，混合，置于带塞的棕色瓶中，避光保存 24 h，若染液微红，则加入 1 ～ 2 g 活性炭，混合过滤，至染液为无色。染液置于棕色瓶中，4℃保存。

（2）偏重亚硫酸钠溶液：2.5 g 偏重亚硫酸钠溶于 25 mL 蒸馏水中，然后加入 25 mL 1 mol/L 盐酸和 450 mL 蒸馏水混匀即可。

三、染色步骤

（1）石蜡切片常规脱蜡（各级 5 min）、梯度酒精下行脱水至蒸馏水（各级 3 min）；

（2）入 0.5% 高碘酸溶液氧化 15 min（温度以 20℃为宜）；

（3）流水冲洗 5 min，蒸馏水浸洗 5 min；

（4）Schiff 染液室温避光染色 10 ～ 30 min（温度以 37℃为宜）；

（5）0.5% 偏重亚硫酸钠浸洗 2 次，每次 1 min，进行分色；

（6）流水冲洗 5 ～ 10 min，蒸馏水浸洗 5 min；

（7）苏木精复染 5 min，1% 盐酸酒精分化 30 s，蒸馏水终止分色反应；

（8）梯度酒精上行脱水、二甲苯透明、中性树胶封片、镜检。

四、染色结果

PAS 阳性为红色，细胞核蓝色。

五、注意事项

（1）糖原固定必须及时。

（2）Schiff 染液配好后，需放在棕色瓶，4℃保存。

（3）Schiff 染液使用时由冰箱取出需适应室温后再染色。

附录 10　甲苯胺蓝染色

一、染色原理

甲苯胺蓝是一种人工合成的碱性染料，甲苯胺蓝中的阳离子有染色作用，组织细胞的酸性物质与其中的阳离子相结合而被染色。可染细胞核使之呈蓝色；肥大细胞胞质内含有肝素和组织胺等异色性物质遇到甲苯胺蓝可呈异染性紫红色。

二、染液配置

（1）A 液：甲苯胺蓝 0.8 g 溶于 80 mL 蒸馏水中。

（2）B 液：高锰酸钾 0.6 g 溶于 20 mL 蒸馏水中。

（3）将已经溶解的 A 液煮沸 10 min，再将已溶解的 B 液逐滴加入 A 液中，再煮沸 10 min（使甲苯胺蓝充分氧化），用蒸馏水补足至 100 mL，待自然冷却后过滤备用。

三、染色步骤

（1）石蜡常规脱蜡 (各级 5 min)、梯度酒精下行脱水至蒸馏水 (各级 3 min)。

（2）入甲苯胺蓝染液中浸染 1 min。

（3）蒸馏水浸洗 2 次，95% 酒精分色 3 ～ 5 min。

（4）梯度酒精上行脱水、二甲苯透明、封片、镜检。

四、染色结果

肥大细胞颗粒呈红紫色、胞核呈蓝色。

五、注意事项

（1）甲苯胺蓝染液于室温下可保存 3 个月，若放于 4℃冰箱则可保存半年左右。染液的染色效果在早期最佳，若染色偏淡，应适当延长染色时间。

（2）95% 酒精分色时，应在镜下观察，以便控制分色效果。

附录 11　Mallory 三色染色

一、染色原理

Mallory 染色所涉及 3 种颜色的染料为酸性复红、苯胺蓝和橘黄 G（Orang G），是一种显示胶原纤维的染色方法，可将胶原纤维与其他纤维和肌纤维区分开。

二、染液配置

（1）酸性复红溶液：0.5 g 酸性复红溶于 100 mL 三蒸水中。

（2）磷钼酸溶液：1 g 磷钼酸溶于 100 mL 三蒸水中。

（3）Mallory 混合染液：将上述配置好的磷钼酸溶液平均分成两份，再分别溶解 0.5 g 苯胺蓝和 2 g 橘黄 G，最后将两种染液混合后即可。

三、染色步骤

（1）将在 Bouin 氏液中固定的组织，制成石蜡切片，并常规脱蜡、脱水至三蒸水。

（2）入酸性复红浸染 3 ～ 4 min，三蒸水洗去浮色。

（3）入 75% 酒精分色并迅速取出，三蒸水浸洗。

（4）入磷钼酸溶液浸染 1 ～ 2 min。

（5）入 Mallory 混合染液 4 ～ 6 min。

（6）之后直接进入 95% 酒精（30 s），梯度酒精上行脱水、二甲苯透明、中性树胶封片、镜检。

四、染色结果

胶原纤维、网状纤维呈深蓝色；软骨、黏液、淀粉样物质呈淡蓝色；纤维素、神经胶质原纤维酸性颗粒呈红色；红细胞、髓鞘呈橘黄至橙红色。

五、注意事项

（1）Mallory 混合染液配制有一定的特殊要求，不像一般的染液配制那样，将染料依次放入蒸馏水中混合即可，因为苯胺蓝和橘黄 G 只有单独在磷钼酸（磷钨酸）水溶液中才能充分将其彻底溶解，否则会在染液中沉淀有大量的未被溶解的染料，将直接影响染色效果，甚至得不到应有的染色结果。

（2）在 95% 酒精分色之前，组织切片从染液中取出后，要用滤纸吸干组织上的染液，注意吸干后的切片应立即进行酒精分色，否则组织干涸会影响分色的效果，若分色时，组织颜色（红色和蓝色）分色不清时，也可采取切片直接从染液出来进行 95% 酒精快速分色，以达到组织结构颜色区分清晰的目的。

（3）与此染色相匹配的固定剂为 Helly 固定剂，若使用其他固定剂固定的组织，切片可以在染色之前进行 Helly 固定剂（氯化汞 5 g，重铬酸钾 2.5 g，硫酸钠 1 g，冰醋酸 5 mL，甲醛 5 mL，蒸馏水 81.5 mL）的再固定（又称为 2 次固定），一般 30 ~ 60 min，流水冲洗，再蒸馏水浸洗 3 min，即可进行染色，其目的是增强其染色效果。

附录 12　苏丹Ⅲ染色

一、染色原理

苏丹染料是一种脂溶性染料，易溶于乙醇但更易溶于脂肪，所以当含有脂肪的标本与苏丹染料接触时，苏丹染料即脱离乙醇而溶于该含脂肪结构中而使其显色。

二、染液配置

苏丹Ⅲ染液：0.5 g 苏丹Ⅲ溶于 50 mL 丙酮中，再加入 50 mL 的 70% 酒精混匀，使用前须过滤。

三、染色步骤

（1）冰冻切片用 70% 酒精固定 1 min。

（2）加入苏丹Ⅲ染液浸染 5 ～ 15 min。

（3）用 70% 酒精分化至洗去浮色为止，蒸馏水洗。

（4）苏木精复染 1 min，蒸馏水冲洗 2 次后，1% 盐酸酒精分色 2 s；自来水冲洗，蓝化 10 min。

（5）梯度酒精上行脱水至二甲苯，中性树胶封片。

四、染色结果

脂肪呈橘黄色或红色。

五、注意事项

（1）脂类不溶于水，易溶于酒精、苯、乙醚、氯仿。因此脂肪标本的制作，需用不含酒精或不能溶脂的液体固定，一般常用甲醛类固定剂。

（2）脂肪标本一般不制成石蜡切片，而制成冰冻切片。

附录 13 油红 O 染色

一、染色原理

油红 O 属于偶氮染料，是很强的脂溶剂和染脂剂，与甘油三酯结合呈小脂滴状。脂溶性染料能溶于组织和细胞中的脂类，它在脂类中的溶解度比在溶剂中大。当组织切片置入染液时，染料则离开染液而溶于组织内的脂质（如脂滴）中，使组织内的脂滴呈橘红色。

二、染液配置

0.5% 油红 O 染液：1.5 g 油红 O，50 mL 70% 乙醇和 50 mL 丙酮混合而成。

三、染色步骤

（1）石蜡切片常规脱蜡、脱水至蒸馏水。

（2）油红 O 染液中浸染 10 min，用 75% 酒精洗去多余染料。

（3）入苏木精复染 1 min；蒸馏水冲洗 2 次后，1% 盐酸酒精分色 2 s；自来水冲洗，蓝化 10 min。

（4）梯度酒精脱水、二甲苯透明，中性树胶封片。

四、染色结果

组织细胞中脂滴呈橘红色，细胞核呈蓝色。

五、注意事项

（1）由于脂肪易溶于有机溶剂，所以一般用冰冻切片染色来显示。

（2）作脂肪染色的冰冻切片不能太薄，过薄的切片常会使脂质丢失。

（3）苏木精复染时间不能过长。

（4）染色结果不能长期保存，应尽快观察。

附录 14　Grimelius 嗜银染色

一、染色原理

在 HE 染色切片上，胃肠内分泌细胞不易辨认。这类细胞对银离子的亲和力较强，用硝酸银浸染，少数种类的细胞可因其分泌颗粒具有嗜银性而被显示。此外，在神经内分泌细胞中，大部分产生肽类激素细胞也对 Grimelius 染色呈阳性反应。

二、染液配置

（1）60% 银液：1% 硝酸银溶液 3 mL，0.1 mol/L pH 5.6 醋酸盐缓冲液 10 mL，三蒸水 87 mL 混匀。

（2）还原液：对苯二酚 1 g，亚硫酸钠 2.5 g，三蒸水 100 mL 混匀。

三、染色步骤

（1）石蜡切片常规脱蜡、脱水至蒸馏水。

（2）入 60% 银液中浸染约 3 h，三蒸水速洗一次，并用滤纸将多余的银液抹去。

（3）入 45℃新配置的还原液中浸染约 1 min。

（4）然后用 0.5% 硫代硫酸钠溶液处理 2 min，蒸馏水冲洗数次。

（5）梯度酒精脱水、二甲苯透明，中性树胶封片。

四、染色结果

嗜银细胞颗粒呈棕色，背景呈浅黄色。

五、注意事项

（1）细胞中的肽类物质较易分解，而失去还原银的能力，应使用含有甲醛的固定液；因酒精能溶解嗜银颗粒，故不能用含酒精的固定液。

（2）配置的银染液应保存在棕色瓶内避光保存。

（3）操作时注意银染的时间和温度。

（4）染色过程中不可使用金属器皿，所用的玻璃器皿经反复清洗后备用，必须严格保持洁净。

附录 15 Masson-Fontana 亲银染色

一、染色原理

神经内分泌细胞产生的胺类激素都贮存在细胞浆分泌颗粒中，可采用组织化学染色中的亲银染色来显示。细胞中所含的 5- 羟色胺与固定液中的甲醛结合形成还原性复合物，在碱性环境下与银盐溶液作用，银离子附着于亲银细胞颗粒上，然后还原成金属银。许多产生胺类的细胞对 Masson-Fontana 染色呈阳性反应。

二、染液配置

银氨液：向 10 mL 10% 硝酸银溶液中滴加 28% 的氨水，产生茶褐色微细沉淀，再继续滴加使沉淀消失，再逐滴加 10% 硝酸银直到产生白色絮状物，经振荡不消失为止，再加双蒸水至 100 mL。

三、染色步骤

（1）石蜡切片常规脱蜡、脱水至蒸馏水。

（2）入银氨液中浸染 24 ～ 48 h。

（3）入 0.25% 硫代硫酸钠溶液处理 2 min，蒸馏水冲洗数次后。

（4）梯度酒精脱水、二甲苯透明，中性树胶封片。

四、染色结果

亲银细胞颗粒呈棕黑色，背景浅棕色。

五、注意事项

（1）固定组织时应使用含有甲醛的固定液，不能用含酒精的固定液。

（2）配置的银氨液应保存在棕色瓶内避光保存。

（3）操作时注意银染的时间和温度。

（4）染色过程中不可使用金属器皿，所用的玻璃器皿经反复清洗后备用，必须严格保持洁净。

参考文献

[1] William J. Bacha, Jr.,Linda M.Bacha. 兽医组织学彩色图谱 . 2 版 . 陈耀星，等译 . 北京：中国农业大学出版社，2007.

[2] 陈耀星，等 . 动物解剖学彩色图谱 . 北京：中国农业出版社，2013.

[3] 柯尼希，等 . 家畜兽医解剖学教程与彩色图谱 . 陈耀星，刘为民，等译 . 北京：中国农业大学出版社，2009.

[4] 陈耀星 . 动物局部解剖学 . 2 版 . 中国农业大学出版社，2010.

[5] 董常生 . 家畜组织学与胚胎学实验指导 . 2 版 . 北京 : 中国农业出版社，2006.

[6] 董常生. 家畜解剖学 . 北京：中国农业出版社，2009.

[7] 高英茂，李和 . 组织学与胚胎学 .2 版 . 北京：人民卫生出版社，2011.

[8] 雷志海 . 动物解剖学实验教程 .2 版 . 北京：中国农业大学出版社，2014.

[9] 滕可导 . 家畜组织学与胚胎学实验指导 . 北京：中国农业大学出版社，2008.

[10] 李剑 . 动物解剖学实验指导 . 杭州：浙江大学出版社，2016.

[11] 王全溪 . 动物组织学与病理学对照图谱 . 福州：福建科学技术出版社，2011.

[12] 中国人民解放军兽医大学 . 马体解剖图谱 . 长春：吉林人民出版社，1979.

[13] 陕西省农林学校 . 猪体解剖图谱 . 西安：陕西科学技术出版社 , 1980.

[14] Judy Cebra Thomas, Swarthmore College. Chick staging based on Hamburger V and Hamilton, HL. A series of normal stages of development of the chick embryo. J Morph, 1951, 88:4962.

[15] Budras Klaus-Dieter, Robert E. Habel. Bovine Anatomy (An Illustrated Text). Hannover: Schlutersche GmbH & Co.KG, Verlag und Druckerei，2003.

[16] Budras Klaus-Dieter, W. O. Sack, Sabine Rock, et al. Anatomy of the horse. Schlutersche Verlagsgesellschaft mbH & Co. KG, 2009.

[17] 马仲华 . 家畜解剖及组织胚胎学 .3 版 . 北京：中国农业出版社，2002.

[18] 安铁洙，谭建华，韦旭斌 . 犬解剖学 . 长春：吉林科技出版社，2003.

[19] 彭克美 . 畜禽解剖学 .2 版 . 北京：高等教育出版社，2009.

[20] Evans de Lahunta. Guide to the Dissection of the Dog (7th Ed). Elsevier Health Sciences, 2009.

[21] Po Pesko P. Atlas of Topographical Anatomy of the Domestic Animals. London: W B Saunders Company Philadelphia, 1985.

[22] 成令忠，钟翠平，蔡文琴 . 现代组织学 . 3 版 . 上海：上海科学技术文献出版社，2003.